中国自然资源统计年鉴

CHINA NATURAL RESOURCES STATISTICAL YEARBOOK

2020

中华人民共和国自然资源部　编

Compiled by the Ministry of Natural Resources P.R.C.

地质出版社

Geological Publishing House

· 北　京 ·

Beijing

图书在版编目（CIP）数据

中国自然资源统计年鉴. 2020 = China Natural Resources Statistical Yearbook 2020 : 汉、英 / 中华人民共和国自然资源部编. — 北京 : 地质出版社, 2023.3

ISBN 978-7-116-13526-0

Ⅰ. ①中… Ⅱ. ①中… Ⅲ. ①自然资源–统计资料–中国–2020–年鉴–汉、英 Ⅳ. ①P966.2-54

中国版本图书馆CIP数据核字（2022）第257040号

ZHONGGUO ZIRAN ZIYUAN TONGJI NIANJIAN 2020

责任编辑：蔡　莹　郑　丽
责任校对：田建茹　王洪强
出版发行：地质出版社
社址邮编：北京市海淀区学院路31号，100083
电　　话：（010）66554649（邮购部）；（010）66554604（编辑室）
网　　址：https://www.gph.clmpg.com
印　　刷：北京地大彩印有限公司
开　　本：880 mm × 1230 mm　1/16
印　　张：19.5
字　　数：450千字
版　　次：2023年3月北京第1版
印　　次：2023年3月北京第1次印刷
定　　价：198.00元
书　　号：ISBN 978-7-116-13526-0

《中国自然资源统计年鉴2020》编委会

《中国自然资源统计年鉴2020》编辑部

编者说明

一、《中国自然资源统计年鉴2020》是一部全面反映中华人民共和国自然资源状况和自然资源管理情况的资料性年鉴。本年鉴收录了全国和各省（自治区、直辖市）2019年自然资源领域主要的统计数据，以及2017—2019年全国主要统计数据。

二、本年鉴资料内容包括自然资源概况、自然资源开发利用情况、国土空间规划和用途管制情况、自然资源保护与自然灾害情况、自然资源依法行政情况、自然资源科技人才情况六部分。各章附有主要统计指标解释，对主要自然资源综合统计指标的含义、统计范围、统计口径、计算方法等做了简要说明。

三、本年鉴数据主要来源于自然资源部各司局、中国地质调查局及自然资源部其他直属单位、各省（自治区、直辖市）自然资源主管部门，以及矿山企业、测绘企业、地勘单位等调查统计对象。部分数据来源于国家林业和草原局，部分数据摘自《中国统计年鉴》。

四、本年鉴的全国统计数据均未包括香港特别行政区、澳门特别行政区和台湾省数据。

五、一些数据的合计数或相对数，因受进位的影响，不一定等于分项的累加。

六、本年鉴各表中，对表中部分指标的注解在该表下方。

七、本年鉴表中的符号使用说明：空格表示该项统计指标数值为“0”，“#”表示其中主要项。

PREFACE

Ⅰ. The *China Natural Resources Statistical Yearbook* 2020 is an informative yearbook comprehensively reflecting the status of natural resources and natural resources administration. It collects the main statistical data in the field of natural resources of the whole country and all the provinces (autonomous regions, and municipalities directly under the central government) in 2019, as well as the main statistical data of natural resources of the whole country from 2017 to 2019.

Ⅱ. The yearbook contains six chapters: general situation of natural resources, development and utilization of natural resources, planning and use control of land space, natural resources protection and natural disasters, legal administration of natural resources, natural resources scientific and technological talented personnel. In addition, explanatory notes on main statistical indicators follow each chapter, which give brief descriptions of the connotations, statistical scope, statistical approaches, and calculation methods of the main natural resources statistical indicators.

Ⅲ. The principal sources of the yearbook are comprehensive statistical reports of the departments and bureaus of the Ministry of Natural Resources, the departments and bureaus of China Geological Survey, other units directly under the Ministry of Natural Resources, the administrative departments of natural resources of all provinces (autonomous regions, and municipalities directly under the central government), as well as mining enterprises, surveying and mapping enterprises, geological exploration units and other survey and statistics objects. Part of the data comes from National Forestry and Grassland Administration. Individual data are extracted from *China Statistical Yearbook*.

Ⅳ. The national statistical data involved in the yearbook do not include those of the Hong Kong Special Administrative Region, Macao Special Administrative Region, and Taiwan Province.

Ⅴ. Some aggregations or rates/ratios may not add up to the sum of the series because of rounding.

Ⅵ. The statistical table's notes concerning individual indicators are placed at the lower part.

Ⅶ. Notations used in the yearbook: blank indicates that the statistical indicator values is "0" , "#" indicates the main items.

目　录

CONTENTS

一、自然资源概况

Chapter 1　General Situation of Natural Resources

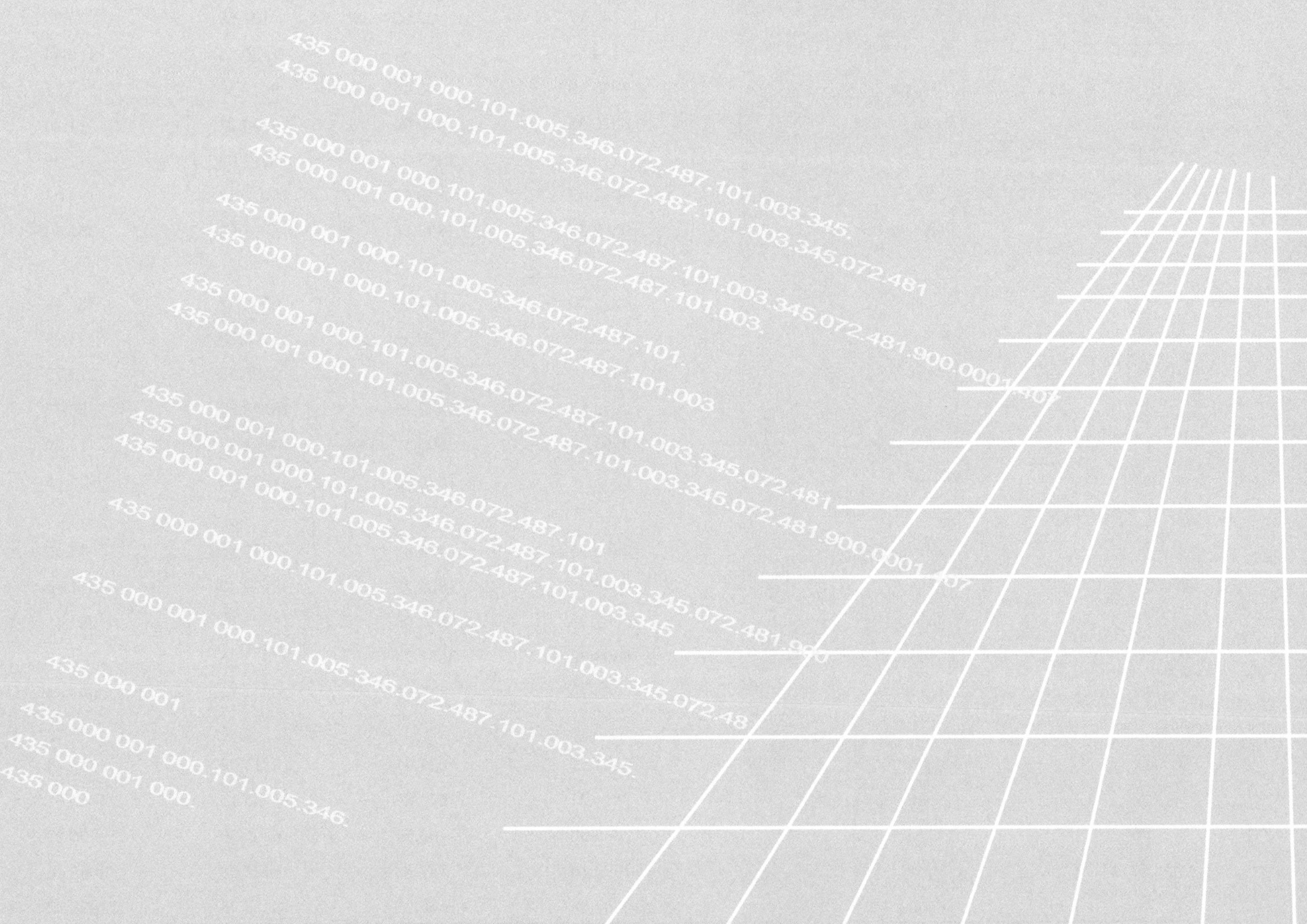

土地利用
Land Use

单位：万亩①

地区	Region	耕地 Cultivated Land	园地 Garden Land	林地 Forest Land	草地 Grassland
总计	**Total**	**191792.79**	**30257.33**	**426188.82**	**396795.21**
北京	Beijing	140.32	189.41	1451.44	21.69
天津	Tianjin	494.34	55.38	222.39	22.48
河北	Hebei	9051.26	1508.80	9638.02	2920.89
山西	Shanxi	5804.25	961.38	9143.50	4657.66
内蒙古	Inner Mongolia	17244.74	70.82	36539.98	81257.92
辽宁	Liaoning	7773.22	791.78	9023.56	730.82
吉林	Jilin	11247.75	114.70	13138.57	1012.11
黑龙江	Heilongjiang	25793.14	93.54	32434.86	1778.61
上海	Shanghai	242.97	22.60	122.69	19.79
江苏	Jiangsu	6134.54	345.51	1180.53	140.44
浙江	Zhejiang	1935.70	1140.45	9140.36	95.31
安徽	Anhui	8320.35	559.04	6137.23	71.90
福建	Fujian	1397.99	1377.61	13217.03	112.35
江西	Jiangxi	4082.43	858.62	15620.57	133.03
山东	Shandong	9692.80	1893.56	3908.02	352.83
河南	Henan	11271.10	641.68	6594.47	385.49
湖北	Hubei	7152.88	730.50	13920.20	134.08
湖南	Hunan	5443.84	1329.14	19075.58	210.75
广东	Guangdong	2852.87	1987.13	16188.80	357.77
广西	Guangxi	4961.46	2505.37	24142.87	414.29
海南	Hainan	730.37	1826.56	1761.22	25.65
重庆	Chongqing	2805.25	420.88	7033.54	35.46
四川	Sichuan	7840.75	1804.73	38129.40	14531.76
贵州	Guizhou	5208.93	852.08	16815.15	282.45
云南	Yunnan	8093.32	3858.24	37453.45	1984.33
西藏	Tibet	663.13	17.91	26844.14	120097.54
陕西	Shaanxi	4401.51	1821.01	18714.02	3315.49
甘肃	Gansu	7814.21	642.87	11944.19	21460.65
青海	Qinghai	846.30	93.50	6905.39	59206.23
宁夏	Ningxia	1793.16	137.30	1428.88	3046.46
新疆	Xinjiang	10557.88	1605.22	18318.76	77978.97

注：① 1亩≈0.0667公顷。
Note: ① 1mu≈0.0667hm^2。

状况（2019年）
Status (2019)

Unit：10^4mu①

湿地 Wetland	城镇村及工矿用地 Land for Urban、Industrial and Mining Activities	交通运输用地 Land Used for Transport	水域及水利设施用地 Land Used for Water and Conservancy Facilities
35203.99	**52959.53**	**14329.61**	**54431.78**
4.66	470.47	73.92	92.56
49.08	498.37	67.94	355.96
214.05	3154.38	610.69	856.60
81.64	1526.35	404.74	259.62
5714.09	2239.88	1199.05	1592.63
429.67	1974.24	463.34	1037.38
345.41	1276.37	396.90	897.10
5251.48	1746.62	816.41	2529.56
109.07	434.25	51.22	287.00
624.66	3145.88	547.71	3755.10
247.84	1720.18	370.33	1053.79
71.56	2633.61	458.29	2592.72
282.83	1057.34	326.32	559.64
43.01	1655.46	524.69	1934.34
369.37	4209.72	669.61	1988.03
58.71	3674.19	572.56	1276.11
91.86	2117.29	494.90	2975.54
354.21	2445.50	547.14	1887.69
268.40	2645.74	491.03	2013.46
190.75	1469.91	528.50	1123.54
181.77	364.64	88.42	274.67
22.49	956.57	233.70	407.56
1846.14	2761.87	710.79	1579.85
10.72	1158.77	496.45	383.11
59.66	1610.59	789.62	912.72
6453.69	243.41	249.83	8895.65
73.00	1376.74	453.92	409.97
1778.37	1278.90	496.80	614.10
7651.78	551.72	210.82	3669.93
37.33	445.65	141.07	253.01
2286.68	2114.94	842.88	7962.81

全国主要矿产资源基础储量（2019年）
National Basic Reserves of Major Minerals (2019)

矿　产	Mineral	计量单位	Unit of Measurement	基础储量 Basic Reserves
煤	Coal	亿吨	10^8t	2658.97
石 油	Oil	亿吨	10^8t	35.54
天然气	Natural Gas	亿立方米	10^8m^3	59665.77
煤层气	Coalbed Methane	亿立方米	10^8m^3	3040.71
页岩气	Shale Gas	亿立方米	10^8m^3	3841.81
铁 矿	Iron	矿石亿吨	10^8t of Ore	196.64
锰 矿	Manganese	矿石万吨	10^4t of Ore	29076.89
铬铁矿	Chromite	矿石万吨	10^4t of Ore	396.93
钒 矿	Vanadium	V_2O_5万吨	V_2O_5 10^4t	919.19
钛 矿	Titanium	折TiO_2万吨	Converted into 10^4t of TiO_2	22679.68
铜 矿	Copper	铜万吨	Copper 10^4t	3353.14
铅 矿	Lead	铅万吨	Lead 10^4t	2041.38
锌 矿	Zinc	锌万吨	Zinc 10^4t	4824.26
铝土矿	Bauxite	矿石万吨	10^4t of Ore	103914.59
镍 矿	Nickel	镍万吨	Nickel 10^4t	388.09
钴 矿	Cobalt	钴万吨	Cobalt 10^4t	7.64
钨 矿	Tungsten	WO_3万吨	WO_3 10^4t	220.44
锡 矿	Tin	锡万吨	Tin 10^4t	102.71
钼 矿	Molybdenum	钼万吨	Molybdenum 10^4t	867.79
锑 矿	Antimony	锑万吨	Antimony 10^4t	52.98
金 矿	Gold	金吨	Gold t	2298.36
银 矿	Silver	银吨	Silver t	56735.49
铂族金属	Platinum Group Metals	金属千克	Metals kg	20608.36
锶 矿	Strontium	天青石万吨	Celestite 10^4t	2004.39
锂 矿	Lithium	折LiO_2万吨	Converted into 10^4t of LiO_2	467.20
菱镁矿	Magnesite	矿石万吨	10^4t of Ore	105269.87

全国主要矿产资源基础储量（2019年） 续表

National Basic Reserves of Major Minerals(2019) Continued

矿 产	Mineral	计量单位	Unit of Measurement	基础储量 Basic Reserves
普通萤石	Common Fluorite	折CaF_2万吨	Converted into 10^4t of CaF_2	5457.64
耐火黏土	Refractory Clay	矿石万吨	10^4t of Ore	59973.17
硫铁矿	Pyrite	矿石万吨	10^4t of Ore	122418.50
磷 矿	Phosphate Rock	矿石亿吨	10^8t of Ore	39.07
钾 盐	Potash	KCl万吨	KCl 10^4t	50158.68
硼	Boron	B_2O_3万吨	B_2O_3 10^4t	41.56
盐 矿	Salt	折NaCl亿吨	Converted into 10^8t of NaCl	10675.36
芒 硝	Mirabilite	折Na_2SO_4亿吨	Converted into 10^8t of Na_2SO_4	55.86
重晶石	Barite	矿石万吨	10^4t of Ore	3469.12
水泥用灰岩	Limestone for Cement	矿石亿吨	10^8t of Ore	443.33
石 膏	Gypsum	矿石亿吨	10^8t of Ore	71.86
高岭土	Kaolin	矿石万吨	10^4t of Ore	73398.74
膨润土	Bentonite	矿石万吨	10^4t of Ore	67385.73
硅藻土	Diatomite	矿石万吨	10^4t of Ore	20257.46
饰面用花岗岩	Decorative Granite	矿石万立方米	10^4m^3 of Ore	109928.39
饰面用大理岩	Decorative Marble	矿石万立方米	10^4m^3 of Ore	40545.70
金刚石	Diamond	矿物千克	kg of Mineral	2036.14
晶质石墨矿物	Crystalline Graphite	矿物万吨	10^4t of Mineral	9895.20
石 棉	Asbestos	矿物万吨	10^4t of Mineral	3837.97
滑 石	Talc	矿石万吨	10^4t of Ore	8891.69
硅灰石	Wollastonite	矿石万吨	10^4t of Ore	6109.58

注：1. 油气矿产（石油、天然气、煤层气、页岩气）为剩余技术可采储量，分类标准参见《石油天然气资源/储量分类》（GB/T 19492—2004）。

2. 非油气矿产为基础储量，分类标准参见《固体矿产资源/储量分类》（GB/T 17766—1999）。

Note：1. Data on oil and gas mineral reserves (oil, natural gas, coalbed methane, shale gas) are the remaining recoverable reserves. The classification is referred to *Classification for Oil and Natural Gas Resources/Reserves* (GB/T 19492-2004).

2. Data on non-oil and gas mineral reserves are basic reserves. The classification is referred to *Classification for Resources/Reserves of Solid Fuels and Mineral Commodities*（GB/T 17766-1999）.

森林资源
General Situation of Forest

地 区	Region	森林覆盖率/% Forest Coverage Rate/%
总 计	**Total**	**22.96**
北 京	Beijing	43.77
天 津	Tianjin	12.07
河 北	Hebei	26.78
山 西	Shanxi	20.50
内蒙古	Inner Mongolia	22.10
辽 宁	Liaoning	39.24
吉 林	Jilin	41.49
黑龙江	Heilongjiang	43.78
上 海	Shanghai	14.04
江 苏	Jiangsu	15.20
浙 江	Zhejiang	59.43
安 徽	Anhui	28.65
福 建	Fujian	66.80
江 西	Jiangxi	61.16
山 东	Shandong	17.51
河 南	Henan	24.14
湖 北	Hubei	39.61
湖 南	Hunan	49.69
广 东	Guangdong	53.52
广 西	Guangxi	60.17
海 南	Hainan	57.36
重 庆	Chongqing	43.11
四 川	Sichuan	38.03
贵 州	Guizhou	43.77
云 南	Yunnan	55.04
西 藏	Tibet	12.14
陕 西	Shaanxi	43.06
甘 肃	Gansu	11.33
青 海	Qinghai	5.82
宁 夏	Ningxia	12.63
新 疆	Xinjiang	4.87

注：森林资源数据来源为第九次全国森林资源清查（2014—2018年）结果。

Note： The data source of forest resources is the results of the Ninth National Forest Resources Inventory（2014—2018）.

概况（2018年）
Resources（2018）

森林蓄积量/亿立方米 Forest Stock / $10^8 m^3$
175.60
0.24
0.05
1.37
1.29
15.27
2.97
10.13
18.47
0.04
0.70
2.81
2.22
7.29
5.07
0.92
2.07
3.65
4.07
4.68
6.78
1.53
2.07
18.61
3.92
19.73
22.83
4.79
2.52
0.49
0.08
3.92

水资源情况（2019年）
Water Resources（2019）

指　标	Indicators	计量单位	Unit of Measurement	数量 Quantity
水资源总量	Total Water Resources	亿立方米	10^8m^3	29040.70
地表水资源量	Surface Water Resources	亿立方米	10^8m^3	27993.00
地下水资源量	Ground Water Resources	亿立方米	10^8m^3	8191.50
地表水与地下水资源重复量	Overlapped Measurement between Surface Water and Ground Water	亿立方米	10^8m^3	7143.80
长　江	Changjiang River	平方千米	km^2	1782715
黄　河	Huanghe River	平方千米	km^2	752773
松花江	Songhuajiang River	平方千米	km^2	561222
辽　河	Liaohe River	平方千米	km^2	221097
珠　江	Zhujiang River	平方千米	km^2	442527
海　河	Haihe River	平方千米	km^2	265511
淮　河	Huaihe River	平方千米	km^2	268957

注：数据摘自《中国统计年鉴（2020）》。
Note: The data are extracted from *China Statistical Yearbook*（2020）.

全国自然保护区情况（2019年）
National Nature Reserves（2019）

地 区	Region	国家级自然保护区 National Nature Reserve	
		数量/个 Quantity/number	面积/万公顷 Area/10^4hm^2
总 计	**Total**	**474**	**9811.41**
北 京	Beijing	2	2.80
天 津	Tianjin	3	3.79
河 北	Hebei	14	26.11
山 西	Shanxi	8	14.11
内蒙古	Inner Mongolia	29	444.77
辽 宁	Liaoning	19	89.12
吉 林	Jilin	24	118.47
黑龙江	Heilongjiang	49	389.29
上 海	Shanghai	2	6.62
江 苏	Jiangsu	3	30.03
浙 江	Zhejiang	11	14.87
安 徽	Anhui	8	14.71
福 建	Fujian	17	22.66
江 西	Jiangxi	16	25.47
山 东	Shandong	7	21.95
河 南	Henan	13	44.76
湖 北	Hubei	22	54.72
湖 南	Hunan	23	60.79
广 东	Guangdong	15	33.66
广 西	Guangxi	23	39.05
海 南	Hainan	10	15.74
重 庆	Chongqing	7	25.37
四 川	Sichuan	32	305.84
贵 州	Guizhou	11	29.12
云 南	Yunnan	21	151.03
西 藏	Tibet	11	3720.45
陕 西	Shaanxi	26	63.26
甘 肃	Gansu	21	692.83
青 海	Qinghai	7	2073.80
宁 夏	Ningxia	9	46.02
新 疆	Xinjiang	15	1230.21

全国自然公园情况（2019年）
National Natural Parks（2019）

地 区	Region	国家级自然公园 National Nature Park	
		数量/个 Quantity/number	面积/万公顷 Area/10^4hm^2
总 计	**Total**	**2443**	**3350.46**
北 京	Beijing	24	18.42
天 津	Tianjin	8	5.02
河 北	Hebei	76	93.34
山 西	Shanxi	69	73.56
内蒙古	Inner Mongolia	112	198.45
辽 宁	Liaoning	77	54.34
吉 林	Jilin	66	64.52
黑龙江	Heilongjiang	144	339.60
上 海	Shanghai	7	1.70
江 苏	Jiangsu	60	26.70
浙 江	Zhejiang	87	88.67
安 徽	Anhui	88	53.25
福 建	Fujian	76	39.46
江 西	Jiangxi	112	91.96
山 东	Shandong	160	99.80
河 南	Henan	91	59.35
湖 北	Hubei	120	94.83
湖 南	Hunan	180	110.11
广 东	Guangdong	77	36.31
广 西	Guangxi	64	94.79
海 南	Hainan	20	16.70
重 庆	Chongqing	61	48.68
四 川	Sichuan	104	400.61
贵 州	Guizhou	100	76.20
云 南	Yunnan	77	186.20
西 藏	Tibet	38	328.15
陕 西	Shaanxi	95	37.97
甘 肃	Gansu	56	72.27
青 海	Qinghai	45	185.62
宁 夏	Ningxia	25	9.59
新 疆	Xinjiang	128	344.29

注：1.统计的自然公园包括：风景名胜区、森林公园、湿地公园、地质公园、海洋特别保护区（海洋公园）、沙漠公园。

2.自然公园包括跨省份公园，分别计入各省份数据，但在全国总数中已合并。

Note：1. Natural parks include scenic spots, forest parks, wetland parks, geoparks, marine special reserves (marine parks) and desert parks.

2. Natural parks include inter provincial parks, which are included in the provincial data respectively, but have been combined in the national total.

全国国家公园体制试点区情况（2019年）
National Park System Pilot Areas（2019）

试点区	Pilot Area	面积/万公顷 Area/10^4 hm^2	涉及省份 Provinces Involved
东北虎豹国家公园	Northeast China Tiger and Leopard National Park	146.12	吉林省、黑龙江省 Jilin Province, Heilongjiang Province
祁连山国家公园	Qilian Mountain National Park	502.37	甘肃省、青海省 Gansu Province, Qinghai Province
大熊猫国家公园	Giant Panda National Park	271.34	四川省、甘肃省、陕西省 Sichuan Province, Gansu Province, Shaanxi Province
三江源国家公园	Three-River-Source National Park	1231.00	青海省 Qinghai Province
海南热带雨林国家公园	National Park of Hainan Tropical Rainforst	44.03	海南省 Hainan Province
武夷山国家公园	Wuyishan National Park	10.01	福建省 Fujian Province
神农架国家公园	Shennongjia National Park	11.69	湖北省 Hubei Province
普达措国家公园	Patatson National Park	6.02	云南省 Yunnan Province
钱江源国家公园	Qianjiangyuan National Park	2.52	浙江省 Zhejiang Province
南山国家公园	Nanshan National Park	6.36	湖南省 Hunan Province

不动产登记
Real Estate

地区	Region	不动产权登记业务总量/件 Total Amount of Real Estate Registration/piece							
			首次登记 First Registration	转移登记 Transfer Registration	变更登记 Modification Registration	注销登记 Cancellation of Registration	更正登记 Registration of Correction	异议登记 Objection Registration	预告登记 Advance Notice Registration
总计	**Total**	**86338757**	**30686507**	**25888914**	**4223379**	**1053625**	**667917**	**2171**	**16590152**
北京	Beijing	794771	279400	442104	28085	5258	6324	462	72
天津	Tianjin	1831432	982200	584977	60121	13057		125	149489
河北	Hebei	2763840	1069124	1055966	62921	72015	42373	72	248150
山西	Shanxi	719922	243018	127320	103607	6032	2890	12	184612
内蒙古	Inner Mongolia	1795716	541624	446988	44778	46375	15312	21	218851
辽宁	Liaoning	3476740	825281	965866	527073	7514	13507	15	485339
吉林	Jilin	1651518	520625	751856	74361	6281	8119	22	207871
黑龙江	Heilongjiang	2205426	850414	960504	149510	7318	21380	70	83366
上海	Shanghai	1107278	307906	522370	80210	32270	12300	114	113041
江苏	Jiangsu	7637517	3071732	2379131	160480	39206	20545	87	896706
浙江	Zhejiang	5656505	2837442	1455647	296170	159968	57198	97	630394
安徽	Anhui	3999859	1621088	1226636	130791	20745	17686	40	803906
福建	Fujian	2311736	711341	858556	49882	3971	12202	26	591644
江西	Jiangxi	2316137	1065489	729941	70701	31112	16745	23	335643
山东	Shandong	5550587	1718369	1984352	287627	46007	25042	236	1269907
河南	Henan	5824389	2184960	1158137	199252	5991	46029	31	1932867
湖北	Hubei	3219802	638622	797234	350258	44006	13643	97	743382
湖南	Hunan	4664455	1230132	859898	121121	6875	118271	56	1353798
广东	Guangdong	7984469	2958587	2135474	681166	161337	58081	215	1645486
广西	Guangxi	3412922	1342574	865631	140092	19343	50424	67	862560
海南	Hainan	633886	164601	274090	27377	23959	5742	4	108592
重庆	Chongqing	3231548	502194	1184121	146877	805	5658	122	1001111
四川	Sichuan	6095031	2539364	1835431	153061	240811	43984	39	1041366
贵州	Guizhou	1627999	302585	481689	77884	1981	3210	30	710639
云南	Yunnan	1488072	666239	570587	48469	24387	20113	23	69203
西藏	Tibet	42818	29512	10440	1220	28	453		
陕西	Shaanxi	1016634	290579	298934	21270	6684	8020	6	352015
甘肃	Gansu	989527	234519	219281	18421	8201	5206	21	198264
青海	Qinghai	312022	159300	85097	12811	2269	1232	0	39239
宁夏	Ningxia	764200	392724	194499	27371	6143	2564	20	104950
新疆	Xinjiang	1211999	404962	426157	70412	3676	13664	18	207689

情况（2019年）
Registration（2019）

		不动产登记证明量/本 Total Amount of Real Estate Registration Certificate/number				
查封登记 Registration of Seal-up	其他 Others		抵押权登记证明 Mortgage Registration Certificate	地役权登记证明 Easement Registration Certificate	异议登记证明 Objection Registration Certificate	预告登记证明 Advance Notice Registration Certificate
2726875	**4499217**	**35992743**	**18963464**	**279**	**2376**	**17026624**
29754	3312	278357	277823		462	72
41463		401638	252024		125	149489
64600	148619	1001314	758336		73	242905
17277	35154	361906	143498		12	218396
61709	420058	509314	307724		21	201569
241355	410790	1155075	673069		15	481991
38375	44008	637452	407626		65	229761
84071	48793	498838	411627	3	68	87140
28979	10088	422807	318217	5	114	104471
431898	637732	2675714	1814213	234	75	861192
54641	164948	2151933	1317524		97	834312
106693	72274	1698901	896199		40	802662
49119	34995	1364805	741651		26	623128
63172	3311	982414	645233		23	337158
177065	41982	2458921	1199547	24	233	1259117
188027	109095	3030552	1127870		27	1902655
109694	522866	1682903	685188	4	97	997614
138568	835736	2095561	840556	1	53	1254951
245244	98879	3932387	2218066	8	222	1714091
91153	41078	1590803	698972		65	891766
14292	15229	231995	123541		4	108450
96424	294236	1745259	791602		102	953555
180888	60087	2069788	1018537		242	1051009
45955	4026	1035435	325446		29	709960
23232	65819	357971	288564		23	69384
8	1157	1821	1821			
19155	19971	535125	176010		4	359111
39175	266439	337338	142467		21	194850
2867	9207	94018	38466		0	55552
17648	18281	232123	127746		20	104357
24374	61047	420275	194301		18	225956

不动产登记
Real Estate

地区	Region					不动产权证书量/本
			集体土地所有权 Collective Ownership of Land	国有建设用地使用权 State-owned Construction Land Use Right	集体建设用地使用权 Collective-owned Construction Land Use Right	宅基地使用权 Farmer Collective-owned Land Use Right
总 计	**Total**	**49953069**	**254241**	**1252722**	**48994**	**907968**
北 京	Beijing	508294	60	1784	94	
天 津	Tianjin	1066489	1104	8400	45	82
河 北	Hebei	1728044	7286	65272	3704	86690
山 西	Shanxi	512169	3	21185	125	764
内蒙古	Inner Mongolia	1022564	603	25853	98	2529
辽 宁	Liaoning	2005294	19	25518	277	3945
吉 林	Jilin	1315174	7341	15633	161	5227
黑龙江	Heilongjiang	1619005	19	8333	142	3783
上 海	Shanghai	604144	16	1696		
江 苏	Jiangsu	4575386	16	74801	1491	8335
浙 江	Zhejiang	4661912	15	34909	2799	130313
安 徽	Anhui	2310892	99896	38188	110	4184
福 建	Fujian	1146966	16	13135	510	15938
江 西	Jiangxi	1545757	4035	46680	187	60708
山 东	Shandong	2467720	4337	72368	1510	62141
河 南	Henan	2237968	39163	181646	1248	3036
湖 北	Hubei	2095906	124	88907	27116	48756
湖 南	Hunan	1728815	2482	52089	386	4191
广 东	Guangdong	4969212	59398	101517	2792	108747
广 西	Guangxi	1557351	23	150400	2280	28650
海 南	Hainan	437437	8589	15964	152	13062
重 庆	Chongqing	1388512		15087		
四 川	Sichuan	3243553	13109	49577	2787	272959
贵 州	Guizhou	1138955	6	29682	165	5181
云 南	Yunnan	1286565	3327	40088	201	20481
西 藏	Tibet	32494		6246	12	76
陕 西	Shaanxi	551773	610	15646	189	8149
甘 肃	Gansu	627607	1756	22704	205	5168
青 海	Qinghai	229976	226	5001	12	2770
宁 夏	Ningxia	522781	0	6146	55	580
新 疆	Xinjiang	814354	662	18267	141	1523

注：不动产登记统计数据来源于国家级不动产登记信息管理基础平台。

Note: The statistic data of real estate registration are derived from the National Base Platform for Real Estate Registration Information Management.

情况（2019年） 续表

Registration（2019） Continued

Total Amount of Real Estate Ownership Certificate/number				
海域使用权（含无居民海岛）/建筑物、构筑物所有权 Sea Areas Use Right（Including Uninhabited Islands）/House (structure) Ownership	国有建设用地使用权/房屋所有权 State-owned Construction Land Use Right/Housing Ownership	集体建设用地使用权/房屋（构筑物）所有权 Collective-owned Construction Land Use Right/House（Structure）Ownership	宅基地使用权/房屋（构筑物）所有权 Farmer Collective-owned Land Use Right/House（Structure）Ownership	农用地的使用权（非林地） Agricultural Land Use Right（Non Forest Land）
4827	**44239544**	**47159**	**3182422**	**15192**
	506352			4
21	863437	292	185832	7276
453	1540442	562	22941	694
	488518	301	1273	
	957346	537	35439	159
1123	1935683	443	38228	58
	1268677	435	17692	8
	1563789	2884	39552	503
2	602430			
215	4456436	1788	32178	126
139	2900045	2965	1590700	27
	2140838	902	26745	29
15	1106092	1528	9685	47
	1369763	1141	62864	379
1786	2285976	3575	36018	9
	1996673	10302	5842	58
	1902528	2522	25121	832
	1641795	930	26765	177
170	4625891	5584	64328	785
866	1369691	110	4793	538
37	394264	16	3744	1609
	1264940		108485	
	2649979	6376	248765	1
	1101614	563	1700	44
	1201864	1012	19372	220
	16856	108	9196	
	500649	248	26280	2
	455321	873	141472	108
	116297	246	105378	46
	234407	320	281071	202
	780951	596	10963	1251

主要统计指标解释

森林覆盖率 指森林面积占土地总面积的比例。公式为：（乔木林地面积+竹林地面积+国家特别划定的灌木林地面积）/ 国土面积。

森林蓄积量 指一定森林面积上存在的林木树干部分的总材积。它是反映一个国家或地区森林资源总规模和水平的基本指标之一，也是反映森林资源的丰富程度、衡量森林生态环境优劣的重要依据。

水资源总量 指当地降水形成的地表水和地下水总量，即地表径流量与降水入渗补给量之和。

地表水资源量 指河流、湖泊以及冰川等地表水体中可以逐年更新的动态水量，即天然河川径流量。

地下水资源量 指地下饱和含水层逐年更新的动态水量，即降水和地表水入渗对地下水的补给量。

地表水与地下水资源重复量 指地表水和地下水相互转化的部分，即天然河川径流量中的地下水排泄量和地下水补给量中来源于地表水的入渗补给量。

自然保护区 指保护典型的自然生态系统、珍稀濒危野生动植物种的天然集中分布区、有特殊意义的自然遗迹的区域。具有较大面积，确保主要保护对象安全，维持和恢复珍稀濒危野生动植物种数量及赖以生存的栖息环境。

不动产登记业务总量 指办理首次登记、转移登记、变更登记、注销登记、更正登记、异议登记、预告登记、查封登记的件数。

不动产登记证明量 指不动产登记机构依法向权利人颁发的不动产权证明数量。

首次登记 指办理首次登记的件数。

转移登记 指办理转移登记的件数。

变更登记 指办理变更登记的件数。

注销登记 指办理注销登记的件数。

更正登记 指办理更正登记的件数。

异议登记 指办理异议登记的件数。

预告登记 指办理预告登记的件数。

查封登记 指办理查封登记的件数。

不动产权证书量 指不动产登记机构依法向权利人颁发的不动产权证书数量。

Explanatory Notes on Main Statistical Indicators

Forest Coverage Rate—the total area of land covered by forests. The formula is （arboreal forest area + bamboo forest area + shrubbery forest land area specially designated by the state）/national land area.

Forest Stock—the total volume of woods or trunks existing in a certain area of forest. It is one of the basic indexes to reflect the total scale and level of forest resources in a country or region, and it is also an important basis to reflect the richness of forest resources and to measure forest ecological environment.

Total Water Resources—total volume of surface water and groundwater which is from the local precipitation and is measured as the summation of run–off for surface water and recharge of groundwater from local precipitation.

Surface Water Resources—total volume of year renewable water flow which exist in rivers, lakes, glaciers and other surface water, and that measured as the natural run–off of rivers.

Ground Water Resources—total volume of yearly renewable water flow which exist in saturation acquifers of ground water, and are measured as recharge of ground water from local precipitation and surface water.

Overlapped Measurement between Surface Water and Ground Water—the part of mutual transfer between surface water and ground water, i.e. which is the run–off of rivers includes some depletion into ground water while ground water includes recharge from surface water.

Natural Reserve—an area where typical natural ecosystems, natural concentrated areas where rare and endangered species of wild animals and plants live, and natural heritages of special significance are protected. It has a large area, ensures safety of the protected, maintains and restores the number of rare and endangered wildlife species and the habitat environment where they live.

Total Amount of Real Estate Registration—the amount of handling first registration, transfer registration, change registration, cancellation registration, correction registration, dissidence registration, advanced–notice registration and seal–up registration.

Total Amount of Real Estate Registration Certificate—the number of real estate ownership proofs issued by the real estate registration authority to the obligee according to law.

First Registration—the number of handling first–time registration.

Transfer Registration—the number of handling transfer registration.

Modification Registration—the number of handling change registration.

Cancellation of Registration—the number of handling cancellation registration.

Registration of Correction—the number of handling correction registration.

Objection Registration—the number of handling dissidence registration.

Advance Notice Registration—the number of handling advanced–notice registration.

Registration of Seal-up—the number of handling seal–up registration.

Total Amount of Real Estate Ownership Certificate—the number of real estate ownership certificates issued by the real estate registration authority to the obligee according to law.

二、自然资源开发利用情况

Chapter 2 Development and Utilization of Natural Resources

土地资源

Land Resources

国有建设用地供应情况

State-owned Land for Construction Use Supplied

年份/地区	Year/Region	建设用地供应总量 Total Amount of Construction-used Land Supplied		划拨 Allocation				
		宗数/宗 Number of Plots/case	面积/公顷 Area/hm²	宗数/宗 Number of Plots/case	面积/公顷 Area/hm²	合计 Total		
						宗数/宗 Number of Plots/case	面积/公顷 Area/hm²	成交价款/亿元 Transaction Price/10⁸ Yuan
	2017	**166437**	**620245.92**	**54621**	**386976.62**	**111322**	**230898.62**	**51984.48**
	2018	**213350**	**647680.32**	**79332**	**385375.83**	**133569**	**260199.89**	**58850.47**
	2019	**222043**	**624110.50**	**73880**	**341830.81**	**147761**	**279312.03**	**66006.02**
北　京	Beijing	573	917.81	148	335.86	425	581.95	1831.78
天　津	Tianjin	1423	5554.57	624	2996.12	799	2558.45	1349.24
河　北	Hebei	16814	35780.15	7762	16423.92	9036	19247.89	2835.88
山　西	Shanxi	4113	13074.20	1242	6383.27	2869	6677.47	1041.00
内蒙古	Inner Mongolia	7225	18802.56	1747	7825.20	5469	10918.25	502.02
辽　宁	Liaoning	3791	12340.32	1199	5684.10	2590	6656.16	1077.64
吉　林	Jilin	4962	8486.54	1028	5182.44	3921	3218.99	531.36
黑龙江	Heilongjiang	3432	9513.62	1380	5528.94	2020	3874.51	356.11
上　海	Shanghai	720	2406.32	462	1336.23	258	1070.09	1480.12
江　苏	Jiangsu	12083	39946.78	4018	17144.06	8060	22795.32	7747.40
浙　江	Zhejiang	13484	30342.32	5643	15175.93	7829	15096.48	8767.56
安　徽	Anhui	8552	27616.89	3426	11940.14	5125	15673.79	3034.50
福　建	Fujian	4912	17234.53	2442	9862.60	2465	7340.30	2309.95
江　西	Jiangxi	8401	26476.75	3323	14439.45	5058	11899.79	2046.77
山　东	Shandong	17703	47664.62	5502	18153.42	12169	29151.85	5685.28
河　南	Henan	8424	25723.36	2328	9939.75	6095	15783.42	3312.75
湖　北	Hubei	12904	30959.51	4151	17025.48	8682	13901.77	2662.33
湖　南	Hunan	17773	24368.39	2957	13299.77	14796	11005.19	2311.90
广　东	Guangdong	16681	26260.72	3181	14671.91	13489	11437.74	5927.41
广　西	Guangxi	10979	25743.65	3649	15297.19	7309	10226.26	1325.11
海　南	Hainan	607	2856.16	363	2225.96	244	630.20	211.07
重　庆	Chongqing	2158	10327.11	940	4671.70	1218	5655.41	1447.24
四　川	Sichuan	10661	32050.00	4179	19259.50	6446	12598.47	3163.26
贵　州	Guizhou	7107	20720.63	2195	11018.06	4871	9388.88	1610.78
云　南	Yunnan	11193	53450.53	3713	45844.00	7470	7578.38	1335.65
西　藏	Tibet	684	1779.22	517	1309.50	165	364.88	16.27
陕　西	Shaanxi	3904	16251.71	1388	9096.48	2515	7152.02	1082.56
甘　肃	Gansu	2329	9175.50	795	4667.40	1527	4493.68	400.87
青　海	Qinghai	910	7363.30	394	6272.78	515	1070.82	123.49
宁　夏	Ningxia	1648	5863.14	596	3799.55	1050	2040.07	71.22
新　疆	Xinjiang	5893	35059.61	2588	25020.10	3276	9223.54	407.52

——按供地方式和地区分列
by Land Supply Way and by Region

出让 Granting						租赁 Lease			其他供地方式 Other Land Supply Ways		
协议出让 Land Use Right Grant Contract			"招拍挂"出让 Granting through Bidding, Auction, and Listing			宗数/宗 Number of Plots/case	面积/公顷 Area/hm^2	租金/万元 Rent/ 10^4yuan	宗数/宗 Number of Plots/ case	面积/公顷 Area /hm^2	收入/万元 Income/ 10^4yuan
宗地数/宗 Number of Plots/case	面积/公顷 Area/hm^2	成交价款/亿元 Transaction Price/ 10^8yuan	宗地数/宗 Number of Plots/ case	面积/公顷 Area/hm^2	成交价款/亿元 Transaction Price/ 10^8yuan						
42047	**17531.89**	**1477.03**	**69275**	**213366.73**	**50507.45**	**448**	**2088.46**	**1257344.11**	**46**	**282.22**	**822029.67**
58066	**17399.60**	**1966.43**	**75503**	**242800.29**	**56884.04**	**404**	**2014.71**	**259543.78**	**45**	**89.90**	**386625.72**
53140	**19295.92**	**2470.29**	**94621**	**260016.11**	**63535.74**	**357**	**2284.38**	**73768.96**	**45**	**683.28**	**8259970.46**
340	137.29	97.43	85	444.66	1734.35						
325	181.82	26.19	474	2376.63	1323.05						
1581	1157.14	94.65	7455	18090.75	2741.23	16	108.33	6475.78			
261	534.56	30.24	2608	6142.91	1010.76	2	13.45	3847.33			
2859	2015.33	26.88	2610	8902.93	475.14	9	59.11	1036.85			
1038	1045.08	27.64	1552	5611.08	1050.00	2	0.05	228.10			
2417	269.97	12.42	1504	2949.02	518.94	13	85.11	511.57			
769	740.41	29.73	1251	3134.09	326.38	28	91.67	1805.13	4	18.50	5406.92
22	63.94	43.96	236	1006.14	1436.16						
816	289.24	55.84	7244	22506.09	7691.56	5	7.39	406.84			
1460	809.43	86.39	6369	14287.06	8681.16	12	69.91	4415.93			
216	363.96	27.91	4909	15309.83	3006.59	1	2.96	46.62			
225	587.49	99.74	2240	6752.81	2210.21	5	31.63	249.00			
263	360.04	101.74	4795	11539.75	1945.03	20	137.50	1921.15			
2006	2399.92	311.77	10163	26751.93	5371.51	25	156.09	16636.97	7	203.26	30438.27
769	578.64	81.60	5326	15204.77	3231.15				1	0.19	8.19
4335	666.42	45.25	4347	13235.35	2617.09	71	32.27	4574.02			
10024	469.28	46.15	4772	10535.91	2265.75	20	63.42	1971.63			
10404	1612.46	906.66	3085	9825.29	5020.76	10	112.97	14648.34	1	38.09	7281954.00
4300	1133.83	41.60	3009	9092.43	1283.51	4	25.64	1426.57	17	194.56	941617.08
54	52.96	6.52	190	577.24	204.55						
13	78.61	7.65	1205	5576.80	1439.59						
2965	693.02	65.82	3481	11905.45	3097.45	23	67.56	975.63	13	124.47	
598	265.86	55.84	4273	9123.03	1554.94	41	313.69	3531.73			
2984	465.04	42.17	4486	7113.34	1293.48	10	28.15	997.17			
70	10.29	0.34	95	354.59	15.93	1	1.30		1	103.54	
380	496.33	41.81	2135	6655.69	1040.75	1	3.21	31.78			
248	576.76	35.08	1279	3916.92	365.79	7	14.42	106.94			
216	308.85	3.84	299	761.98	119.65	1	19.70	537.81			
486	75.95	2.36	564	1964.12	68.85	2	23.52	114.79			
696	856.03	13.07	2580	8367.51	394.45	28	815.31	7271.28	1	0.67	546.00

国有建设用地供应情况

State-owned Land for Construction Use

单位：公顷

年份/地区	Year/Region	建设用地供应总量 Total Amount of Construction-used Land Supplied	工矿仓储用地 Land for Industry, Mining and Warehousing	工业、仓储用地 Land for Industry and Warehousing	商业服务业用地 Land for Commercial and Service Uses	住宅用地	普通商品住房 Ordinary Commercial House	中低价位、中小套型 Medium and Low-price, Medium and Small-sized Ordinary Commercial Houses
	2017	**620245.92**	**125196.94**		**32094.49**	**87087.28**	**74333.67**	**21914.73**
	2018	**647680.32**	**13000.15**	**138019.44**	**35074.07**	**108929.01**	**90133.61**	**21475.71**
	2019	**624110.50**	**146712.58**	**141255.14**	**36938.79**	**105017.14**	**87827.64**	**397.95**
北　京	Beijing	917.81	99.59	99.59	66.12	377.94	270.86	
天　津	Tianjin	5554.57	1106.21	1100.13	212.70	1172.77	864.68	
河　北	Hebei	35780.15	11721.23	11624.63	1704.76	6915.09	6182.99	2.94
山　西	Shanxi	13074.20	3260.92	3222.35	857.96	2293.27	2087.51	3.35
内蒙古	Inner Mongolia	18802.56	8241.41	6621.40	915.41	1735.48	1560.58	4.63
辽　宁	Liaoning	12340.32	4110.00	3752.30	559.85	1736.74	1668.23	13.13
吉　林	Jilin	8486.54	1394.65	1289.95	452.59	1426.69	1278.50	6.05
黑龙江	Heilongjiang	9513.62	2987.62	2374.33	560.12	913.99	825.32	2.97
上　海	Shanghai	2406.32	356.56	356.56	80.97	578.97	333.14	
江　苏	Jiangsu	39946.78	12343.35	12335.02	3032.08	7159.07	6050.54	0.06
浙　江	Zhejiang	30342.32	7843.59	7843.59	1958.79	6437.38	4599.73	52.63
安　徽	Anhui	27616.89	7530.80	7518.65	1464.61	6971.05	5312.95	0.01
福　建	Fujian	17234.53	4365.22	4314.04	766.14	2061.12	1525.08	0.08
江　西	Jiangxi	26476.75	6336.83	6253.88	1756.92	4599.76	3679.16	10.85
山　东	Shandong	47664.62	13586.86	13217.37	3564.38	10890.77	10038.26	52.03
河　南	Henan	25723.36	5304.06	5292.23	2103.01	8049.48	7462.86	72.25
湖　北	Hubei	30959.51	7671.32	7497.82	1936.57	4931.85	3699.82	8.93
湖　南	Hunan	24368.39	4589.99	4589.99	2089.41	4524.24	3822.48	0.83
广　东	Guangdong	26260.72	6267.21	6267.09	1451.44	3925.55	3727.64	0.03
广　西	Guangxi	25743.65	5803.84	5803.84	1534.97	4240.34	3469.83	26.54
海　南	Hainan	2856.16	307.99	307.99	173.04	177.72	75.94	
重　庆	Chongqing	10327.11	2900.49	2831.16	600.08	2079.52	1980.77	3.29
四　川	Sichuan	32050.00	5243.87	5175.50	2276.12	5753.65	4769.64	0.05
贵　州	Guizhou	20720.63	3309.17	3303.50	2018.89	5345.46	4273.84	88.35
云　南	Yunnan	53450.53	2745.82	2745.82	1744.03	3178.73	2913.18	0.34
西　藏	Tibet	1779.22	212.54	212.32	95.15	1047.60	54.37	31.44
陕　西	Shaanxi	16251.71	3671.09	3651.71	860.61	2426.28	2051.74	9.64
甘　肃	Gansu	9175.50	2283.10	2253.33	506.24	1168.50	972.24	4.20
青　海	Qinghai	7363.30	623.45	590.43	194.08	383.14	305.38	
宁　夏	Ningxia	5863.14	2633.71	1557.14	207.23	359.22	293.44	
新　疆	Xinjiang	35059.61	7860.09	7251.48	1194.52	2155.77	1676.94	3.33

——按用地类型和地区分列
Supplied by Land–use Type and by Region

Unit: hm^2

Land for Residential Uses						基础设施等其他用地 Infrastructure and Other Types					
经济适用住房 Economically Affordable House	廉租住房 Cheap Rent House	高档住宅 High–grade Residence	公共租赁住房 Public Rent House	租赁型商品住房 Leased Comm–ercial House	共有产权住房 Shared Owner–ship House		公共管理与公共服务用地 Land for Public Management and Public Services	特殊用地 Land for Special Uses	交通运输用地 Land for Transport	水域及水利设施用地 Land for Water Conservancy Facilities	其他土地 Land for Other Uses
10158.79	**984.42**	**1431.98**	**178.42**			**375867.21**	**95940.54**	**3366.07**	**166634.40**	**105434.23**	**4491.98**
15218.63	**1394.47**	**375.90**	**1806.40**			**370677.10**	**138251.70**	**4172.73**	**183464.57**	**39321.68**	**5466.42**
13364.96	**49.64**	**1.02**	**3456.29**	**99.28**	**218.30**	**335441.94**	**122433.57**	**3774.99**	**157510.13**	**49776.43**	**1946.82**
42.12			25.23		39.73	374.15	264.81	6.48	79.82	23.04	
306.07				1.99	0.02	3062.89	762.32	7.20	2235.52	57.85	
636.63	0.67		91.07		3.72	15439.06	9697.15	172.29	5204.83	321.82	42.97
180.88			17.92	3.05	3.91	6662.05	2134.00	90.08	4387.65	39.53	10.79
158.34			14.87		1.69	7910.25	2928.97	139.67	4818.74	13.25	9.62
68.52						5933.72	2269.56	33.90	3558.65	61.87	9.74
145.49			1.57	0.72	0.42	5212.61	1197.02	20.52	3606.13	298.83	90.11
73.84			14.83			5051.88	1556.49	87.76	2946.51	446.94	14.18
214.03			31.81			1389.81	497.65	3.02	758.43	130.71	
1068.71			23.24	16.57		17412.28	8047.05	101.53	7334.94	1921.67	7.09
1627.14			193.18	16.78	0.55	14102.54	5070.56	95.71	7437.07	1467.63	31.57
1603.07		0.09	50.97	3.91	0.05	11650.43	4962.12	191.23	6006.74	385.40	104.94
23.97			506.93	5.14		10042.04	4293.08	95.83	5322.96	321.77	8.40
664.66			238.58	13.83	3.53	13783.23	6174.26	275.24	6925.95	382.31	25.47
785.20	16.47		46.80	3.96	0.09	19622.60	8899.66	178.74	8551.33	1956.65	36.22
374.14	18.67		190.15	0.28	3.37	10266.80	5796.03	63.97	3494.22	886.86	25.72
1060.32			170.64	1.01	0.05	16419.78	5254.56	188.88	9611.66	1265.84	98.84
563.31			130.01	5.98	2.46	13164.75	4390.67	261.15	8242.98	219.65	50.30
127.95			41.12	9.64	19.20	14616.54	6050.73	195.09	7495.05	182.26	693.41
719.02			21.36	3.39	26.74	14164.49	5658.11	203.26	7863.94	390.17	49.01
95.36			6.41			2197.41	477.15	56.29	797.63	866.34	
93.81			4.95			4747.02	1863.40	74.76	2520.46	205.68	82.72
918.20			57.55	8.21	0.05	18776.36	9051.54	284.23	7931.10	1473.75	35.74
651.37	6.66		352.82	1.53	59.26	10047.11	4042.84	214.03	5387.32	339.24	63.68
191.70			43.93	3.29	26.63	45781.95	5849.09	115.81	6489.06	33312.28	15.71
		0.93	992.30			423.93	302.77	2.71	14.73		103.73
346.22			26.58		1.75	9293.73	2670.12	97.26	5840.47	650.19	35.69
157.40			38.86			5217.66	2417.19	191.02	2003.84	327.43	278.18
48.55	7.00		8.30		13.90	6162.64	1808.87	15.53	4141.46	195.96	0.82
50.97			3.63		11.18	2662.99	924.81	9.08	1712.92	16.18	
367.97	0.17		110.68			23849.23	7120.99	302.72	14788.02	1615.33	22.17

主要统计指标解释

建设用地供应总量 指报告期市、县人民政府根据年度土地供应计划，依法以出让、划拨、租赁等方式将国有建设用地使用权提供给单位或个人使用的国有建设用地总量。

宗数 指报告期内供应的国有建设用地的宗数。

面积 指报告期内市、县人民政府供应给单位或个人使用的国有建设用地总面积。

划拨 指县级以上人民政府依法批准，在土地使用者缴纳补偿、安置费用后将该幅土地交付其使用，或者将国有建设用地使用权无偿交付给土地使用者使用的行为。

协议出让 指国家以协议方式将国有建设用地使用权在一定年限内出让给土地使用者，由土地使用者向国家支付国有建设用地使用权出让金的行为。

招标出让 指市、县人民政府自然资源管理部门发布招标公告或者发出投标邀请书，邀请特定或不特定的法人、自然人和其他组织参加国有建设用地使用权投标，根据投标结果确定土地使用者的行为。

拍卖出让 指市、县人民政府自然资源管理部门发布拍卖公告，由竞买人在指定时间、指定地点进行公开竞价，根据出价结果确定土地使用者的行为。

挂牌出让 指市、县人民政府自然资源管理部门发布挂牌公告，按公告规定期限将拟出让宗地的交易条件在指定的土地交易场所挂牌公布，接受竞买人的报价申请并更新挂牌价格，根据挂牌期限截止时的出价结果（或现场竞价结果）确定土地使用者的行为。

租赁 指国家依法将国有建设用地出租给土地使用者使用，由土地使用者与县级以上人民政府自然资源管理部门签订一定年限的土地租赁合同，并支付租金的行为。

其他供地方式 指除划拨、出让、租赁以外的其他供地方式，如作价出资入股、授权经营等。

成交价款 指市、县人民政府以协议、招标、拍卖、挂牌等方式出让国有建设用地使用权的实际交易合同金额。

租金 指承租方为取得国有建设用地使用权而向国家支付的价款。以报告期实际收入数为准。

用地类型 见第三次全国国土调查工作分类中的建设用地类型。其中，住宅用地又划分为：①高档住宅用地；②普通商品住房用地（其中，中低价位、中小套型普通商品房用地类型单列）；③经济适用住房用地；④廉租住房用地。

高档住宅用地 指报告期内出让用于高档住宅建设的建设用地，包括住宅小区建筑容积率低于1.0、单套住房建筑面积超过144平方米的住宅用地以及别墅、高档公寓用地。

普通商品住房用地 指报告期内出让用于普通商品住房建设的建设用地。

中低价位、中小套型普通商品住房用地 指报告期内出让用于中低价位、中小套型普通商品住房建设的建设用地，特指限价普通商品住房用地和单套住房建筑面积在90平方米（含）以下的普通商品住房用地。

经济适用住房用地 指报告期内供应用于经济适用住房建设的建设用地，包括集资建房用地。

廉租住房用地 指报告期内供应用于廉租住房建设的建设用地。

Explanatory Notes on Main Statistical Indicators

Total Amount of Construction-used Land Supplied—the total amount of state-owned construction-used land whose use right is provided by the people's government of a city or county to a unit or an individual during the reporting period in the way of grant, allocation or lease according to the annual land supply plan.

Number of Plots—the number of plots of state-owned construction-used land supplied during the reporting period.

Area—the total area of state-owned land for construction supplied to a unit or an individual by the people's government of a city or county during the reporting period.

Allocation—the act through which the people's government at and above the county level assigns a plot of land to the land user after he pays land compensation and resettlement subsidies or assigns state-owned land-use right to the land user without compensation. This act is approved by the people's government at and above the county level according to law.

Land Use Right Grant Contract—the act through which the state assigns the land user the right to the use of state-owned construction-used land for a certain period of time in the way of agreement, and the land user shall pay the state the grant fees for the state-owned construction-used land-use right.

Granting through Bidding—the act through which the land administration department of the people's government at the city or county level issues a notice of invitation for bid to invite specially or not specially designated legal persons, natural persons and other organizations to participate in the bidding of the state land-use right, and the land user is determined according to the result of the bidding.

Granting through Auction—the act through which the natural resources administration department of the people's government at the city or county level issues a notice of invitation for auction, and the bidders participate in open competition at the prescribed time and locality and the land user is determined according to the result of the price offer.

Granting through Listing—the act through which the natural resources administration department of the people's government at the city or county level issues a notice of listing, draws up the transaction terms of granting land plots in the time limit prescribed by the notice, lists them in public in a land transaction house, receives the offer applications of the bidders, and renews the listed prices accordingly, and the land user is determined according to the price offer (or the result of on-the-spot price competition) at the closing time of the listing time limit.

Lease—the act through which the state leases state-owned construction-used land to a land user, and the land user enters into a land leasing contract with the land administration department of the people's government at and above the county level for a fixed number of years and pays rent.

Other Land Supply Ways—the ways other than allocation, grant, and lease, e.g. investment as a shareholder with state-owned land rights and authorized operations of land.

Transaction Price—the total amount of actual transaction price of state-owned construction-used land granted by the people's government of a city or county in the ways of agreement, bidding, auction, and listing.

Rent—the amount payable by a lessee to the state for a rental period in order to acquire the granted state-owned construction-used land-use right. The rent shall be based on the actual income obtained during the reporting period.

Land-use Types—the types of construction land were specified in the third national land survey. Among these types, the land for residential uses is subdivided into ①land for high-grade residence; ②land for ordinary commercial houses (of which land for medium and low-price, medium and small-sized ordinary commercial houses is listed separately); ③land for economically affordable house; ④land for cheap rent house.

Land for High-grade Residence—the construction-used land used for high-grade residence construction assigned during the reporting period, including the land for residence with a floor area rate (FAR)<1.0 and the building area of a residence house>144 m^2, as well as villas and high-grade apartments.

Land for Ordinary Commercial Houses—the construction-used land used for ordinary commercial house construction assigned during the reporting period.

Land for Medium and Low-price, Medium and Small-sized Ordinary Commercial Houses—the construction-used land used for medium and low-price, medium and small-sized ordinary commercial house construction assigned during the reporting period. It specially refers to the land for price-limited ordinary commercial houses and ordinary commercial houses with their building area <90 m^2 (including 90 m^2).

Land for Economically Affordable House—the construction-used land used for economically affordable house construction. It includes the land used for building houses by personal fund raising.

Land for Cheap Rent House—the construction-used land used for cheap rent house construction.

矿产资源

Mineral Resources

矿产资源勘查许可证发证及探矿权

Exploration Licenses Issued and Exploration

地区	Region	勘查许可证发证 Exploration Licenses Issued					
						合计 Total	
		许可证数/个 Number of Licenses/number	登记面积/平方千米 Registered Area/km^2	注销/个 Cancelled/number	注销面积/平方千米 Cancelled Registered Area/km^2	许可证数/个 Number of Licenses/number	出让收益/万元 Amount of Exploration Rights Granted /10^4 yuan
总　计	**Total**	**12070**	**3151633.05**	**2500**	**137867.46**	**502**	**9705684.73**
自然资源部	MNR	1209	2988967.00	43	72879.00	43	9133359.98
北　京	Beijing	3	21.84				
天　津	Tianjin	64	98.98	19	34.18	7	3300.00
河　北	Hebei	217	977.70	30	320.88	8	271.00
山　西	Shanxi	105	2352.90	4	13.07		
内蒙古	Inner Mongolia	1744	29954.65	437	27953.98	63	411168.88
辽　宁	Liaoning	230	953.24	32	472.92	22	
吉　林	Jilin	240	1639.28	21	296.89	8	500.93
黑龙江	Heilongjiang	335	17958.41	29	1103.47	8	6224.60
上　海	Shanghai						
江　苏	Jiangsu	86	285.53	13	154.88	9	232.00
浙　江	Zhejiang	230	1063.90	25	135.35	7	3578.48
安　徽	Anhui	317	2200.72	22	403.92	7	
福　建	Fujian	205	684.83	9	10.42	5	402.32
江　西	Jiangxi	1019	2801.05	160	622.68	15	246.00
山　东	Shandong	226	1458.84	38	152.71	2	
河　南	Henan	366	3102.54	64	1113.59	62	60.00
湖　北	Hubei	85	360.74	14	181.33	10	
湖　南	Hunan	124	750.39	27	480.69	1	
广　东	Guangdong	85	690.71	4	24.80		
广　西	Guangxi	410	5675.60	16	526.92	6	14307.95
海　南	Hainan	21	64.60	3	46.29		
重　庆	Chongqing	31	243.51	39	478.34	5	550.78
四　川	Sichuan	455	4103.21	63	744.08		
贵　州	Guizhou	442	4529.67	299	3244.15	26	12008.26
云　南	Yunnan	652	6765.72	51	789.68		
西　藏	Tibet	330	12606.81	97	4220.20	6	2733.38
陕　西	Shaanxi	315	8101.31	53	617.12	6	60076.07
甘　肃	Gansu	257	2569.29	182	2581.67	54	
青　海	Qinghai	330	16294.33	102	4695.84	26	24891.46
宁　夏	Ningxia	43	824.84	10	138.86		
新　疆	Xinjiang	1894	33530.93	594	13429.54	96	31772.64

出让、转让情况——按地区分列（2019年）

Rights Granted and Transferred by Region (2019)

探矿权出让 Exploration Rights Granted					探矿权转让 Exploration Rights Transferred	
申请在先 First Application	协议出让 Granting through Agreement		“招拍挂”出让 Granting through Bidding, Auction, and Listing			
宗数/个 Number of Cases/case	宗数/个 Number of Cases/case	出让收益/万元 Amount of Exploration Rights Granted/ 10^4 yuan	宗数/个 Number of Cases/case	出让收益/万元 Amount of Exploration Rights Granted /10^4 yuan	宗数/个 Number of Cases/case	转让金额/万元 Amount of Transfered/10^4 yuan
296	**65**	**9578467.16**	**141**	**127217.57**	**145**	**206147.49**
28	15	9133359.98			4	52463.36
			7	3300.00	1	114.00
			8	271.00	2	219.54
					1	40.00
24	15	382405.42	24	28763.46	36	74572.10
3	19				2	30.00
1	2	64.93	5	436.00	4	552.60
6			2	6224.60	2	5342.93
7			2	232.00	4	
4	1	100.00	2	3478.48	3	
6	1					
			5	402.32		
14			1	246.00	14	962.00
1	1				3	0.27
56	5		1	60.00	11	11595.52
10					2	480.00
1					1	37.00
					2	143.19
			6	14307.95	8	6425.17
2			3	550.78		
					1	
			26	12008.26	8	6101.94
			6	2733.38		
1	3	60002.07	2	74.00	3	34492.55
54					1	162.69
13	3	2534.76	10	22356.70	19	12332.63
65			31	31772.64	13	80.00

矿产资源勘查许可证发证及探矿权出让、
Exploration Licenses Issued and Exploration Rights

矿　种	Mineral	勘查许可证发证 Exploration Licenses Issued					
		许可证数/个 Number of Licenses/ number	登记面积/平方千米 Registered Area/km²	注销/个 Cancelled/ number	注销面积/平方千米 Cancelled Registered Area/km²	许可证数/个 Number of Licenses/number	出让收益/万元 Amount of Exploration Rights Granted /10⁴ yuan
总　计	**Total**	**12070**	**3151633.05**	**2500**	**137867.46**	**502**	**9705684.73**
煤	Coal	946	43522.43	177	20446.04	59	9616981.15
油页岩	Oil Shale	53	5221.84	2	80.66	5	
石油、天然气、页岩气、煤层气	Oil & Natural Gas & Shale Gas & Coalbed Methane	921	2978000.00	41	72800.00	24	
石煤	Bone Coal	1	3.58				
油砂	Oil Sand	4	118.96	1	8.91		
天然沥青	Natural Asphalt	5	19.86				
地热	Geotherm	524	4223.37	59	460.18	67	14302.74
铁矿	Iron	843	6208.88	206	3585.12	16	655.00
锰矿	Manganese	155	1580.19	53	652.43	1	
铬铁矿	Chromite	17	301.42	4	59.27		
钛矿	Titanium	21	284.45	3	56.28		
钒矿	Vanadium	68	482.95	14	142.99	4	
金红石	Rutile	3	5.68	2	12.56		
铜矿	Copper	1859	25515.67	470	9969.15	28	5278.00
铅矿	Lead	1090	14100.24	294	5000.20	29	2421.96
锌矿	Zinc	155	1435.55	61	752.92	6	19.10
铝土矿	Bauxite	169	3827.30	30	678.48	8	
镁矿	Magnesium	3	14.25				
镍矿	Nickel	51	701.95	15	276.39	3	176.00
钴矿	Cobalt	4	29.82	1	70.90		
钨矿	Tungsten	43	275.89	9	143.76		
锡矿	Tin	54	289.38	6	34.88	2	
铋矿	Bismuth	3	7.15	1	76.46		
钼矿	Molybdenum	188	1389.32	37	582.47	1	
汞矿	Mercury	1	5.84	2	14.37		
锑矿	Antimony	49	257.74	6	55.86		
多金属矿	Polymetallic Ore	580	10619.49	179	5269.52	13	
铂矿	Platinum	11	77.90	1	37.32		
砂金	Placer Gold	9	69.27	6	50.28		
金矿	Gold	2240	26448.64	470	8389.81	85	11144.20
银矿	Silver	311	4212.18	56	1087.56	12	
铌钽矿	Niobium & Tantalum	36	417.55	6	39.48	2	
铌矿	Niobium	7	74.34	1	12.04		
钽矿	Tantalum	4	19.38	1	0.93		

转让情况——按矿种分列（2019年）
Granted and Transferred by Mineral （2019）

探矿权出让 Exploration Rights Granted					探矿权转让 Exploration Rights Transferred	
申请在先 First Application	协议出让 Granting through Agreement		"招拍挂"出让 Granting through Bidding, Auction, and Listing		宗数/个 Number of Cases/case	转让金额/万元 Amount of Transfer/10⁴ yuan
宗数/个 Number of Cases/case	宗数/个 Number of Cases/case	出让收益/万元 Amount of Exploration Rights Granted/10⁴ yuan	宗数/个 Number of Cases/case	出让收益/万元 Amount of Exploration Rights Granted/10⁴ yuan		
296	**65**	**9578467.16**	**141**	**127217.57**	**145**	**206147.49**
10	24	9575765.45	25	41215.70	7	91255.91
5						
24						
17			50	14302.74	5	343.19
	14		2	655.00	13	913.35
1					1	37.00
					1	
4					2	365.00
					1	
22	2		4	5278.00	14	657.58
19	2	0.01	8	2421.95	13	4551.74
5			1	19.10	3	23.62
6			2		2	6113.16
2			1	176.00		
2						
	1				1	
13					8	12268.26
60	13	2601.70	12	8542.50	36	15445.55
11	1				6	70011.00
2						

矿产资源勘查许可证发证及探矿权出让、
Exploration Licenses Issued and Exploration Rights

矿 种	Mineral	勘查许可证发证 Exploration Licenses Issued					
		许可证数/个 Number of Licenses/ number	登记面积/平方千米 Registered Area/km^2	注销/个 Cancelled/ number	注销面积/平方千米 Cancelled Registered Area/km^2	许可证数/个 Number of Licenses/number	出让收益/万元 Amount of Exploration Rights Granted /10^4 yuan
铍矿	Beryllium	11	106.68	5	14.98		
锂矿	Lithium	18	487.04	2	115.44	3	
锆矿	Zirconium	1	2.89	3	46.29		
锶矿(天青石)	Strontium (Celestite)	2	8.50	1	3.95		
铷矿	Rubidium	6	28.97				
铯矿	Cesium	1	7.06				
重稀土矿	Heavy Rare Earth Elements	2	15.36				
钇矿	Yttriite	1	5.12				
轻稀土矿	Light Rare Earth Elements	8	229.64				
蓝晶石	Kyanite	4	23.56			1	
红柱石	Andalusite	4	143.22	1	6.79		
菱镁矿	Magnesite	7	34.12	1	1.62	1	
萤石(普通)	Common Fluorite	288	1296.78	29	235.46	17	178.00
熔剂用石灰岩	Limestone for Flux	12	27.94	3	2.75	1	
冶金用白云岩	Metallurgical Dolomite	10	53.23	2	7.91	1	
冶金用石英岩	Metallurgical Quartzite	9	26.66	2	5.97	1	
铸型用砂岩	Foundry Sandstone	1	0.77				
冶金用脉石英	Metallurgical Vein Quartz	5	16.08				
耐火黏土	Refractory Clay	4	41.42			1	
其他黏土	Other Clays	1	1.47				
自然硫	Native Sulfur	2	6.86	1	12.90	1	
硫铁矿	Pyrite	26	170.12	18	125.35		
钠硝石	Nitratine	17	743.48	8	278.43		
明矾石	Alunite	1	3.10	1	0.56		
芒硝(含钙芒硝)	Mirabilite (Glauerite)	9	305.54	30	1617.24		
重晶石	Barite	18	94.24	4	70.84	2	2400.00
毒重石	Witherite	2	5.92				
天然碱(Na_2CO_3)	Trona (Na_2CO_3)	6	353.34			6	4248.00
电石用灰岩	Limestone for Calcium Carbide	3	2.85	1	2.67		
制碱用灰岩	Limestone for Alkali Production	2	2.51				
化肥用石灰岩	Limestone for Fertilizer	1	2.09				

转让情况——按矿种分列（2019年）续表1

Granted and Transferred by Mineral （2019） Continued 1

探矿权出让 Exploration Rights Granted					探矿权转让 Exploration Rights Transferred	
申请在先 First Application	协议出让 Granting through Agreement		“招拍挂”出让 Granting through Bidding, Auction, and Listing		宗数/个 Number of Cases/case	转让金额/万元 Amount of Transfer/10⁴ yuan
宗数/个 Number of Cases/case	宗数/个 Number of Cases/case	出让收益/万元 Amount of Exploration Rights Granted/10^4 yuan	宗数/个 Number of Cases/case	出让收益/万元 Amount of Exploration Rights Granted/10^4 yuan		
3						
1						
	1					
15			2	178.00	6	269.00
	1					
1						
1						
					1	27.00
1						
1						
1			1	2400.00		
			6	4248.00		

矿产资源勘查许可证发证及探矿权出让、
Exploration Licenses Issued and Exploration Rights

矿 种	Mineral	勘查许可证发证 Exploration Licenses Issued					
		许可证数/个 Number of Licenses/number	登记面积/平方千米 Registered Area/km^2	注销/个 Cancelled/number	注销面积/平方千米 Cancelled Registered Area/km^2	许可证数/个 Number of Licenses/number	出让收益/万元 Amount of Exploration Rights Granted /10^4 yuan
化肥用白云岩	Dolomite for Fertilizer	1	0.07				
化肥用石英岩	Quartzite for Fertilizer	1	1.89				
含钾岩石	Potassium-bearing Rock	9	52.18	13	1342.43		
含钾砂页岩	Potassium-bearing Sandy Shale			1	56.95		
化肥用蛇纹岩	Serpentinite for Fertilizer	1	7.98				
泥炭	Peat	3	59.40	2	82.84		
矿盐	Mineral Salt	2	33.19				
岩盐	Rock Salt	28	744.29	8	542.21		
湖盐	Lake Salt	1	4.03			1	41.00
天然卤水	Natural Brine	3	62.04				
钾盐	Potash	18	9348.59	4	428.76	4	17635.00
砷	Arsenic			1	41.63		
磷矿	Phosphate Rock	92	685.25	10	169.30	2	6415.00
金刚石	Diamond	5	117.36	4	212.35		
石墨	Graphite	126	1543.61	15	348.22	19	6224.60
刚玉	Corundum	1	4.12				
硅灰石	Wollastonite	13	76.60	2	43.15	1	
滑石	Talc	16	105.71	4	18.76		
云母	Mica	5	26.46	1	2.40		
长石	Feldspar	34	173.20	3	14.69	1	
电气石	Tourmaline	2	33.31				
石榴子石	Garnet	4	7.11			1	121.00
叶蜡石	Pyrophyllite	10	26.48			2	100.00
透辉石	Diopside	1	3.84				
沸石	Zeolite	2	8.51				
透闪石	Tremolite	1	1.43				
石膏	Gypsum	31	320.96	4	16.68		
方解石	Calcite	26	60.04	3	15.75		
宝石	Gemstone	3	4.32				
玉石	Jade	18	121.15	1	41.92		

转让情况——按矿种分列（2019年）续表2
Granted and Transferred by Mineral （2019） Continued 2

探矿权出让 Exploration Rights Granted					探矿权转让 Exploration Rights Transferred	
申请在先 First Application	协议出让 Granting through Agreement		"招拍挂"出让 Granting through Bidding, Auction, and Listing		宗数/个 Number of Cases/case	转让金额/万元 Amount of Transfer/10^4 yuan
宗数/个 Number of Cases/case	宗数/个 Number of Cases/case	出让收益/万元 Amount of Exploration Rights Granted/10^4 yuan	宗数/个 Number of Cases/case	出让收益/万元 Amount of Exploration Rights Granted/10^4 yuan		
					2	
			1	41.00		
			4	17635.00		
1			1	6415.00		
17			2	6224.60	1	1211.53
1					1	
1					1	52.00
					1	40.00
			1	121.00		
1	1	100.00			1	28.00

矿产资源勘查许可证发证及探矿权出让、
Exploration Licenses Issued and Exploration Rights

矿 种	Mineral	勘查许可证发证 Exploration Licenses Issued					
		许可证数/个 Number of Licenses/ number	登记面积/平方千米 Registered Area/km^2	注销/个 Cancelled/ number	注销面积/平方千米 Cancelled Registered Area/km^2	许可证数/个 Number of Licenses/number	出让收益/万元 Amount of Exploration Rights Granted /10^4 yuan
玛瑙	Agate	5	213.96	3	11.91		
石灰岩	Limestone	51	457.65	9	91.87	6	390.20
玻璃用石灰岩	Limestone for Glass	1	0.54				
水泥用石灰岩	Limestone for Cement	80	417.67	12	43.43	8	
建筑石料用灰岩	Limestone for Construction Stone	1	0.55	1	11.43		
饰面用灰岩	Decorative Limestone	3	1.78	5	51.68	1	
制灰用石灰岩	Limestone for Ash Making	6	4.26	1	0.58	3	246.00
泥灰岩	Marl	4	16.40				
白云岩	Dolomite	17	98.31	1	2.82	1	
玻璃用白云岩	Dolomite for Glass	1	2.42				
石英岩	Quartzite	27	147.26	1	59.69		
玻璃用石英岩	Quartzite for Glass	10	59.89	1	2.94	3	
砂岩	Sandstone	2	4.13	2	13.59		
玻璃用砂岩	Sandstone for Glass	3	7.88			1	
水泥配料用砂岩	Sandstone for Cement Batching	3	2.50			1	
陶瓷用砂岩	Sandstone for Ceramics	1	0.63				
天然石英砂	Natural Quartz Sand	9	25.08	3	27.56	3	
玻璃用砂	Sand for Glass	2	37.41				
水泥配料用砂	Sand for Cement Batching	1	1.82				
脉石英	Vein Quartz	28	107.05			2	
玻璃用脉石英	Vein Quartz for Glass	8	10.61				
硅藻土	Diatomite	11	55.36	1	1.63		
页岩	Shale	3	6.73				
陶粒页岩	Shale for Ceramsite			1	2.35		
高岭土	Kaolin	56	217.99	9	33.38	3	13530.00
陶瓷土	Ceramic Clay	40	91.63	4	14.95		
凹凸棒石黏土	Attapulgite	5	17.82				

转让情况——按矿种分列（2019年）续表3

Granted and Transferred by Mineral （2019） Continued 3

探矿权出让 Exploration Rights Granted					探矿权转让 Exploration Rights Transferred	
申请在先 First Application	协议出让 Granting through Agreement		"招拍挂"出让 Granting through Bidding, Auction, and Listing		宗数/个 Number of Cases/case	转让金额/万元 Amount of Transfer/10^4 yuan
宗数/个 Number of Cases/case	宗数/个 Number of Cases/case	出让收益/万元 Amount of Exploration Rights Granted/10^4 yuan	宗数/个 Number of Cases/case	出让收益/万元 Amount of Exploration Rights Granted/10^4 yuan		
5			1	390.20		
					1	130.00
7	1				1	
1						
2			1	246.00		
	1					
3						
1						
1						
3					1	10.00
2						
			3	13530.00		

矿产资源勘查许可证发证及探矿权出让、
Exploration Licenses Issued and Exploration Rights

矿种	Mineral	勘查许可证发证 Exploration Licenses Issued					
		许可证数/个 Number of Licenses/ number	登记面积/平方千米 Registered Area/km²	注销/个 Cancelled/ number	注销面积/平方千米 Cancelled Registered Area/km²	许可证数/个 Number of Licenses/number	出让收益/万元 Amount of Exploration Rights Granted /10⁴ yuan
海泡石黏土	Sepiolite Clay			2	8.41		
伊利石黏土	Illite Clay	3	12.69				
膨润土	Bentonite	22	188.19	1	3.24	3	
陶粒用黏土	Clay for Ceramsite	6	41.02	3	14.65		
水泥用黏土	Clay for Cement	2	1.44			2	109.00
水泥配料用泥岩	Mudstone for Cement Batching	1	2.02				
蛇纹岩	Serpentinite	9	46.90				
玄武岩	Basalt	1	11.44				
铸石用玄武岩	Basalt for Cast Stone	1	2.48				
辉绿岩	Diabase	2	6.72			1	
饰面用辉绿岩	Decorative Diabase	3	12.00			1	2125.48
建筑用闪长岩	Diorite for Construction	1	0.40				
花岗岩	Granite	30	162.08	1	3.78	2	
建筑用花岗岩	Granite for Construction	1	0.75				
饰面用花岗岩	Decorative Granite	82	628.93	8	44.85	8	338.30
珍珠岩	Perlite	6	45.24	1	1.68		
浮石	Pumice	1	2.94				
霞石正长岩	Nepheline Syenite	1	1.66				
水泥用凝灰岩	Tuff for Cement	2	2.51				
火山渣	Cinder	1	2.67				
大理岩	Marble	21	79.32	1	1.43	1	
饰面用石料（大理石）	Decorative Stone (Marble)	15	64.16	4	9.94	3	
水泥用大理石	Marble for Cement	12	34.21	1	0.80	1	
玻璃用大理石	Marble for Glass	1	2.91				
饰面用板岩	Decorative Slate	5	10.85				
片麻岩	Gneiss	1	2.17				
角闪岩	Amphibolite	1	14.24				
硼矿	Boron	6	131.25	2	10.74		
矿泉水	Mineral Water	78	271.56	11	69.00	16	605.00
地下水	Ground Water	10	200.84	9	554.71	1	

转让情况——按矿种分列（2019年）续表4

Granted and Transferred by Mineral （2019） Continued 4

探矿权出让 Exploration Rights Granted					探矿权转让 Exploration Rights Transferred	
申请在先 First Application	协议出让 Granting through Agreement		"招拍挂"出让 Granting through Bidding, Auction, and Listing			
宗数/个 Number of Cases/case	宗数/个 Number of Cases/case	出让收益/万元 Amount of Exploration Rights Granted/10^4 yuan	宗数/个 Number of Cases/case	出让收益/万元 Amount of Exploration Rights Granted/10^4 yuan	宗数/个 Number of Cases/case	转让金额/万元 Amount of Transfer/10^4 yuan
					1	
1	2				2	63.00
			2	109.00		
1						
			1	2125.48		
2					1	
7			1	338.30	3	550.00
					1	
1					2	1025.00
3						
	1					
					1	30.00
7			9	605.00	3	726.60
1					1	

矿产资源勘查许可证发证及探矿权出让、
Exploration Licenses Issued and Exploration Rights

经济类型	Economic Type	勘查许可证发证 Exploration Licenses Issued				合计 Total	
		许可证数/个 Number of Licenses/ number	登记面积/平方千米 Registered Area/km²	注销/个 Cancelled/ number	注销面积/平方千米 Cancelled Registered Area/km²	许可证数/个 Number of Licenses/ number	出让收益/万元 Amount of Exploration Rights Granted /10⁴ yuan
总 计	**Total**	**12070**	**3151633.05**	**2500**	**137867.46**	**502**	**9705684.73**
国有企业	State-owned Enterprises	2744	69677.37	900	39149.68	274	1639190.74
集体企业	Collective-owned Enterprises	42	187.29	11	170.82	1	
股份合作企业	Cooperative Stock Enterprises	62	433.05	16	253.00		
联营企业	Joint Ownership Enterprises	13	94.26	3	14.43	1	178.00
有限责任公司	Limited Liability Corporations	8310	3069956.73	1184	91083.09	214	7600408.97
股份有限公司	Share Holding Company Limited	498	7651.48	211	5552.98	5	463815.02
私营企业	Private Enterprises	307	2313.68	147	1330.39	3	1937.00
其他企业	Other Enterprises	66	815.29	25	291.42	3	153.00
港、澳、台商投资企业	Enterprises with Funds from Hongkong,Macao and Taiwan	9	311.26	1	1.21		
外商投资企业	Foreign-funded Enterprises	19	192.65	2	20.43	1	2.00

转让情况——按企业经济类型分列（2019年）

Granted and Transferred by Enterprise Economic Type （2019）

探矿权出让 Exploration Rights Granted					探矿权转让 Exploration Rights Transferred	
申请在先 First Application	协议出让 Granting through Agreement		“招拍挂”出让 Granting through Bidding, Auction, and Listing			
宗数/个 Number of Cases/case	宗数/个 Number of Cases/case	出让收益/万元 Amount of Exploration Rights Granted/ 10^4 yuan	宗数/个 Number of Cases/case	出让收益/万元 Amount of Exploration Rights Granted /10^4 yuan	宗数/个 Number of Cases/case	转让金额/万元 Amount of Transfer/10^4 yuan
296	**65**	**9578467.16**	**141**	**127217.57**	**145**	**206147.49**
249	10	1637561.64	15	1629.10	8	9447.50
1						
					1	6110.76
			1	178.00		
42	52	7477130.50	120	123278.47	126	190589.23
1	3	463775.02	1	40.00	4	
1			2	1937.00	5	
2			1	153.00	1	
			1	0.99	2.00	

矿产资源采矿许可证发证及采矿权出让、
Mining Licenses Issued and Mining Rights

地区	Region	采矿许可证发证 Mining Licenses Issued								
							合计 Total			
		许可证数/个 Number of Licenses/ number	面积/平方千米 Area/ km^2	生产能力/(万吨·年$^{-1}$) Capacity of Production/ (10^4t·a^{-1})	注销/个 Number of Cancellation/number	注销面积/平方千米 Cancelled Registered Area/ km^2	宗数/个 Number of Cases/ case	生产能力/(万吨·年$^{-1}$) Capacity of Production/ (10^4t·a^{-1})	出让收益/万元 Amount of Exploration Rights Granted/ 10^4 yuan	宗数/个 Number of Cases/ case
总计	**Total**	**39704**	**256358.46**	**1536381.33**	**5904**	**3215.64**	**1560**	**113381.05**	**6406053.86**	**161**
自然资源部	MNR	1483	195957.09	221143.53			46	14438.00	4079005.75	40
北京	Beijing	146	184.36	3853.46						
天津	Tianjin	328	8.79	4830.61	12		14	238.00		13
河北	Hebei	1622	1697.09	47786.22	187	80.26	5	322.18	5546.48	
山西	Shanxi	2391	8615.66	105511.66	267	775.12	30	589.10	27204.30	3
内蒙古	Inner Mongolia	2757	4765.17	73314.22	203	111.75	64	3623.42	43655.30	14
辽宁	Liaoning	1085	871.61	46309.19	27	5.80	6	458.10	6300.71	1
吉林	Jilin	834	640.79	25219.87	7	0.14	16	922.00	1703.35	7
黑龙江	Heilongjiang	1073	2470.94	31120.24	96	10.59	95	3296.26	60725.15	4
上海	Shanghai									
江苏	Jiangsu	171	199.67	12212.45	14	1.08	3	83.30		3
浙江	Zhejiang	594	183.61	86206.45	88	8.85	28	7138.48	187654.57	5
安徽	Anhui	782	690.69	66538.34	16	0.50	2	53.00	1329.00	
福建	Fujian	684	693.83	31260.18	68	134.49	24	2616.55	12256.21	4
江西	Jiangxi	1905	1199.07	47855.73	188	7.97	72	6704.55	373077.59	7
山东	Shandong	804	1956.73	46887.89	47	2.39	32	3375.80	130309.03	1
河南	Henan	1295	4131.35	42528.80	531	312.27	11	3720.00	147629.89	5
湖北	Hubei	993	733.31	37723.85	228	139.01	36	4540.40	66125.67	1
湖南	Hunan	2265	1169.92	45022.84	252	85.17	29	574.12	7386.89	
广东	Guangdong	1047	315.06	51516.23	21	2.07	26	2512.98	72864.47	
广西	Guangxi	1621	1071.31	65576.42	414	48.20	189	12852.62	161677.31	5
海南	Hainan	141	123.83	12558.16	14	41.55	12	742.03	25588.00	
重庆	Chongqing	730	602.62	26728.18	299	62.50	19	1284.00	64327.80	
四川	Sichuan	3090	2431.09	58317.02	513	67.99	72	2544.85	35342.72	2
贵州	Guizhou	3341	4426.81	89212.01	501	609.50	99	3869.56	152686.76	8
云南	Yunnan	2659	2180.27	45885.17	859	215.36	54	2629.52	56492.44	2
西藏	Tibet	121	598.28	5623.38	4	1.57	23	1394.00	21966.86	
陕西	Shaanxi	1652	9410.64	97888.24	218	115.00	94	13014.48	332410.23	14
甘肃	Gansu	1266	1082.45	21213.31	471	254.11	101	3551.48	51171.52	2
青海	Qinghai	404	4481.27	12309.26	125	9.08	59	3579.97	20990.50	2
宁夏	Ningxia	311	229.43	11036.43	38	39.22	31	924.54	17112.83	5
新疆	Xinjiang	2109	3235.72	63191.99	196	74.09	268	11787.77	243512.55	13

转让情况——按地区分列（2019年）
Granted and Transferred by Region (2019)

采矿权出让 Mining Rights Granted								采矿权转让 Mining Rights Transferred	
探矿权转采矿权 Change of Exploration Right to Mining Right		协议出让 Granting through Agreement			“招拍挂”出让 Granting through Bidding, Auction, and Listing				
生产能力/(万吨·年$^{-1}$) Capacity of Production/ (10^4t·a^{-1})	出让收益/万元 Amount of Exploration Rights Granted/ 10^4 yuan	宗数/个 Number of Cases/ case	生产能力/(万吨·年$^{-1}$) Capacity of Production/ (10^4t·a^{-1})	出让收益/万元 Amount of Exploration Rights Granted/ 10^4 yuan	宗数/个 Number of Cases/ case	生产能力/(万吨·年$^{-1}$) Capacity of Production/ (10^4t·a^{-1})	出让收益/万元 Amount of Exploration Rights Granted /10^4 yuan	宗数/个 Number of Cases/case	转让金额/万元 Amount of Transfer/ 10^4 yuan
27904.88	**2171303.59**	**34**	**9494.46**	**2646804.68**	**1365**	**75981.71**	**1587945.59**	**416**	**1999280.93**
7900.00	1536987.69	4	5088.00	2468446.14	2	1450.00	73571.92	4	49159.14
221.00					1	17.00		28	89.02
		5	322.18	5546.48				6	9872.85
110.00	19458.09				27	479.10	7746.21	19	4201.83
1190.44	3123.77	1	10.00	13.90	49	2422.99	40517.63	24	181897.78
10.00	206.97	1	24.00	55.01	4	424.10	6038.73	2	70.33
320.00	970.20				9	602.00	733.15	1	2.00
95.70	28758.10	2	1568.00	29631.04	89	1632.56	2336.01	24	15735.56
83.30									
332.15	2013.35	8	655.88	4172.92	15	6150.45	181468.30		
					2	53.00	1329.00	1	623.80
566.25					20	2050.30	12256.21	2	
171.76	1789.37				65	6532.79	371288.22	49	73543.50
10.00	481.01	2	340.00	13814.14	29	3025.80	116013.88	10	7511.77
260.00	1127.89				6	3460.00	146502.00	21	1611896.87
300.00	3775.00	1	145.00	4320.00	34	4095.40	58030.67	4	292.78
					29	574.12	7386.89	34	2530.28
		1	638.00	16500.00	25	1874.98	56364.47	6	556.78
1282.01	12634.65	1	10.00	32.96	183	11560.61	149009.70	46	9221.07
					12	742.03	25588.00	1	
					19	1284.00	64327.80	14	6382.77
319.60	10823.65				70	2225.25	24519.07	19	11812.52
511.00	138462.42				91	3358.56	14224.34	62	71.40
223.47	7067.01				52	2406.05	49425.43	9	2297.22
		1	9.40	980.64	22	1384.60	20986.22	1	
11600.00	239526.94	3	360.00	89586.45	77	1054.48	3296.84	7	5668.02
12.00	3471.73	3	180.00	13266.60	96	3359.48	34433.19	7	437.35
58.50	275.58				57	3521.47	20714.92	8	325.58
480.00	12674.91	1	144.00	438.40	25	300.54	3999.52	2	4967.50
1847.70	147675.26				255	9940.07	95837.29	5	113.21

矿产资源采矿许可证发证及采矿权出让、
Mining Licenses Issued and Mining Rights

矿种	Mineral	采矿许可证发证 Mining Licenses Issued								
							合计 Total			
		许可证数/个 Number of Licenses/ number	面积/平方千米 Area/km²	生产能力/(万吨·年⁻¹) Capacity of Production/ (10^4t·a^{-1})	注销/个 Number of Cancell-ation/ number	注销面积/平方千米 Cancelled Registered Area/km²	宗数/个 Number of Cases/ case	生产能力/(万吨·年⁻¹) Capacity of Production/ (10^4t·a^{-1})	出让收益/万元 Amount of Exploration Rights Granted/ 10^4 yuan	宗数/个 Number of Cases/ case
总计	**Total**	**39704**	**256358.46**	**1536381.33**	**5904**	**3215.64**	**1560**	**113381.05**	**6406053.86**	**161**
煤	Coal	4649	50572.81	401542.00	581	1046.36	19	12440.00	4244123.89	12
油页岩	Oil Shale	17	143.13	4291.00	1	7.28				
石油、天然气、页岩气、煤层气	Oil & Natural Gas & Shale Gas & Coalbed Methane	797	169000.00				26			26
石煤	Bone Coal	78	139.88	846.00	17	9.05				
油砂	Oil Sand	3	36.95	80.00			1		2140.45	1
天然沥青	Natural Asphalt	1	0.30	0.40						
地热	Geotherm	1167	834.05	22258.40	16	12.92	38	848.38	2407.14	21
铁矿	Iron	2083	3767.39	106797.88	129	132.39	11	3255.00	253640.01	8
锰矿	Manganese	223	439.27	1883.60	13	8.56	2	208.00	86697.52	2
铬铁矿	Chromite	8	21.58	29.30	3	0.38				
钛矿	Titanium	39	49.65	925.78	3	0.74				
钒矿	Vanadium	71	306.30	2658.90	4	2.96	1	99.00		1
金红石	Rutile	4	6.40	190.00	1	1.66	1	60.00		1
铜矿	Copper	489	824.02	29621.93	11	11.23	2	1566.00	29887.60	1
铅矿	Lead	550	1257.55	5746.94	32	12.11	1	12.00	1.86	1
锌矿	Zinc	254	562.60	4591.25	68	40.70	1	75.00	157.59	1
铝土矿	Bauxite	239	1504.07	6912.60	43	36.94	10	993.47	33892.77	10
镁矿	Magnesium	4	8.87	387.20						
镍矿	Nickel	33	58.66	2383.48						
钴矿	Cobalt	1	0.70	165.00	1	4.03				
钨矿	Tungsten	85	227.57	2298.75						
锡矿	Tin	45	192.46	947.88	4	6.25				
铋矿	Bismuth	3	2.10	13.50						
钼矿	Molybdenum	119	353.58	16415.06	9	16.69				
汞矿	Mercury	12	33.04	44.08	2	1.97				
锑矿	Antimony	38	54.81	190.85	7	4.25	1	3.00	260.00	1
铂矿	Platinum	3	6.90	45.00						
砂金	Placer Gold	1	8.91	597.50	1	1.66				
金矿	Gold	928	2627.32	15374.57	75	125.32	11	132.10	29225.05	11

转让情况——按矿种分列（2019年）
Granted and Transferred by Mineral (2019)

采矿权出让 Mining Rights Granted								采矿权转让 Mining Rights Transferred	
探矿权转采矿权 Change of Exploration Right to Mining Right		协议出让 Granting through Agreement			"招拍挂"出让 Granting through Bidding, Auction, and Listing				
生产能力/(万吨·年$^{-1}$) Capacity of Production/(10^4t·a^{-1})	出让收益/万元 Amount of Exploration Rights Granted/ 10^4 yuan	宗数/个 Number of Cases/ case	生产能力/(万吨·年$^{-1}$) Capacity of Production/(10^4t·a^{-1})	出让收益/万元 Amount of Exploration Rights Granted /10^4 yuan	宗数/个 Number of Cases/ case	生产能力/(万吨·年$^{-1}$) Capacity of Production/(10^4t·a^{-1})	出让收益/万元 Amount of Exploration Rights Granted/ 10^4 yuan	宗数/个 Number of Cases/case	转让金额/万元 Amount of Transfer/ 10^4 yuan
27904.88	**2171303.59**	**34**	**9494.46**	**2646804.68**	**1365**	**75981.71**	**1587945.59**	**416**	**1999280.93**
9660.00	1926541.53	6	2750.00	2317462.60	1	30.00	119.76	72	79460.59
								1	3.10
	2140.45								
446.81	1405.37	3	18.85	23.31	14	382.73	978.46	30	321.16
455.00	7140.02	2	2800.00	246129.99	1		370.00	12	16552.86
208.00	86697.52							6	689.05
99.00									
60.00									
6.00	330.25	1	1560.00	29557.35				2	76.76
12.00	1.86							7	39652.78
75.00	157.59							1	67.53
993.47	33892.77							1	133.73
								6	21439.73
								1	33.21
3.00	260.00								
132.10	29225.05							3	318.27

矿产资源采矿许可证发证及采矿权出让、
Mining Licenses Issued and Mining Rights Granted

矿种	Mineral	采矿许可证发证 Mining Licenses Issued								
							合计 Total			
		许可证数/个 Number of Licenses/ number	面积/平方千米 Area/km²	生产能力/(万吨·年⁻¹) Capacity of Production/ (10^4t·a^{-1})	注销/个 Number of Cancellation/ number	注销面积/平方千米 Cancelled Registered Area/km²	宗数/个 Number of Cases/ case	生产能力/(万吨·年⁻¹) Capacity of Production/ (10^4t·a^{-1})	出让收益/万元 Amount of Exploration Rights Granted/ 10^4 yuan	宗数/个 Number of Cases/ case
银矿	Silver	94	206.86	1313.41	2	7.70	1	60.00		1
铌钽矿	Niobium & Tantalum	3	8.04	297.00	1	1.01				
铌矿	Niobium	3	0.31	26.80						
钽矿	Tantalum	3	16.00	128.50						
锂矿	Lithium	12	1551.35	414.70						
锆矿	Zirconium	2	13.59	1055.68	3	33.25				
锶矿(天青石)	Strontium(Celestite)	8	30.28	53.70						
重稀土矿	Heavy Rare Earth Elements	8	36.99	354.70						
轻稀土矿	Light Rare Earth Elements	53	153.60	2008.53			1	288.00	12911.96	
锗矿	Germanium	8	10.71	427.00						
碲矿	Tellurium	1	0.06	0.20						
蓝晶石	Kyanite	3	0.67	23.00						
矽线石	Sillimanite	2	2.59	16.00						
红柱石	Andalusite	5	1.93	130.00						
菱镁矿	Magnesite	87	51.59	2347.85	2	1.05				
萤石(普通)	Common Fluorite	675	606.06	1724.84	110	77.11	6	42.50	3075.05	4
熔剂用石灰岩	Limestone for Flux	154	84.93	12150.47	1	0.03	14	1400.00	8227.21	1
冶金用白云岩	Metallurgical Dolomite	81	27.44	2870.78	3	1.08	1		3303.00	
冶金用石英岩	Metallurgical Quartzite	110	42.77	819.50	26	4.69	4	53.00	851.86	1
冶金用砂岩	Metallurgical Sandstone	1	3.44	3.00	2	0.02				
铸型用砂岩	Foundry Sandstone	1	0.01	1.00	1	0.13				
铸型用砂	Foundry Sand	27	14.66	317.00	1	0.07				
冶金用脉石英	Metallurgical Vein Quartz	59	63.90	198.80	3	13.91				
耐火黏土	Refractory Clay	73	66.75	432.90	8	7.01				
铁矾土	Laterite	4	2.96	8.60	1	0.06				
其他黏土	Other clays	10	11.48	52.00	4	0.23				
铸型用黏土	Foundry Clay	1	1.63	5.00						
耐火用橄榄岩	Refractory Peridotite	1	1.01	10.00	1	1.13				

转让情况——按矿种分列（2019年）续表1

and Transferred by Mineral (2019) Continued 1

采矿权出让 Mining Rights Granted								采矿权转让 Mining Rights Transferred	
探矿权转采矿权 Change of Exploration Right to Mining Right		协议出让 Granting through Agreement			"招拍挂"出让 Granting through Bidding, Auction, and Listing				
生产能力/(万吨·年$^{-1}$) Capacity of Production/(10^4t·a^{-1})	出让收益/万元 Amount of Exploration Rights Granted/ 10^4 yuan	宗数/个 Number of Cases/ case	生产能力/(万吨·年$^{-1}$) Capacity of Production/ (10^4t·a^{-1})	出让收益/万元 Amount of Exploration Rights Granted /10^4 yuan	宗数/个 Number of Cases/ case	生产能力/(万吨·年$^{-1}$) Capacity of Production/ (10^4t·a^{-1})	出让收益/万元 Amount of Exploration Rights Granted/ 10^4 yuan	宗数/个 Number of Cases/case	转让金额/万元 Amount of Transfer/ 10^4 yuan
60.00									
								1	14682.01
		1	288.00	12911.96					
24.50	910.05				2	18.00	2165.00	3	747.72
300.00		1	10.00	32.96	12	1090.00	8194.25	5	5019.07
					1		3303.00	3	160.66
30.00	323.94				3	23.00	527.92	1	23.10
								2	169.00

矿产资源采矿许可证发证及采矿权出让、
Mining Licenses Issued and Mining Rights Granted

矿 种	Mineral	采矿许可证发证 Mining Licenses Issued								
							合计 Total			
		许可证数/个 Number of Licenses/ number	面积/平方千米 Area/km^2	生产能力/(万吨·年$^{-1}$) Capacity of Production/ (10^4t·a^{-1})	注销/个 Number of Cancell-ation/ number	注销面积/平方千米 Cancelled Registered Area/km^2	宗数/个 Number of Cases/ case	生产能力/(万吨·年$^{-1}$) Capacity of Production/ (10^4t·a^{-1})	出让收益/万元 Amount of Exploration Rights Granted/ 10^4 yuan	宗数/个 Number of Cases/ case
熔剂用蛇纹岩	Serpentinite for Flux	3	5.27	55.00			1		5076.80	1
自然硫	Native Sulfur	1	10.16	8.00						
硫铁矿	Pyrite	126	272.68	2783.90	13	7.32				
钠硝石	Nitratine	1	13.24	25.34						
明矾石	Alunite	1	1.20	21.00						
芒硝(含钙芒硝)	Mirabilite (Glauerite)	58	837.19	4205.20	6	11.39				
重晶石	Barite	248	428.79	1175.70	24	26.72	5	21.00	1032.14	1
毒重石	Witherite	16	16.24	84.00	2	0.36				
天然碱(Na_2CO_3)	Trona (Na_2CO_3)	11	75.26	344.50	1	0.18				
电石用灰岩	Limestone for Calcium Carbide	30	14.74	2594.73	1	0.52				
制碱用灰岩	Limestone for Alkali Production	18	8.10	1316.00			2	350.00	6379.00	
化肥用石灰岩	Limestone for Fertilizer	1	0.11	5.00						
化肥用白云岩	Dolomite for Fertilizer	1	0.33	5.00						
化肥用石英岩	Quartzite for Fertilizer	8	2.81	73.50	1	0.12	1	10.00	201.00	
化肥用砂岩	Sandstone for Fertilizer	10	7.66	110.50						
含钾岩石	Potassium-bearing Rock	4	3.84	49.00						
含钾砂页岩	Potassium-bearing Sandy Shale	1	0.95	10.00	1	0.50				
化肥用蛇纹岩	Serpentinite for Fertilizer	5	2.43	22.00						
泥炭	Peat	28	38.11	347.40	2	2.48				
矿盐	Mineral Salt	12	134.07	845.83						
岩盐	Rock Salt	116	460.42	24526.77			10	9780.00	3801.00	9
湖盐	Lake Salt	30	491.35	1166.19	1	0.78				
镁盐	Magnesium Salt	6	80.81	282.00						
天然卤水	Natural Brine	34	505.58	3188.76			1	96.00	430.00	

转让情况——按矿种分列（2019年）续表2

and Transferred by Mineral (2019) Continued 2

采矿权出让 Mining Rights Granted								采矿权转让 Mining Rights Transferred	
探矿权转采矿权 Change of Exploration Right to Mining Right		协议出让 Granting through Agreement			"招拍挂"出让 Granting through Bidding, Auction, and Listing			宗数/个 Number of Cases/case	转让金额/万元 Amount of Transfer/ 10^4 yuan
生产能力/(万吨·年$^{-1}$) Capacity of Production/ (10^4t·a^{-1})	出让收益/万元 Amount of Exploration Rights Granted/ 10^4 yuan	宗数/个 Number of Cases/ case	生产能力/(万吨·年$^{-1}$) Capacity of Production/ (10^4t·a^{-1})	出让收益/万元 Amount of Exploration Rights Granted /10^4 yuan	宗数/个 Number of Cases/ case	生产能力/(万吨·年$^{-1}$) Capacity of Production/ (10^4t·a^{-1})	出让收益/万元 Amount of Exploration Rights Granted/ 10^4 yuan		
	5076.80								
								1	83.18
5.00	525.84				4	16.00	506.30	11	694.88
								1	68.78
					2	350.00	6379.00		
					1	10.00	201.00		
9680.00					1	100.00	3801.00		
					1	96.00	430.00		

矿产资源采矿许可证发证及采矿权出让、
Mining Licenses Issued and Mining Rights Granted

矿种	Mineral	采矿许可证发证 Mining Licenses Issued								
							合计 Total			
		许可证数/个 Number of Licenses/ number	面积/平方千米 Area/km²	生产能力/(万吨·年⁻¹) Capacity of Production/ (10^4t·a^{-1})	注销/个 Number of Cancell-ation/ number	注销面积/平方千米 Cancelled Registered Area/km²	宗数/个 Number of Cases/ case	生产能力/(万吨·年⁻¹) Capacity of Production/ (10^4t·a^{-1})	出让收益/万元 Amount of Exploration Rights Granted/ 10^4 yuan	宗数/个 Number of Cases/ case
钾盐	Potash	14	9315.85	605.70						
溴	Bromine	48	45.14	11.99						
砷	Arsenic	2	2.54	1.30						
磷矿	Phosphate Rock	214	751.24	13571.50	10	8.08	3	300.00	5903.61	2
石墨	Graphite	128	152.75	3320.95	10	7.90	3	55.00	28965.86	3
水晶	Quartz Crystal	3	0.38	0.04						
硅灰石	Wollastonite	70	38.09	314.72	15	3.44				
滑石	Talc	62	39.65	419.90	6	1.30				
石棉	Asbestos	26	9.87	121.88	1	0.18				
云母	Mica	12	5.60	36.03						
长石	Feldspar	163	90.47	1146.06	12	2.32	1	0.90	152.00	
电气石	Tourmaline	5	10.17	15.20						
石榴子石	Garnet	8	6.05	119.70						
叶蜡石	Pyrophyllite	39	19.74	198.32	2	0.20	1	6.00	800.00	
透辉石	Diopside	12	2.47	110.00						
蛭石	Vermiculite	2	1.10	5.50	3	1.75				
沸石	Zeolite	26	5.95	156.40	1	0.10				
透闪石	Tremolite	3	0.61	48.00						
石膏	Gypsum	287	263.78	5052.55	66	62.44	3	119.40	7497.42	1
方解石	Calcite	356	132.29	3490.32	47	17.51	20	95.00	1469.96	
宝石	Gemstone	2	2.03	7.22						
玉石	Jade	72	86.14	108.31	1	0.35	2	0.93	320.00	
玛瑙	Agate	5	1.99	8.30						
石灰岩	Limestone	1593	311.86	51974.33	305	25.68	28	1475.00	21974.33	
水泥用石灰岩	Limestone for Cement	1341	910.25	189069.62	74	14.52	29	5546.60	85560.40	15
建筑石料用灰岩	Limestone for Building Stone	5083	617.46	208979.47	1018	819.59	260	25223.62	656055.22	
饰面用灰岩	Decorative Limestone	211	68.27	1737.90	15	1.12	16	316.75	4940.96	1

转让情况——按矿种分列（2019年）续表3

and Transferred by Mineral (2019) Continued 3

采矿权出让 Mining Rights Granted								采矿权转让 Mining Rights Transferred	
探矿权转采矿权 Change of Exploration Right to Mining Right		协议出让 Granting through Agreement			“招拍挂”出让 Granting through Bidding, Auction, and Listing			宗数/个 Number of Cases/case	转让金额/万元 Amount of Transfer/ 10^4 yuan
生产能力/(万吨·年$^{-1}$) Capacity of Production/ (10^4t·a^{-1})	出让收益/万元 Amount of Exploration Rights Granted/ 10^4 yuan	宗数/个 Number of Cases/ case	生产能力/(万吨·年$^{-1}$) Capacity of Production/ (10^4t·a^{-1})	出让收益/万元 Amount of Exploration Rights Granted /10^4 yuan	宗数/个 Number of Cases/ case	生产能力/(万吨·年$^{-1}$) Capacity of Production/ (10^4t·a^{-1})	出让收益/万元 Amount of Exploration Rights Granted/ 10^4 yuan		
290.00	5672.38				1	10.00	231.23	4	
55.00	28965.86								
					1	0.90	152.00	3	143.85
					1	6.00	800.00		
100.00	6410.75	1	9.40	980.64	1	10.00	106.03	2	526.92
					20	95.00	1469.96	2	43.09
					2	0.93	320.00		
					28	1475.00	21974.33	21	1602308.64
3113.00	19690.59	3	390.00	2080.58	11	2043.60	63789.23	16	21998.74
		2	340.00	13814.14	258	24883.62	642241.08	58	21168.90
1.00					15	315.75	4940.96	1	295.00

矿产资源采矿许可证发证及采矿权出让、
Mining Licenses Issued and Mining Rights Granted

矿 种	Mineral	采矿许可证发证 Mining Licenses Issued								
							合计 Total			
		许可证数/个 Number of Licenses/ number	面积/平方千米 Area/km^2	生产能力/(万吨·年$^{-1}$) Capacity of Production/ (10^4t·a^{-1})	注销/个 Number of Cancell–ation/ number	注销面积/平方千米 Cancelled Registered Area/km^2	宗数/个 Number of Cases/ case	生产能力/(万吨·年$^{-1}$) Capacity of Production/ (10^4t·a^{-1})	出让收益/万元 Amount of Exploration Rights Granted/ 10^4 yuan	宗数/个 Number of Cases/ case
制灰用石灰岩	Limestone for Ash Making	161	32.87	4081.67	19	1.45	2	280.00	1154.78	
泥灰岩	Marl	5	0.84	53.50	5	4.10				
白垩	Chalk	3	0.65	20.00						
白云岩	Dolomite	195	78.69	4546.32	48	18.67	1	50.00	3540.22	1
玻璃用白云岩	Dolomite for Glass	7	1.38	105.60	1	0.03				
建筑用白云岩	Dolomite for Construction	414	54.99	13454.80	63	4.71	19	2815.51	21482.94	
石英岩	Quartzite	262	132.12	2600.85	54	40.66	5	142.00	3348.40	
玻璃用石英岩	Quartzite for Glass	109	52.03	2215.00	9	1.95	1	4.00	210.00	
砂岩	Sandstone	312	45.72	4243.46	127	4.83	5	60.50	329.64	
玻璃用砂岩	Sandstone for Glass	32	11.62	585.22	2	0.06				
水泥配料用砂岩	Sandstone for Cement Batching	114	37.34	3414.12	20	5.43	4	70.00	766.32	
砖瓦用砂岩	Sandstone for Brick and Tile	173	10.08	1770.14	14	2.51	7	95.95	641.27	
陶瓷用砂岩	Sandstone for Ceramics	16	1.92	127.00	3	0.72				
建筑用砂岩	Sandstone for Construction	579	66.04	21121.82	35	2.27	93	4102.72	90057.20	
天然石英砂	Natural Quartz Sand	75	70.82	2942.22	8	2.10	7	1480.00	4785.61	2
玻璃用砂	Sand for Glass	13	14.83	599.42	1	0.06				
海砂	Sea Sand	2	6.19	1450.00			2	1450.00	73571.92	
建筑用砂	Sand for Construction	2114	388.17	35423.64	469	267.17	332	12216.74	121901.19	
水泥配料用砂	Sand for Cement Batching	10	2.37	163.76	2	0.09				
砖瓦用砂	Sand for Brick and Tile	15	3.33	118.40	2	0.18	2	20.80	31.05	

转让情况——按矿种分列（2019年）续表4
and Transferred by Mineral (2019) Continued 4

采矿权出让 Mining Rights Granted								采矿权转让 Mining Rights Transferred	
探矿权转采矿权 Change of Exploration Right to Mining Right		协议出让 Granting through Agreement			“招拍挂”出让 Granting through Bidding, Auction, and Listing				
生产能力/(万吨·年$^{-1}$) Capacity of Production/ (10^4t·a^{-1})	出让收益/万元 Amount of Exploration Rights Granted/ 10^4 yuan	宗数/个 Number of Cases/ case	生产能力/(万吨·年$^{-1}$) Capacity of Production/ (10^4t·a^{-1})	出让收益/万元 Amount of Exploration Rights Granted /10^4 yuan	宗数/个 Number of Cases/ case	生产能力/(万吨·年$^{-1}$) Capacity of Production/ (10^4t·a^{-1})	出让收益/万元 Amount of Exploration Rights Granted/ 10^4 yuan	宗数/个 Number of Cases/case	转让金额/万元 Amount of Transfer/ 10^4 yuan
					2	280.00	1154.78	7	299.79
50.00	3540.22							1	111.00
		1	24.00	55.01	18	2791.51	21427.93	3	405.58
					5	142.00	3348.40	2	23.00
					1	4.00	210.00		
					5	60.50	329.64	8	639.42
								2	86.78
					4	70.00	766.32		
					7	95.95	641.27	2	27.13
					93	4102.72	90057.20	2	168.71
1100.00	198.00				5	380.00	4587.61	1	
					2	1450.00	73571.92		
		2	152.00	512.09	330	12064.74	121389.10	18	579.89
					2	20.80	31.05		

矿产资源采矿许可证发证及采矿权出让、
Mining Licenses Issued and Mining Rights Granted

矿种	Mineral	采矿许可证发证 Mining Licenses Issued								
							合计 Total			
		许可证数/个 Number of Licenses/ number	面积/平方千米 Area/km^2	生产能力/(万吨·年$^{-1}$) Capacity of Production/ (10^4t·a^{-1})	注销/个 Number of Cancell-ation/ number	注销面积/平方千米 Cancelled Registered Area/km^2	宗数/个 Number of Cases/ case	生产能力/(万吨·年$^{-1}$) Capacity of Production/ (10^4t·a^{-1})	出让收益/万元 Amount of Exploration Rights Granted/ 10^4 yuan	宗数/个 Number of Cases/ case
脉石英	Vein Quartz	98	45.94	248.28	17	8.19	2	12.50	311.00	
玻璃用脉石英	Vein Quartz for Glass	32	10.68	296.70	2	0.05				
粉石英	Powder Quartz	7	4.74	44.00	2	0.10				
硅藻土	Diatomite	33	31.18	294.50			3	41.00	3496.40	2
页岩	Shale	388	30.45	3647.03	100	6.58	30	507.95	1016.25	
陶粒页岩	Shale for Ceramsite	14	3.76	355.50	5	0.52	1	40.00	945.00	
砖瓦用页岩	Shale for Brick and Tile	2308	127.91	19196.98	636	21.26	121	1746.45	15112.12	
水泥配料用页岩	Shale for Cement Batching	64	18.89	1019.88	8	5.49	6	155.00	929.43	
高岭土	Kaolin	219	257.69	3413.32	12	8.66	12	377.00	29705.17	3
陶瓷土	Ceramic Clay	286	142.17	3329.31	30	7.28	12	125.60	2164.03	
凹凸棒石黏土	Attapulgite Clay	20	15.96	170.03						
海泡石黏土	Sepiolite Clay	2	0.47	18.18						
伊利石黏土	Illite Clay	28	23.47	554.03						
累托石黏土	Rectorite Clay	1	0.63	9.00						
膨润土	Bentonite	128	106.30	875.18			3	20.00	294.90	
砖瓦用黏土	Clay for Brick and Tile	1972	141.04	11548.51	732	33.21	107	1130.15	3129.61	
陶粒用黏土	Clay for Ceramsite	27	173.64	271.86	2	0.12				
水泥用黏土	Clay for Cement	62	30.11	1605.10	8	1.36	4	122.60	484.18	1
水泥配料用红土	Laterite for Cement Batching	5	0.49	85.53			1	30.00	124.00	
水泥配料用黄土	Loess for Cement Batching	5	1.35	188.60						
水泥配料用泥岩	Mudstone for Cement Batching	23	6.08	810.65	1	0.12				
保温材料用黏土	Clay for Insulation	2	4.57	8.80						
橄榄岩	Peridotite	7	26.70	130.20						
建筑用橄榄岩	Peridotite for Construction	3	38.04	20.19						

转让情况——按矿种分列（2019年）续表5

and Transferred by Mineral (2019) Continued 5

采矿权出让 Mining Rights Granted								采矿权转让 Mining Rights Transferred	
探矿权转采矿权 Change of Exploration Right to Mining Right		协议出让 Granting through Agreement			“招拍挂”出让 Granting through Bidding, Auction, and Listing				
生产能力/(万吨·年$^{-1}$) Capacity of Production/ (10^4t·a^{-1})	出让收益/万元 Amount of Exploration Rights Granted/ 10^4 yuan	宗数/个 Number of Cases/ case	生产能力/(万吨·年$^{-1}$) Capacity of Production/ (10^4t·a^{-1})	出让收益/万元 Amount of Exploration Rights Granted /10^4 yuan	宗数/个 Number of Cases/ case	生产能力/(万吨·年$^{-1}$) Capacity of Production/ (10^4t·a^{-1})	出让收益/万元 Amount of Exploration Rights Granted/ 10^4 yuan	宗数/个 Number of Cases/case	转让金额/万元 Amount of Transfer/ 10^4 yuan
					2	12.50	311.00	3	150.57
								1	
23.00	396.40				1	18.00	3100.00		
					30	507.95	1016.25		
					1	40.00	945.00		
					121	1746.45	15112.12	10	192.46
					6	155.00	2760929.43		
33.00	282.60				9	344.00	29422.57	2	47.96
					12	125.60	2164.03	3	295.25
		1	10.00	13.90	2	10.00	281.00	2	73.46
					107	1130.15	3129.61	7	73.33
45.00	275.58				3	77.60	208.60		
					1	30.00	124.00		
								1	

矿产资源采矿许可证发证及采矿权出让、
Mining Licenses Issued and Mining Rights Granted

矿　种	Mineral	采矿许可证发证 Mining Licenses Issued								
							合计 Total			
		许可证数/个 Number of Licenses/ number	面积/平方千米 Area/km²	生产能力/(万吨·年⁻¹) Capacity of Production/ (10^4t·a^{-1})	注销/个 Number of Cancell-ation/ number	注销面积/平方千米 Cancelled Registered Area/km²	宗数/个 Number of Cases/ case	生产能力/(万吨·年⁻¹) Capacity of Production/ (10^4t·a^{-1})	出让收益/万元 Amount of Exploration Rights Granted/ 10^4 yuan	宗数/个 Number of Cases/ case
蛇纹岩	Serpentinite	20	6.01	89.15						
饰面用蛇纹岩	Decorative Serpentinite	4	2.22	12.64						
玄武岩	Basalt	166	28.42	2647.10	9	0.58	3	104.00	777.42	
铸石用玄武岩	Basalt for Cast Stone	4	0.99	66.70						
建筑用玄武岩	Basalt for Consrtuction	291	36.74	9889.26	9	0.49	27	1500.38	49538.82	
辉绿岩	Diabase	35	8.19	408.08	9	0.26				
水泥用辉绿岩	Diabase for Cement	1	0.06	5.00						
建筑用辉绿岩	Diabase for Construction	97	22.74	2408.00	17	8.67	2	42.00	424.88	
饰面用辉绿岩	Decorative Diabase	31	11.27	187.17	2	0.12				
安山岩	Andesite	40	2.79	712.37	3	0.35	6	265.17	190.76	
饰面用安山岩	Decorative Andesite	2	3.20	3.38						
建筑用安山岩	Andesite for Construction	193	15.13	7952.57	16	0.34	17	465.40	4035.35	
水泥混合材料用安山岩	Andesite for Cement Mixture	1	0.04	20.80						
闪长岩	Diorite	15	2.44	317.15	2	1.94	2	207.30	327.51	
建筑用闪长岩	Diorite for Construction	107	16.04	6989.56	29	0.80	14	4152.20	93729.25	
水泥混合材料用闪长玢岩	Diorite Porphyrite for Cement Mixture	1	0.01	8.84						
花岗岩	Granite	225	104.58	2891.09	51	12.64	2	26.00	300.00	
建筑用花岗岩	Granite for Construction	1222	149.26	63441.96	150	10.59	68	7179.70	106511.84	
饰面用花岗岩	Decorative Granite	632	310.99	8371.77	26	10.43	12	573.94	9587.38	6
麦饭石	Maifanite	6	1.95	12.00						
珍珠岩	Perlite	45	15.50	321.20	1	1.37				
黑曜岩	Obsidian	1	0.12	5.00						
浮石	Pumice	16	3.04	42.40			2	4.80	2820.00	
粗面岩	Trachyte	5	2.02	35.02						

转让情况——按矿种分列（2019年）续表6

and Transferred by Mineral (2019) Continued 6

采矿权出让 Mining Rights Granted								采矿权转让 Mining Rights Transferred	
探矿权转采矿权 Change of Exploration Right to Mining Right		协议出让 Granting through Agreement			“招拍挂”出让 Granting through Bidding, Auction, and Listing			宗数/个 Number of Cases/case	转让金额/万元 Amount of Transfer/ 10^4 yuan
生产能力/(万吨·年$^{-1}$) Capacity of Production/ (10^4t·a^{-1})	出让收益/万元 Amount of Exploration Rights Granted/ 10^4 yuan	宗数/个 Number of Cases/ case	生产能力/(万吨·年$^{-1}$) Capacity of Production/ (10^4t·a^{-1})	出让收益/万元 Amount of Exploration Rights Granted /10^4 yuan	宗数/个 Number of Cases/ case	生产能力/(万吨·年$^{-1}$) Capacity of Production/ (10^4t·a^{-1})	出让收益/万元 Amount of Exploration Rights Granted/ 10^4 yuan		
					3	104.00	777.42	1	49.90
		1	135.38	192.00	26	1365.00	49346.82	2	16.77
								1	70.00
					2	42.00	424.88		
					6	265.17	190.76		
					17	465.40	4035.35	2	42.54
					2	207.30	327.51		
					14	4152.20	93729.25	1	5.20
					2	26.00	300.00	3	93.16
		2	783.00	20820.00	66	6396.70	85691.84	21	1938.96
424.59	2919.00				6	149.35	6668.38	9	2359.69
								1	
					2	4.80	2820.00		

矿产资源采矿许可证发证及采矿权出让、
Mining Licenses Issued and Mining Rights Granted

矿 种	Mineral	采矿许可证发证 Mining Licenses Issued						合计 Total		
		许可证数/个 Number of Licenses/ number	面积/平方千米 Area/km²	生产能力/(万吨·年⁻¹) Capacity of Production/ $(10^4t\cdot a^{-1})$	注销/个 Number of Cancell-ation/ number	注销面积/平方千米 Cancelled Registered Area/km²	宗数/个 Number of Cases/ case	生产能力/(万吨·年⁻¹) Capacity of Production/ $(10^4t\cdot a^{-1})$	出让收益/万元 Amount of Exploration Rights Granted/ 10^4 yuan	宗数/个 Number of Cases/ case
铸石用粗面岩	Trachyte for Cast Stone	2	0.37	122.18						
霞石正长岩	Nepheline Syenite	10	6.41	401.00						
凝灰岩	Tuff	27	4.44	966.97	3	0.44				
水泥用凝灰岩	Tuff for Cement	10	2.27	152.72	1	0.02				
建筑用石料（凝灰岩）	Stone for Construction (Tuff)	704	115.78	70890.35	198	12.32	42	4928.93	196138.55	
火山灰	Volcanic Ash	1	0.01	4.20						
水泥用火山灰	Volcanic Ash for Cement	1	0.07	5.00	2	0.12				
火山渣	Cinder	9	4.02	59.68	1	0.10				
大理岩	Marble	187	85.11	4167.96	16	9.30	2	20.68	687.65	
饰面用石料（大理石）	Decorative Stone (Marble)	235	141.15	4281.58	13	17.66	2	111.51	8060.00	1
建筑用大理岩	Marble for Construction	154	43.44	3268.92	25	8.40	5	137.57	2727.18	
水泥用大理石	Marble for Cement	83	27.45	8737.34	8	1.68	3	353.70	1439.17	2
玻璃用大理石	Marble for Glass	3	0.72	30.51						
板岩	Slate	89	28.53	1932.82	11	4.53	1	21.00	53.00	
饰面用板岩	Decorative Slate	34	12.83	261.01	3	1.31	3	76.65	165.00	1
水泥配料用板岩	Slate for Cement Batching	3	3.20	52.61	1	0.02	1	37.17	342.20	
片麻岩	Gneiss	102	9.51	2551.10	10	0.67	8	299.70	2821.99	
角闪岩	Amphibolite	19	3.96	1251.83	2	0.05	4	693.00	1532.40	
硼矿	Boron	27	165.00	487.00						
矿泉水	Mineral Water	499	310.06	4302.24	21	11.74	13	148.80	2931.00	5
地下水	Ground Water	8	7.68	115.33			1	3.33	17.23	
二氧化碳气	Carbon Dioxide	3	32.90	16.16						

转让情况——按矿种分列（2019年）续表7

and Transferred by Mineral (2019) Continued 7

采矿权出让 Mining Rights Granted								采矿权转让 Mining Rights Transferred	
探矿权转采矿权 Change of Exploration Right to Mining Right		协议出让 Granting through Agreement			"招拍挂"出让 Granting through Bidding, Auction, and Listing				
生产能力/(万吨·年$^{-1}$) Capacity of Production/(10^4t·a^{-1})	出让收益/万元 Amount of Exploration Rights Granted/10^4 yuan	宗数/个 Number of Cases/case	生产能力/(万吨·年$^{-1}$) Capacity of Production/(10^4t·a^{-1})	出让收益/万元 Amount of Exploration Rights Granted /10^4 yuan	宗数/个 Number of Cases/case	生产能力/(万吨·年$^{-1}$) Capacity of Production/(10^4t·a^{-1})	出让收益/万元 Amount of Exploration Rights Granted/10^4 yuan	宗数/个 Number of Cases/case	转让金额/万元 Amount of Transfer/ 10^4 yuan
								1	9.11
		6	220.50	2200.92	36	4708.43	193937.63	9	150910.17
					2	20.68	687.65	1	17.47
98.01	7270.00				1	13.50	790.00	5	3024.00
					5	137.57	2727.18		
164.70	653.17				1	189.00	786.00	1	3771.06
					1	21.00	53.00	3	1.38
63.00					2	13.65	165.00	1	1710.88
					1	37.17	342.20		
					8	299.70	2821.99		
					4	693.00	1532.40	1	5202.00
94.70	400.00				8	54.10	2531.00	1	2.00
		1	3.33	17.23					

矿产资源采矿许可证发证及采矿权出让、
Mining Licenses Issued and Mining Rights Granted

经济类型	Economic Type	采矿许可证发证 Mining Licenses Issued								
							合计 Total			
		许可证数/个 Number of Licenses/ number	面积/平方千米 Area/ km^2	生产能力/(万吨・年$^{-1}$) Capacity of Production/ ($10^4t \cdot a^{-1}$)	注销/个 Number of Cancellation/ number	注销面积/平方千米 Cancelled Registered Area/ km^2	宗数/个 Number of Cases/ case	生产能力/(万吨・年$^{-1}$) Capacity of Production/ ($10^4t \cdot a^{-1}$)	出让收益/万元 Amount of Exploration Rights Granted/ 10^4 yuan	宗数/个 Number of Cases/ case
总 计	**Total**	**39704**	**256358.46**	**1536381.33**	**5904**	**3215.64**	**1560**	**113381.05**	**6406053.86**	**161**
国有企业	State-owned Enterprises	980	6898.00	94390.33	126	150.33	47	4434.27	118612.33	8
集体企业	Collective-owned Enterprises	830	483.06	9606.70	382	158.91	4	17.80	169.95	
股份合作企业	Cooperative Stock Enterprises	173	490.60	5073.47	34	5.32	2	20.40	1010.64	
联营企业	Joint Ownership Enterprises	67	49.92	2176.45	19	3.50	2	9.82	33.87	
有限责任公司	Limited Liability Corporations	26118	234754.24	1141721.29	1860	1432.96	1291	102250.88	6073835.85	142
股份有限公司	Share Holding Company Limited	1059	10463.64	128732.55	105	133.99	30	3489.40	87628.64	9
私营企业	Private Enterprises	9767	2458.70	118120.96	3257	1324.84	161	2866.48	122625.33	1
其他企业	Other Enterprises	469	69.43	6237.69	117	5.50	21	218.00	1027.26	
港、澳、台商投资企业	Enterprises with Funds from Hongkong,Macao and Taiwan	133	396.69	17200.80			2	74.00	1110.00	1
外商投资企业	Foreign-funded Enterprises	108	294.18	13121.09	4	0.30				

转让情况——按企业经济类型分列（2019年）

and Transferred by Enterprise Economic Type （2019）

采矿权出让 Mining Rights Granted								采矿权转让 Mining Rights Transferred	
探矿权转采矿权 Change of Exploration Right to Mining Right		协议出让 Granting through Agreement			"招拍挂"出让 Granting through Bidding, Auction, and Listing				
生产能力/(万吨·年$^{-1}$) Capacity of Production/ (10^4t·a^{-1})	出让收益/万元 Amount of Exploration Rights Granted/ 10^4 yuan	宗数/个 Number of Cases/ case	生产能力/(万吨·年$^{-1}$) Capacity of Production/ (10^4t·a^{-1})	出让收益/万元 Amount of Exploration Rights Granted/ 10^4 yuan	宗数/个 Number of Cases/ case	生产能力/(万吨·年$^{-1}$) Capacity of Production/ (10^4t·a^{-1})	出让收益/万元 Amount of Exploration Rights Granted/ 10^4 yuan	宗数/个 Number of Cases/case	转让金额/万元 Amount of Transfer/ 10^4 yuan
27904.88	**2171303.59**	**34**	**9494.46**	**2646804.68**	**1365**	**75981.71**	**1587945.59**	**416**	**1999280.93**
1847.47	46347.02	3	333.00	17716.59	36	2253.80	54548.72	23	32871.62
					4	17.80	169.95		
		1	9.40	980.64	1	11.00	30.00	1	42.56
					2	9.82	33.87		
25599.41	2095268.70	28	7352.06	2596335.97	1121	69299.41	1382231.18	314	1931376.66
428.00	29357.62	2	1800.00	31771.49	19	1261.40	26499.53	11	19685.96
6.00	330.25				160	2860.48	122295.08	65	15070.52
					21	218.00	1027.26	2	233.61
24.00					1	50.00	1110.00		

全国石油、天然气开发利用

Oil and Natural Gas Exploration

年份/地区	Year/Region	油气田总数/个 Number of Oil & Gas Fields/number				从业人数/人 Employees/person	石油产量/万吨 Oil Production/10^4 t
			大型 Large	中型 Medium	小型 Small		
2017		**1009**	**104**	**242**	**663**	**675543**	**19153.35**
2018		**1027**	**106**	**230**	**691**	**643467**	**18924.64**
2019		**1040**	**108**	**240**	**692**	**624227**	**19096.91**
天　津	Tianjin	24	1	11	12	23542	417.02
河　北	Hebei	65	1	14	50	36958	550.00
山　西	Shanxi	2	1	1		1235	
内蒙古	Inner Mongolia						11.82
辽　宁	Liaoning	40	4	13	23	40914	1007.55
吉　林	Jilin	51	4	10	37	25423	401.87
黑龙江	Heilongjiang	54	8	13	33	74816	3027.15
江　苏	Jiangsu	65		2	63	7521	151.43
浙　江	Zhejiang	3			3	486	2.09
山　东	Shandong	76	8	40	28	71944	2352.35
河　南	Henan	56	3	11	42	35815	270.30
湖　北	Hubei	32		2	30	10499	68.07
广　东	Guangdong	6			6	179	30.52
广　西	Guangxi	1		1		96	1.72
海　南	Hainan						
重　庆	Chongqing	139	6	12	121	34738	8.40
四　川	Sichuan	2	1		1	462	
陕　西	Shanxi	7		2	5	8124	45.19
甘　肃	Gansu	32	4	6	22	17362	228.00
青　海	Qinghai	71	16	22	33	180520	3548.84
新　疆	Xinjiang	100	21	23	56	40409	2675.58
渤　海	Bo Hai	82	17	17	48	5990	2694.88
南　海	South China Sea	114	13	34	67	5701	1565.03
东　海	East China Sea	18		6	12	1493	39.10

注：1. 中国石油长庆、华北、大港和西南经济数据未按省分列，本汇总表将中国石油长庆全部计入陕西省，中国石油华北全部计入
2. 2019年全国新增探明油气田15个。
3. 内蒙古自治区石油产量为地方小公司产量。
4. 本表不包括页岩气和煤层气。

Notes: 1. The data of the Changqing, North China, Dagang and Southwest oil fields of China National Petroleum Corporation （CNPC） are not listed by
2. 15 Measured Oil and Gas Fields are Increased in 2019 in China.
3. The oil output of Inner Mongolia is the output of local small companies.
4. The data of shale gas and coalbed methane are not included in the table.

情况—— 按地区分列
and Utilization by Region

天然气产量/亿立方米 Natural Gas Production /$10^8 m^3$	工业总产值/万元 Gross Industrial Output Value/10^4 yuan	工业增加值/万元 Industrial Added Value/10^4yuan	销售收入/万元 Sales Revenue/10^4 yuan	年利税总额/万元 Total Amount of Annual Profits and Taxes/10^4 yuan
1330.07	**72470497.00**		**87907380.28**	**16643373.68**
1415.12	**84520273.27**		**97478630.21**	**30942905.42**
1508.84	**89985739**	**63028463**	**109943905**	**30983525**
5.68	1318698	1101182	1370701	317380
5.69	1935903	1365526	6821955	−1206204
20.67	183758	144037	216239	30064
6.04	2956009	1753255	2997957	401917
20.01	1413616	998136	1392300	−177137
43.22	10261156	8316681	11144891	2642206
0.51	638753	408406	638257	−19507
	180406	18240	180406	16400
4.88	7597575	4655481	7617640	1426341
115.85	2523081	1367691	2323579	226067
1.10	1148889	949656	373605	767
1.04	116862	98454	117067	53767
0.01	6710	2214	3256	1175
229.21	4989566	3000009	4168047	972222
37.72				526
0.03	141499	24882	130518	−221524
64.00	2095442	1521712	1742124	660485
462.93	26387863	16298016	43847800	9259972
344.43	10180538	7293902	10196005	3047245
29.23	8441389	7981333	8353906	9784649
103.71	7236800	114839	6086915	3780537
12.88	231226	5614811	220736	−13825

河北省，中国石油大港全部计入天津市，中国石油西南全部计入四川省。

province. In this table, CNPC Changqing is included in Shaanxi, CNPC North China in Hebei, CNPC Dagang in Tianjin and CNPC Southwest China in Sichuan.

全国石油、天然气开发利用情况

Oil and Natural Gas Exploration and

年份/地区	Year/Region	油气田总数/个 Number of Oil & Gas Fields/ number				从业人数/人 Employees/person	石油产量/万吨 Oil Production/10^4 t
			大型 Large	中型 Medium	小型 Small		
总 计	**Total**	**1040**	**108**	**240**	**692**	**624227**	**19096.91**
国有企业	State-owned Enterprises	25	1	9	15	109672	1202.25
国有联营企业	Joint State-owned Enterprises	1		1		96	1.72
股份有限公司	Share Holding Company Limited	1014	107	230	677	514459	17892.94

注：企业经济类型为企业在工商管理机关登记注册类型。

Note: The economic type of an enterprise is the type of enterprise registered with the industrial and commercial administration.

——按企业经济类型分列（2019年）
Utilization by Enterprise Economic Type （2019）

天然气产量/亿立方米 Natural Gas Production/10^8m^3	工业总产值/万元 Gross Industrial Output Value/10^4 yuan	工业增加值/万元 Industrial Added Value/10^4yuan	销售收入/万元 Sales Revenue/10^4 yuan	年利税总额/万元 Total Amount of Annual Profits and Taxes/10^4 yuan
1508.84	**89985739.00**	**63028463.00**	**109943905.00**	**30983525.00**
64.43	14310613.00	6863688.00	32600000.00	4432000.00
0.01	6710.00	2214.00	3256.00	1175.00
1444.40	75668416.00	56162561.00	77340649.00	26550350.00

全国非油气矿产资源开发利用
Non-petroleum Mineral Resources

年份/地区	Year/Region	矿山企业数/个 Number of Mine Enterprises/number			从业人数/人 Employees /person	矿石产量/万吨 Ore Output/10^4 t
			大型 Large	中型 Medium		
2017		67672	4233	6586	4133344	823153.83
2018		58599	4081	6413	3868661	875983.00
2019		53589	4303	6609	3697008	929406.84
						(1013768.70)[①]
北京	Beijing	155	26	50	9378	935.93
天津	Tianjin	365	116	145	5178	4454.80
河北	Hebei	2667	189	304	160909	37519.73
山西	Shanxi	2991	360	702	780908	99873.39
内蒙古	Inner Mongolia	3324	247	388	208627	104167.52
辽宁	Liaoning	2156	147	160	118977	28686.05
吉林	Jilin	912	146	110	49313	8610.45
黑龙江	Heilongjiang	1763	150	182	129610	15058.35
上海	Shanghai					
江苏	Jiangsu	202	68	35	34245	12409.21
浙江	Zhejiang	731	362	101	25894	43553.86
安徽	Anhui	967	299	180	166640	56583.11
福建	Fujian	880	129	121	29026	12882.22
江西	Jiangxi	2756	94	270	97994	29171.51
山东	Shandong	1110	256	278	270143	39484.10
河南	Henan	1503	141	209	311848	27532.30
湖北	Hubei	1972	115	150	53812	28503.00
湖南	Hunan	3584	74	172	116843	30506.97
广东	Guangdong	1342	172	180	41610	40046.30
广西	Guangxi	2113	121	375	66933	41476.21
海南	Hainan	156	110	23	8378	4319.59
重庆	Chongqing	764	68	206	45668	20002.27
四川	Sichuan	3718	128	284	169333	29047.21
贵州	Guizhou	3712	196	738	164790	39227.36
云南	Yunnan	4534	58	278	162979	30122.98
西藏	Tibet	137	12	30	8070	2363.35
陕西	Shaanxi	2523	230	349	195727	63432.21
甘肃	Gansu	2332	75	126	97464	14654.57
青海	Qinghai	551	60	76	31659	13292.25
宁夏	Ningxia	365	38	34	30507	10716.81
新疆	Xinjiang	3304	116	353	104545	40773.24

注：①根据国家统计局已公布的煤炭和铁矿石产量调整数据。

Note：① The yearbook is based on the adjusted data of coal and iron ore output published by the State Statistical Bureau.

情况—— 按地区分列

Exploration and Utilization by Region

实际采矿能力/（万吨·年$^{-1}$）Actual Mining Capacity/ (10^4t·a^{-1})	工业总产值/万元 Gross Industrial Output Value/10^4 yuan	综合利用产值/万元 Output Value of Comprehensive Use/ 10^4 yuan	销售收入/万元 Sales Revenue/10^4 yuan	利润总额/万元 Total Profits/10^4 yuan	年投资额/万元 Annual Investment/10^4yuan
	170363452.19	**8382059.76**	**147003285.93**	**32862445.37**	
	188291362.02	**8820190.97**	**167682290.05**	**35589368.85**	
1186192.06	**198485844.60**	**10678935.18**	**172704966.90**	**36376312.49**	**37672389.48**
590.13	283518.78	22997.91	195828.96	44416.57	27956.81
350.00	228658.89		210318.34	17539.45	57308.46
36197.21	6185988.36	331998.13	5613389.10	794328.22	876877.03
170565.49	42068652.82	3853222.13	36706444.54	5894987.32	6335737.30
115476.70	23955371.37	479322.06	22812376.35	4853471.40	3935595.44
33110.82	5533529.12	217334.28	4947885.96	922049.26	809091.57
10425.07	1147045.14	14378.15	1080447.23	38920.69	277480.60
20449.84	3379931.14	71923.44	3245911.25	626259.80	1068336.43
12490.18	1595854.52	78983.91	1525559.61	223154.81	219055.79
49394.43	2418435.74	52455.34	2150767.67	341966.46	770835.17
61730.90	17050992.41	731605.71	11610535.44	3158669.96	1207226.69
15154.28	1369040.76	348054.65	1281202.58	217861.88	407784.95
37676.02	3331363.22	470825.18	2990386.68	567832.05	733146.91
43823.19	13202050.17	472733.32	12720718.91	3152803.43	1921012.34
34390.27	8425068.28	258720.13	6772522.89	595552.33	2067543.63
34547.41	3161200.59	273636.51	2813067.05	444672.79	530416.91
41824.91	3362223.18	74148.26	2648467.75	484890.74	961547.81
47442.48	2154378.76	43206.46	1918022.01	294556.71	670506.92
44693.82	3603309.34	100651.69	2149104.84	521757.45	893388.45
4977.67	408754.17	3014.17	345078.60	33665.33	92810.63
22704.30	2107132.54	308070.08	1820800.50	321749.26	458222.40
35970.27	4682874.34	363584.16	3527794.95	832460.77	958796.76
47360.54	5653433.77	170754.13	4739852.08	973541.94	1757018.13
39723.61	6220340.72	165173.41	4848420.06	752017.49	2286328.96
2374.85	823895.13	288705.91	592816.45	60156.53	282244.51
68609.54	21280240.70	53561.65	20301017.88	7220244.45	4152844.05
17919.22	3183005.03	60974.37	2876854.75	873325.75	920818.37
82989.31	3293189.53	1195548.33	2359433.63	339413.94	1400329.21
12125.90	1845465.24	31908.45	1714270.13	461429.90	237228.51
41103.70	6530900.87	141443.25	6185670.69	1312615.81	1354898.74

全国非油气矿产资源开发利用
Non–petroleum Mineral Resources

矿种	Mineral	矿山企业数/个 Number of Mine Enterprises/number			从业人数/人 Employees /person	矿石产量/万吨 Ore Output/10⁴ t
			大型 Large	中型 Medium		
总计	**Total**	**53589**	**4303**	**6609**	**3697008**	**929406.84 (1013768.70)** ①
煤炭	Coal	5287	907	1345	2296290	313372.58 (374552.50) ②
油页岩	Oil Shale	23	9	8	2601	885.18
油砂	Oil Sand	2		1	18	1.58
石煤	Bone Coal	120	2		968	60.10
天然沥青	Natural Asphalt	2			4	
地热	Geotherm	1379	270	289	39451	11773.08
铁矿	Iron	3236	191	413	211405	61253.66 (84435.60) ③
锰矿	Manganese	329	20	54	13533	692.15
铬矿	Chromite	14	1	2	794	8.44
钛矿	Titanium	79	7	4	1169	146.98
钒矿	Vanadium	101	31	24	3820	325.63
铜矿	Copper	774	33	88	93116	18086.09
铅矿	Lead	762	5	51	31362	1476.46
锌矿	Zinc	450	10	55	37909	2587.46
铝土矿	Bauxite	257	16	37	16466	2633.66
镁矿	Magnesium	6	2	2	236	207.37
镍矿	Nickel	63	5	16	8144	1379.13
钴矿	Cobalt	3	1		10	
钨矿	Tungsten	137	5	26	22250	1477.72
锡矿	Tin	89	6	8	17249	592.13
铋矿	Bismuth	5			30	4.00
钼矿	Molybdenum	178	29	29	20001	9058.92
汞矿	Mercury	15		1	558	10.00
锑矿	Antimony	65	1	5	6190	99.79
铂矿	Platinum	5	4		42	
金矿	Gold	1499	85	229	125801	8369.27
银矿	Silver	107	8	14	7360	497.86
铌钽矿	Niobium & Tantalum	9	1	1	1215	345.62
铌矿	Niobium	3			25	
钽矿	Tantalum	6			9	
铍矿	Beryllium	1				
锂矿	Lithium	17	6	1	3136	2571.88
锆矿	Zirconium	3	2	1	22	
锶矿(天青石)	Strontium (Celestite)	12	1		355	8.36

情况—— 按矿种分列（2019年）

Exploration and Utilization by Mineral (2019)

实际采矿能力/（万吨·年$^{-1}$）Actual Mining Capacity/ (10^4t·a^{-1})	工业总产值/万元 Gross Industrial Output Value/10^4 yuan	综合利用产值/万元 Output Value of Comprehensive Use/10^4 yuan	销售收入/万元 Sales Revenue/ 10^4 yuan	利润总额/万元 Total Profits/10^4 yuan	年投资额/万元 Annual Investment/10^4yuan
1186192.06	**198485844.60**	**10678935.18**	**172704966.90**	**36376312.49**	**37672389.48**
409127.52	118864507.23	4793226.34	111071617.59	23338197.41	21202320.62
1964.68	101613.59		101336.71	1701.44	4138.00
1.58					
636.50	3685.30		3682.50	214.40	4475.00
					15.00
	652988.40		535785.05	21448.34	482866.98
68729.91	12698959.19	535315.10	10964113.41	2006807.42	2068269.87
865.38	475354.20	22006.39	268758.27	19496.08	57930.28
10.93	12554.07		10204.03	441.22	1862.00
246.84	20899.67	16506.00	20145.46	3974.75	13359.00
457.47	156233.61		132329.02	9935.00	22613.59
19523.87	4734257.91	676016.16	4436785.41	692351.10	733339.33
1755.57	1346868.36	98488.67	1202623.08	323889.04	377886.78
3117.08	2218384.92	344629.99	1887728.69	501497.53	613145.70
3150.20	1506320.49	13441.47	629888.07	102926.44	294941.10
254.37	106128.02	455.07	13896.80	12800.00	6078.00
1403.83	794561.21	9441.00	778633.93	355058.87	48582.99
1750.40	586841.14	49834.82	547270.92	69560.28	100865.96
790.62	564698.74	80459.04	553107.83	123556.05	97935.51
4.50	600.00		600.00	100.00	100.00
11835.93	2522555.08	178299.82	1503981.71	276271.98	213774.58
28.00	6162.80	574.00	6508.80	–913.47	3284.59
133.97	187831.92	3696.83	184610.95	1563.23	25335.67
					0.70
9280.24	5488391.91	627309.21	5330803.33	964043.97	1416257.84
656.10	334329.47	52964.70	321075.79	100937.99	45286.73
356.12	53777.76	36581.50	43579.46	9919.61	4851.00
16.80					20.00
					200.00
5228.64	265581.42		230044.91	22120.29	66552.25
			240.63	–422.65	977.23
11.86	2423.74		2423.74		1081.00

全国非油气矿产资源开发利用情况
Non-petroleum Mineral Resources Exploration

矿种	Mineral	矿山企业数/个 Number of Mine Enterprises/number	大型 Large	中型 Medium	从业人数/人 Employees /person	矿石产量/万吨 Ore Output/10^4 t
重稀土矿	Heavy Rare Earth Elements	10	2		65	
稀土矿	Rare Earth Elements	4		1	112	25.88
轻稀土矿	Light Rare Earth Elements	63	6	12	1448	134.73
锗矿	Germanium	8	1		757	404.58
碲矿	Tellurium	2			3	
蓝晶石	Kyanite	4	1	1	132	
矽线石	Sillimanite	6			252	
红柱石	Andalusite	10	5	1	176	15.29
菱镁矿	Magnesite	110	11	9	4988	1091.74
萤石(普通)	Common Fluorite	905	17	41	14840	544.70
熔剂用石灰岩	Limestone for Flux	202	29	40	12179	8537.55
冶金用白云岩	Metallurgical Dolomite	213	27	19	4415	3096.89
冶金用石英岩	Metallurgical Quartzite	354	4	24	2873	441.02
冶金用砂岩	Metallurgical Sandstone	5			29	
铸型用砂岩	Foundry Sandstone	3			22	
铸型用砂	Foundry Sand	36		2	844	181.69
冶金用脉石英	Metallurgical Vein Quartz	183	2	3	1166	35.31
耐火黏土	Refractory Clay	102	5	3	2425	153.67
铁矾土	Laterite	7			28	53.23
铸型用黏土	Foundry Clay	1			9	
耐火用橄榄岩	Refractory Peridotite	5		1	115	26.95
熔剂用蛇纹岩	Serpentinite for Flux	8	1	3	428	76.64
自然硫	Native Sulfur	1			2	
硫铁矿	Pyrite	166	13	15	12900	1067.40
钠硝石	Nitratine	3		1	118	
明矾石	Alunite	1		1	325	
芒硝(含钙芒硝)	Mirabilite（Glauerite）	68	22	17	4541	1085.84
重晶石	Barite	332	14	50	3906	231.67
毒重石	Witherite	13	1	2	110	1.80
天然碱(Na_2CO_3)	Trona (Na_2CO_3)	13	2	1	3064	187.41
电石用灰岩	Limestone for Calcium Carbide	65	18	6	1783	3150.97
制碱用灰岩	Limestone for Alkali Production	27	3	2	2746	597.65
化肥用石灰岩	Limestone for Fertilizer	4	1		44	
化肥用白云岩	Dolomite for Fertilizer	21		3	172	61.37
化肥用石英岩	Quartzite for Fertilizer	9	1		62	11.49
化肥用砂岩	Sandstone for Fertilizer	15		1	192	22.05

——按矿种分列（2019年） 续表1

and Utilization by Mineral (2019) Continued 1

实际采矿能力/（万吨·年$^{-1}$）Actual Mining Capacity/(10^4 t·a^{-1})	工业总产值/万元 Gross Industrial Output Value/10^4 yuan	综合利用产值/万元 Output Value of Comprehensive Use/10^4 yuan	销售收入/万元 Sales Revenue/10^4 yuan	利润总额/万元 Total Profits/10^4 yuan	年投资额/万元 Annual Investment/10^4yuan
119.09					400.00
47.50	3733.80	258.00	3679.80	91.30	308.00
459.77	93645.10	10256.99	77422.96	12796.91	13940.65
405.30	76442.23		76441.18	16319.30	947.00
					80.00
5.00					30.00
15.29	7630.34		7630.34	1419.84	216.40
1133.02	268622.73	11004.70	253970.29	37082.70	26886.28
896.64	412299.53	41161.88	371409.53	83767.74	146757.89
9419.50	583821.30	72716.30	509342.18	81781.09	101599.00
3542.88	219572.70	46399.05	171220.36	26379.18	52230.54
575.87	39674.63	565.00	37547.80	5356.00	13642.15
4.66	1.00				100.00
185.67	32330.24		32311.24	1824.00	4728.00
54.06	6786.90	204.79	6011.49	387.10	7417.50
256.00	52556.36	1960.00	44364.57	1866.08	8662.44
6.39	1911.20		1232.70	-30.00	2297.81
					5.00
32.95	3304.00	150.00	2900.00	134.00	766.00
84.84	5403.34	50.00	4253.34	670.00	3150.00
1544.84	444577.01	43729.31	414182.27	56218.68	56222.38
1.00					
	1514.40			-599.00	
1120.63	248488.27	23491.48	235301.67	10622.32	33666.17
432.72	65106.11	1941.74	60313.80	7338.97	18904.21
13.00	2040.00	200.00	1640.00	350.00	347.00
187.69	271796.10		226675.39	84531.29	2918.22
3352.74	232361.37	2613.00	223676.60	73295.72	21875.99
692.83	42273.67	19319.47	21794.30	5251.57	4869.15
					50.00
94.32	1888.30		1888.30	118.23	851.00
29.10	642.90		642.90	62.68	40.00
99.00	1600.00	100.00	1600.00	1250.00	2400.00

全国非油气矿产资源开发利用情况
Non-petroleum Mineral Resources Exploration

矿 种	Mineral	矿山企业数/个 Number of Mine Enterprises/number	大型 Large	中型 Medium	从业人数/人 Employees /person	矿石产量/万吨 Ore Output/10^4 t
含钾砂页岩	Potassium-bearing Sandy Shale	4		1	7	
含钾岩石	Potassium-bearing Rock	5		3	8	
化肥用橄榄岩	Peridotite for Fertilizer	2			8	5.00
化肥用蛇纹岩	Serpentinite for Fertilizer	16			71	
泥炭	Peat	39		1	208	28.26
矿盐	Mineral Salt	219	118	32	40795	7809.28
镁盐	Magnesium Salt	6	1	3	689	111.00
钾盐	Potash	21	6	8	11514	8021.27
溴矿	Bromine	44			1479	6.96
砷矿	Arsenic	4			34	
磷矿(主矿、共生矿)	Phosphate Rock	281	41	96	27896	6761.53
硼矿	Boron	54	3	4	771	478.67
石墨	Graphite	155	51	24	6497	322.94
光学水晶	Optical Quartz Crystal	1			10	
工艺水晶	Technological Quartz Crystal	3			7	
硅灰石	Wollastonite	128	5	6	1300	121.27
滑石	Talc	106	4	13	3798	135.69
石棉(温石棉)	Asbestos (Chrysotile Asbestos)	30	10	3	1335	272.08
云母	Mica	15			103	9.80
长石	Feldspar	261	5	13	2262	262.62
电气石	Tourmaline	5	1		53	0.60
石榴子石	Garnet	16		1	91	
叶蜡石	Pyrophyllite	53	4	18	619	89.83
透辉石	Diopside	19		2	286	16.50
蛭石	Vermiculite	8		3	16	
沸石	Zeolite	40	3	1	276	5.18
透闪石	Tremolite	6	1		50	
石膏	Gypsum	356	30	84	7255	1263.89
方解石	Calcite	496	31	33	4455	821.67
宝石	Gemstone	4			53	3.70
玉石	Jade	151			2348	37.53
玛瑙	Agate	5			31	
玻璃用灰岩	Limestone for Glass	3		1	13	1.00
水泥用灰岩	Limestone for Cement	2039	531	369	74156	151594.50
建筑石料用灰岩	Limestone for Building Stone	8134	318	755	120832	128417.91

——按矿种分列（2019年） 续表2
and Utilization by Mineral (2019) Continued 2

实际采矿能力/（万吨·年$^{-1}$）Actual Mining Capacity/(10^4t·a^{-1})	工业总产值/万元 Gross Industrial Output Value/10^4 yuan	综合利用产值/万元 Output Value of Comprehensive Use/10^4 yuan	销售收入/万元 Sales Revenue/10^4 yuan	利润总额/万元 Total Profits/10^4 yuan	年投资额/万元 Annual Investment/10^4yuan
5.00					
5.00	100.00	10.00			107.00
					337.00
60.05	2710.63	31.00	1250.63	497.27	1210.60
7822.13	1824814.66	74825.39	1198478.47	120023.21	325133.46
62.00	30348.58	240.00	26799.90	120.77	9841.11
74586.76	2558957.65	1174303.32	1711020.20	161852.49	1161583.24
6.96	57120.78		55916.78	13911.11	6941.30
2.00					
8430.52	1867637.67	151367.27	1369981.15	188052.99	283306.91
499.53	20303.53	5101.61	20577.96	5959.92	9611.76
782.17	89337.71	782.00	69587.48	2511.48	50513.80
195.82	22121.52	2325.00	16404.29	2271.64	12007.40
192.04	49193.50		43592.33	13060.90	8220.95
272.08	10047.56		9545.56	834.00	990.00
9.80	1094.90	354.00		79.60	30.00
365.65	23539.47	506.52	20576.11	4748.21	14214.30
2.10	450.00	2.90	330.00	169.00	282.00
5.00					475.00
126.75	14770.17	192.00	14277.37	2447.34	4488.94
65.20	884.04		868.04	304.00	1015.00
13.83	400.70	46.00	359.60	40.77	176.00
2.00	234.00				
1926.79	82183.49	1781.33	64207.36	7303.30	24224.59
1173.32	98993.08	12645.98	77345.62	14972.93	31964.38
3.70	1070.00			-124.00	1216.00
38.52	22086.45	897.80	18568.55	-7164.79	20632.61
1.00	100.00	100.00	100.00	20.00	50.00
174446.54	19852324.00	842164.93	11185393.66	4140989.90	1813581.46
149635.16	4959602.26	245223.98	4593244.47	828023.29	2083374.27

全国非油气矿产资源开发利用情况
Non–petroleum Mineral Resources Exploration

矿　种	Mineral	矿山企业数/个 Number of Mine Enterprises/number			从业人数/人 Employees /person	矿石产量/万吨 Ore Output/10^4t
			大型 Large	中型 Medium		
饰面用灰岩	Decorative Limestone	249		19	3155	387.17
制灰用石灰岩	Limestone for Ash Making	443	17	27	4938	4754.52
泥灰岩	Marl	13		2	120	28.59
白垩	Chalk	4			32	3.93
玻璃用白云岩	Dolomite for Glass	38	2		527	358.02
建筑用白云岩	Dolomite for Construction	627	50	89	7788	12063.39
玻璃用石英岩	Quartzite for Glass	313	19	26	3585	1695.66
玻璃用砂岩	Sandstone for Glass	68	6	20	841	195.32
水泥配料用砂岩	Sandstone for Cement Batching	179	20	36	3256	2200.61
砖瓦用砂岩	Sandstone for Brick and Tile	238	1	17	3651	821.18
陶瓷用砂岩	Sandstone for Ceramics	37		5	307	118.55
建筑用砂岩	Sandstone for Construction	1129	87	164	14553	10921.79
玻璃用砂	Sand for Glass	45	10	8	1337	754.02
建筑用砂	Sand for Construction	2814	34	288	27394	15105.85
水泥配料用砂	Sand for Cement Batching	13	1	1	276	278.12
水泥标准砂	Cement Standard Sand	1		1	20	60.00
砖瓦用砂	Sand for Brick and Tile	26			324	73.73
玻璃用脉石英	Vein Quartz for Glass	147	1	10	1043	193.74
水泥配料用脉石英	Vein Quartz for Cement Batching	8	1	1	59	40.00
粉石英	Powder Quartz	32			154	11.50
天然油石	Natural Oilstone	1			6	
硅藻土	Diatomite	35	2	15	480	14.14
陶粒页岩	Shale for Ceramsite	19	2	2	184	48.66
砖瓦用页岩	Shale for Brick and Tile	3741	19	478	63962	9326.40
水泥配料用页岩	Shale for Cement Batching	131	10	20	1064	814.63
建筑用页岩	Shale for Construction	196	1	31	2973	875.12
高岭土	Kaolin	351	27	40	5314	686.67
陶瓷土	Ceramic Clay	369	18	62	3712	1159.71
凹凸棒石黏土	Attapulgite Clay	31	2	10	459	27.88
海泡石黏土	Sepiolite Clay	5		1	33	0.09
伊利石黏土	Illite Clay	35	1	3	564	12.22
累托石黏土	Rectorite Clay	6			49	

——按矿种分列（2019年） 续表3

and Utilization by Mineral (2019) Continued 3

实际采矿能力/（万吨・年$^{-1}$） Actual Mining Capacity/ (10^4t・a^{-1})	工业总产值/万元 Gross Industrial Output Value/10^4 yuan	综合利用产值/万元 Output Value of Comprehensive Use/10^4 yuan	销售收入/万元 Sales Revenue/ 10^4 yuan	利润总额/万元 Total Profits/10^4 yuan	年投资额/万元 Annual Investment/10^4yuan
625.35	66905.08	866.00	57709.09	8587.43	32506.00
5263.62	221021.14	2917.84	203916.49	34742.45	76825.61
39.38	1125.00		1125.00	189.00	149.00
16.00	613.28		613.28	75.30	405.00
371.41	8319.82	331.23	7483.02	1338.19	1977.00
12859.00	430229.78	4642.70	374365.15	60280.71	122095.66
1878.69	122772.22	37475.51	111105.23	23108.16	50069.33
469.83	16548.21	511.40	15703.21	1770.03	4944.00
2684.25	298236.35	3515.18	201806.85	88311.56	14008.71
1349.73	100257.43	1733.88	87828.03	6654.08	19761.04
168.05	5443.81	6.40	3040.52	794.62	2395.26
14222.89	555720.10	14312.51	508177.06	88836.52	201036.98
828.02	66606.29	311.60	58065.34	13302.40	12704.62
17773.02	495875.04	33843.01	373842.53	84297.43	258814.76
278.12	5926.70	205.00	4695.70	−2349.66	713.50
60.00	1600.00			720.00	150.00
85.94	3473.69	36.10	2629.10	297.61	3092.00
283.71	18455.95	131.41	16909.16	2070.19	13249.31
46.00	2613.05		2124.00	104.22	3000.00
28.10	2304.00		2300.00	137.00	287.60
14.14	2853.23		2765.93	−214.17	6698.24
104.39	5264.89		5261.26	194.28	5446.90
14615.07	1016202.01	65123.42	883824.72	124983.03	398416.29
919.17	64262.01	356.00	38767.93	6651.66	5839.23
1104.39	50525.11	7598.35	41227.17	5259.64	16097.67
985.12	112399.25	7847.28	72762.55	6892.60	36303.59
1593.23	71929.87	7128.94	60650.94	5557.10	36902.21
48.16	4529.70	87.75	4565.90	683.08	1432.76
0.09	18.00		18.00	1.00	405.00
56.52	1337.73		1249.37	−24.90	10232.31

全国非油气矿产资源开发利用情况
Non–petroleum Mineral Resources Exploration

矿 种	Mineral	矿山企业数/个 Number of Mine Enterprises/number			从业人数/人 Employees /person	矿石产量/万吨 Ore Output/10^4t
			大型 Large	中型 Medium		
膨润土	Bentonite	185	17	16	3370	247.46
砖瓦用黏土	Clay for Brick and Tile	3589	3	64	66234	5438.60
陶粒用黏土	Clay for Ceramsite	54	2	4	404	33.48
水泥配料用黏土	Clay for Cement Batching	102	5	11	1838	610.20
水泥配料用红土	Laterite for Cement Batching	6			82	13.82
水泥配料用黄土	Loess for Cement Batching	8		1	155	57.15
水泥配料用泥岩	Mudstone for Cement Batching	27	2	2	666	295.60
保温材料用黏土	Clay for Insulation	4			26	
建筑用橄榄岩	Peridotite for Construction	6			35	9.32
饰面用蛇纹岩	Decorative Serpentinite	42		3	199	10.96
饰面用辉石岩	Decorative Pyroxenite	5			76	1.35
建筑用辉石岩	Pyroxenite for Construction	1			42	
铸石用玄武岩	Basalt for Cast Stone	12		5	168	27.95
饰面用玄武岩	Decorative Basalt	20	1	2	332	50.05
水泥混合材料用玄武岩	Basalt for Cement Mixture	1		1	2	
建筑用玄武岩	Basalt for Construction	538	71	73	6986	4808.08
饰面用角闪岩	Decorative Amphibolite	5			30	0.59
建筑用角闪岩	Amphibolite for Construction	18		2	292	65.93
水泥用辉绿岩	Diabase for Cement	1			20	1.20
饰面用辉绿岩	Decorative Diabase	120	3	1	1014	204.80
建筑用辉绿岩	Diabase for Construction	154	16	11	2156	1020.08
饰面用辉长岩	Decorative Gabbro	2			5	
建筑用辉长岩	Gabbro for Construction	7			73	25.15
饰面用安山岩	Decorative Andesite	3			5	
建筑用安山岩	Andesite for Construction	356	90	20	3831	4044.69
水泥混合材料用安山岩	Andesite for Cement Mixture	1		1	13	18.00
耐酸碱用安山岩	Andesite for Acid and Alkali Resistance	1			15	2.49
建筑用闪长岩	Diorite for Construction	158	29	14	2189	1373.08
水泥混合材料用闪长玢岩	Diorite Porphyrite for Cement Mixture	1			12	10.00
饰面用闪长岩	Decorative Diorite	14		2	112	10.71

——按矿种分列（2019年） 续表4

and Utilization by Mineral (2019) Continued 4

实际采矿能力/（万吨·年$^{-1}$）Actual Mining Capacity/ (10^4t·a^{-1})	工业总产值/万元 Gross Industrial Output Value/10^4 yuan	综合利用产值/万元 Output Value of Comprehensive Use/10^4 yuan	销售收入/万元 Sales Revenue/ 10^4 yuan	利润总额/万元 Total Profits/10^4 yuan	年投资额/万元 Annual Investment/10^4yuan
410.15	169065.21	411.00	153172.28	17684.74	7635.20
6868.19	487813.60	30506.92	435920.63	55879.73	212273.05
74.45	2527.70	2.00	1794.80	392.90	1759.00
798.77	10409.16	200.00	9442.63	1649.45	8707.49
13.95	566.00		527.00	50.00	215.00
58.95	810.23		130.00	84.50	162.79
310.92	297953.99	2707.25	191260.04	78858.82	8981.00
					350.00
9.32	140.00		140.00		
10.96	2250.55	3.40	2111.11	158.37	4570.00
1.35	100.00		100.00		100.00
					356.00
39.35	1498.12		865.25	179.60	15045.85
69.00	4636.12	695.00	4409.12	124.33	2566.00
7328.64	263927.43	2934.06	250510.55	27270.08	125197.01
0.59	370.60		370.60	3.70	200.00
75.22	2460.97	80.00	2460.97	293.00	823.00
1.20	24.00		24.00	10.00	14.00
314.36	12446.76	103.00	9601.74	3011.84	6054.70
1132.69	58655.01	1598.00	49281.36	5351.59	40025.54
					15.00
25.15	1452.00	36.40	986.00	650.00	125.00
3.00					
4521.47	123216.87	8514.00	121216.38	24610.28	28235.77
21.00	360.00		460.00	72.00	140.00
2.49	72.00		72.00	15.00	150.00
3019.96	38592.37	582.00	32959.45	5789.86	43104.83
10.00	180.00		180.00	9.15	40.00
17.95	2176.80		1666.71	-153.00	2630.00

全国非油气矿产资源开发利用情况
Non-petroleum Mineral Resources Exploration

矿 种	Mineral	矿山企业数/个 Number of Mine Enterprises/number	大型 Large	中型 Medium	从业人数/人 Employees /person	矿石产量/万吨 Ore Output/10^4 t
建筑用正长岩	Syenite for Construction	2			3	
建筑用花岗岩	Granite for Construction	2042	298	242	32386	33663.13
饰面用花岗岩	Decorative Granite	952	26	47	16301	5247.68
麦饭石	Maifanite	9			13	
珍珠岩	Perlite	59	3	2	2092	147.21
建筑用流纹岩	Rhyolite for Construction	1			15	1.85
黑曜岩	Obsidian	2			11	0.93
浮石	Pumice	17			114	1.32
水泥用粗面岩	Trachyte for Cement	2	1		16	
铸石用粗面岩	Trachyte for Cast Stone	9			66	8.10
霞石正长岩	Nepheline Syenite	10	3	5	319	15.77
水泥用凝灰岩	Tuff for Cement	20	2	4	139	35.39
建筑用凝灰岩	Tuff for Construction	939	274	79	18613	32852.60
火山灰	Volcanic Ash	2			6	
火山渣	Cinder	10		1	70	
饰面用大理石	Decorative Marble	443	13	17	4663	1795.10
建筑用大理石	Marble for Construction	298	13	29	3413	1848.87
水泥用大理石	Marble for Cement	146	17	25	2372	2854.56
玻璃用大理石	Marble for Glass	40		1	514	50.69
饰面用板岩	Decorative Slate	97	7	3	1016	107.15
水泥配料用板岩	Slate for Cement Batching	30	1	4	495	304.73
片石	Rubble	23			242	72.67
片麻岩	Gneiss	155	9	31	2071	1506.02
千枚岩	Phyllite	4	2	1	28	
砚石	Ink Stone	2			7	
矿泉水	Mineral Water	653	57	65	19657	1201.60
地下水	Ground Water	6			573	75.90
二氧化碳气	Carbon Dioxide	1		1	15	2.40
其他矿产④	Other Minerals④	84		6	1100	439.86

注：①根据国家统计局已公布的煤炭和铁矿石产量数据调整后的年产矿量总计，其他数据均按采矿权人统计。
②根据国家统计局已公布的煤炭产量数据，其他数据均按采矿权人统计。
③根据国家统计局已公布的铁矿石产量数据，其他数据均按采矿权人统计。
④其他矿产指其他未命名矿产。

Note: ① According to the coal and iron ore output data published by the National Bureau of statistics, the total annual output is adjusted, and other data are counted by the mining right holder.
② The coal production data published by the National Bureau of statistics, and other data are calculated according to the mining right holder.
③ The iron ore production data published by the National Bureau of statistics, and other data are calculated by the mining right holder.
④ Other minerals refer to other unnamed minerals.

——按矿种分列（2019年） 续表5
and Utilization by Mineral (2019) Continued 5

实际采矿能力/（万吨·年$^{-1}$）Actual Mining Capacity/(10^4t·a^{-1})	工业总产值/万元 Gross Industrial Output Value/10^4 yuan	综合利用产值/万元 Output Value of Comprehensive Use/10^4 yuan	销售收入/万元 Sales Revenue/10^4 yuan	利润总额/万元 Total Profits/10^4 yuan	年投资额/万元 Annual Investment/10^4yuan
41009.29	1146317.41	37876.66	1058845.39	143859.00	500174.67
6328.41	679892.21	17977.59	623435.56	123870.51	173749.21
175.75	29087.36		22013.56	5860.97	8640.23
1.85	235.00			−1073.00	1000.00
5.00	40.00		30.00	5.00	8.00
6.92	74.00		74.00	34.40	139.50
38.72	231.85	3.00	224.07		
15.77	6459.00	200.00	4546.54	477.00	480.00
35.39	3187.92	555.00	3187.92	418.00	630.00
37304.57	1602403.14	30002.35	1393108.62	189923.14	534597.25
2.20					296.00
1961.55	118736.24	3775.15	110993.74	20892.69	48466.60
2075.07	81662.47	8821.55	65362.85	13120.42	42265.96
3240.21	259605.86	7406.27	122171.85	42581.54	23718.35
142.91	5915.67		5338.49	1353.92	4064.07
266.98	10569.20	286.00	6293.40	1296.11	12789.00
494.00	11634.30		10691.09	901.42	2540.50
76.07	3697.10	309.00	2530.60	773.80	1141.30
1619.37	59895.37	4044.16	54227.97	14131.91	26936.46
					3.00
	779765.68		710439.03	64561.95	130429.37
	10215.00		8647.00	−2023.00	648.00
3.00	2402.58			516.12	
589.88	21783.08	2055.05	20955.47	2916.77	14051.06

全国非油气矿产资源开发利用情况
Non-petroleum Mineral Resources Exploration

经济类型	Economic Type	矿山企业数/个 Number of Mine Enterprises/number	大型 Large	中型 Medium	从业人数/人 Employees /person	矿石产量/万吨 Ore Output/10^4 t
总计	**Total**	**53589**	**4303**	**6609**	**3697008**	**929406.84 (1013768.70)**①
内资企业	**Domestic Funded Enterprises**	**53131**	**4151**	**6515**	**3639095**	**899130.10**
国有企业	State-owned Enterprises	2244	655	533	865839	166440.39
集体企业	Collective-owned Enterprises	1617	35	107	46729	7052.65
股份合作企业	Cooperative Stock Enterprises	496	38	71	28686	7453.78
联营企业	Joint Ownership Enterprises	225	20	47	17226	2614.94
有限责任公司	Limited Liability Corporations	17501	1934	2921	1410020	367634.34
股份有限公司	Share Holding Company Limited	2820	470	472	678466	142445.24
私营企业	Private Enterprises	26811	944	2239	566270	195777.97
其他企业	Other Enterprises	1417	55	125	25889	9710.81
港、澳、台商投资企业	**Enterprises with Funds from Hong Kong, Macao and Taiwan**	**243**	**73**	**41**	**19658**	**15854.9**
外商投资企业	**Foreign-funded Enterprises**	**215**	**79**	**53**	**38225**	**14421.84**

注：①根据国家统计局已公布的煤炭和铁矿石产量调整数据。

Note: ① The yearbook is based on the adjusted data of coal and iron ore output published by the State Statistical Bureau.

——按企业经济类型分列（2019年）
and Utilization by Enterprise Economic Type （2019）

实际采矿能力/（万吨·年$^{-1}$）Actual Mining Capacity/（10^4t·a^{-1}）	工业总产值/万元 Gross Industrial Output Value/10^4 yuan	综合利用产值/万元 Output Value of Comprehensive Use/10^4 yuan	销售收入/万元 Sales Revenue/10^4 yuan	利润总额/万元 Total Profits/10^4 yuan	年投资额/万元 Annual Investment/10^4yuan
1186192.06	**198485844.6**	**10678935.18**	**172704966.90**	**36376312.49**	**37672389.48**
1154999.04	**192608060.6**	**10231464.19**	**167643830.30**	**34866449.77**	**36950060.53**
178005.61	47969234.55	1667212.72	43589020.44	9614199.35	7989676.40
8810.64	938880.01	27886.85	879039.33	127669.11	247706.43
8397.69	1668662.63	146984.27	1711681.01	392749.66	242249.40
2883.48	644911.25	36444.40	671694.70	139435.58	109956.12
495407.16	75960899.67	4398596.87	67434509.23	12751265.46	15840811.71
206380.53	46961099.36	2996695.90	36844316.86	9083260.84	6958426.25
244118.38	17757824.13	920220.61	15929545.97	2656336.99	5376580.80
10995.56	706548.98	37422.57	584022.78	101532.78	184653.43
16376.43	**2079811.43**	**159481.95**	**1825417.57**	**594233.67**	**366513.38**
14816.59	**3797972.63**	**287989.04**	**3235718.98**	**915629.05**	**355815.57**

主要统计指标解释

勘查许可证数　指依法颁发的勘查许可证个数或注销的勘查许可证个数。

勘查注销　包括探矿权人申请注销、自然资源主管部门直接注销的勘查许可证。

探矿权出让　指在报告期内以申请在先、协议、招标、拍卖和挂牌等方式出让给探矿权申请人并新登记的勘查许可证。

协议出让　指矿业权人以协议方式取得探矿权，并办理勘查许可证。

“招拍挂”出让　指矿业权人以招标、拍卖和挂牌方式取得探矿权，并办理勘查许可证。

招标　指主管部门发布招标公告，邀请特定或者不特定的投标人参加投标，根据投标结果确定探矿权中标人，探矿权中标人取得探矿权，并办理勘查许可证。

拍卖　指主管部门发布拍卖公告，由符合探矿权申请人资质条件的竞买人在指定时间、指定地点进行公开竞价，根据出价结果确定探矿权竞得人，探矿权竞得人取得探矿权，并办理勘查许可证。

挂牌　指主管部门发布挂牌公告，在挂牌公告规定的期限和场所接受竞买人的报价申请并更新挂牌价格，根据挂牌期限截止时的出价结果，确定探矿权竞得人，探矿权竞得人取得探矿权，并办理勘查许可证。

探矿权转让　指报告期内经探矿权人申请将探矿权转让给另一主体，并经自然资源主管部门审查批准的行为。

转让金额　指报告期内探矿权转让人与受让人之间签订的探矿权转让合同中约定的转让金额。

采矿许可证数　指依法颁发的采矿许可证个数或注销的采矿许可证个数。

采矿注销　包括采矿权人申请注销、自然资源主管部门直接注销的采矿许可证。

采矿权出让　指在报告期内矿业权人以探矿权转采矿权、协议、招标、拍卖和挂牌等方式取得采矿权，并办理采矿许可证。

探矿权转采矿权　指报告期内探矿权人在其勘查许可证范围内，将探矿权申请转为采矿权，并获得采矿许可证。

“招拍挂”出让　指采矿权人通过招标、拍卖、挂牌三种出让方式获得采矿权并取得采矿许可证。

协议出让　指出让方（采矿权管理机关）按照法律法规的规定采取非竞争性的方式，以协议方式出让采矿权给特定对象，采矿权人取得采矿权，并办理采矿许可证。

招标出让　指主管部门发布招标公告，邀请特定或者不特定的投标人参加投标，根据投标结果确定采矿权中标人，采矿权中标人取得采矿权，并办理采矿许可证。

拍卖出让　指主管部门发布拍卖公告，由符合采矿权申请人资质条件的竞买人在指定时间、指定地点进行公开竞价，根据出价结果确定采矿权竞得人，采矿权中标人取得采矿权，并办理采矿许可证。

挂牌出让　指主管部门发布挂牌公告，在挂牌公告规定的期限和场所接受竞买人的报价申请并更新挂牌价格，根据挂牌期限截止时的出价结果，确定采矿权竞得人，采矿权竞得人取得采矿权，并办理采矿许可证。

采矿权转让 指报告期内经采矿权人申请将采矿权转让给另一主体，并经自然资源主管部门审查批准的行为。

转让金额 指报告期内采矿权转让人与受让人之间签订的采矿权转让合同中约定的转让金额。

从业人数 指当年度企业中从事矿业（即油气勘查开采，下同）生产劳动并取得劳动报酬或经营收入的全部劳动力的年平均人数。包括职工、再从业的离退休人员以及在企业中工作的外方人员和我国港、澳、台地区人员。当年度在企业中从事矿业活动的临时工、轮换工，应加入此项统计。年平均人数＝报告年内12个月平均人数之和/12 [月平均人数＝（月初人数＋月末人数）/2] 。非独立法人企业只填报本企业的从业人数。

工业总产值 指以货币表现的矿山企业当年度生产的最终工业产品总价值量，包括当年度生产的成品价值、已完工的对外工业性作业价值和自制半成品、在产品期末期初差额价值。采用工厂法的计算原则，是反映一定时间内工业生产总规模和总水平的重要指标，是计算工业生产发展速度和主要比例关系，计算工业产品销售率和其他经济指标的重要依据。

综合利用产值 指当年矿山综合利用共、伴生矿产及尾、残矿产的矿产品销售产值。

销售收入 指矿山企业当年度销售该矿产品（包括产成品、半成品及废品）所取得的收入。以销售实现为原则进行填报。

Explanatory Notes on Main Statistical Indicators

Number of Exploration Licenses—the number of exploration licenses issued in accordance with the law or the number of cancelled exploration licenses.

Exploration License Cancellation—the exploration license applied for cancellation by the exploration right owner and directly cancelled by the natural resources department.

Exploration Rights Granted—various acts through which the mineral exploration right is granted by administration department to the applicant for the exploration right through the ways of first application, agreement, bidding, auction, and listing during the reporting period.

Granting through Agreement (Exploration Rights)—the act through which the administration department grants the exploration right to the exploration right holder in the way of agreement, and the exploration right holder obtains the exploration license.

Granting through Bidding, Auction, and Listing (Exploration Rights)—the acts through which the administration department grants the exploration right in the ways of bidding, auction, and listing, and the exploration right holder obtains the exploration license.

Granting through Bidding (Exploration Rights)—the act through which the administrative authorities issue a notice of invitation for bid to invite specially or not specially designated bidders to participate in the bidding, and the warded bidder for the exploration right is determined according to the result of the bidding. The exploration right holder obtains the exploration license.

Granting through Auction (Exploration Rights)—the act through which the administrative authorities issue a notice of invitation for auction, while the bidders qualified to be applicants for the exploration right may participate in open competition at the prescribed time and locality and the warded bidder for the exploration or mining right is determined according to the result of the price offer. The exploration right holder obtains the exploration license.

Granting through Listing (Exploration Rights)—the act through which the administrative authorities issue a notice of listing, and receive the offer applications of the bidders and renew the listed prices in the time limit and locality prescribed by the notice, and the warded bidder for the exploration right is determined according to the price offer at the closing date of the listing time limit. The exploration right holder obtains the exploration license, and apply for exploration license.

Exploration Rights Transferred—the act of transferring the exploration right to another subject upon the application of exploration right holder within the reporting period, and being examined and approved by natural resources authorities.

Amount of Transfer (Exploration Rights)—the price of transfer agreed upon in the contract of exploration right transfer signed between the exploration right assignor and the exploration right assignee during the reporting period.

Number of Mining Licenses—the number of mining licenses issued in accordance with the law or the number of cancelled mining licenses.

Mining Rights Cancellation—the mining license applied for cancellation by the exploration right owner and directly cancelled by the natural resources department.

Mining Rights Granted—the royalty charged to the mining right holder according to relevant regulations, when the mineral resources administration department to the applicant for the mining right through the ways of change of the exploration right into the mining right, agreement, bidding, auction, and listing during the reporting period.

Change of Exploration Rights to Mining Rights—means that the exploration right holder applies for changing the exploration right into the mining right in his exploration license scope during the reporting period and obtains the mining license.

Granting through Bidding, Action, and Listing (Mining Rights)—the acts through which the mining right holder obtains the mining right and the mining license in the ways of assigning through bidding, auction, and listing.

Granting through Agreement (Mining Rights)—the act through which the assignor (mining right administration agency) grants the mining right to the particular individual or organization by adopting the noncompetitive way through agreement according to the provisions of law and the latter obtains the mining license.

Granting through Bidding (Mining Rights)—the act through which the administrative authorities issue a notice of invitation for bid to invite specially or not specially designated bidders to participate in the bidding, and the warded bidder for the mining right is determined according to the result of the bidding. The mining right holder obtains the mining license.

Granting through Auction (Mining Rights)—the act through which the administrative authorities issue a notice of invitation for auction, while the bidders qualified to be applicants for the mining right may participate in open competition at the prescribed time and locality and the warded bidder for the mining or mining right is determined according to the result of the price offer. The mining right holder obtains the mining license.

Granting through Listing (Mining Rights)—the act through which the administrative authorities issue a notice of listing, and receive the offer applications of the bidders and renew the listed prices in the time limit and locality prescribed by the notice, and the warded bidder for the mining right is determined according to the price offer at the closing date of the listing time limit. The mining right holder obtains the mining license.

Mining Rights Transferred—the act of transferring the mining right to another subject upon the application of the mining right holder and the approval of natural resources authorities within the reporting period.

Amount of Transfer (Mining Rights)— the price of transfer agreed upon in the contract of mining right transfer signed between the mining right assignor and the mining right assignee during the reporting period.

Employees—the annual average number of all labors engaged in mining (i.e. oil and gas exploration and exploitation, the same hereinafter) and receiving remuneration for their labor or business income in the current year. It includes employees, reemployed retirees, foreign personnel working in the enterprise and personnel from Hong Kong, Macao, Taiwan. Temporary workers and shift workers engaged in mining in enterprises in the current year are included in the statistics. Annual average number = sum of 12–month average number reported in the year /12 [Monthly average number = (number at the beginning of the month + number at the end of the month) /2]. The enterprises with non–independent legal entity only report employees of the enterprise.

Gross Industrial Output Value—the total value of final industrial products produced by mining enterprises in monetary terms in the current year. It includes the value of finished products produced in the current year, the value of finished foreign industrial operations and self–made semi–finished products, and value difference at the beginning and end of the product. The factory method is adopted for calculation. It is an important indicator reflecting the total scale and level of industrial production in a certain period of time. It is also an important basis for calculating development speed and main proportion of industrial production, sales rate of industrial products and other economic indicators.

Output Value of Comprehensive Use—the total sum of the values of final industrial products in the gross value of mining output due to the comprehensive use of co–products, by–products and three wastes (waste slag, waste gas, waste liquid).

Sales Revenue—the revenue obtained by mining enterprises from selling the mineral products (including finished products, semi–finished products and waste products) in the current year. It should be reported according to the actual sales.

海洋资源

Ocean Resources

海域使用权出让情况——按地区分列（2019年）
Granting of Sea Area Use Rights by Region（2019）

地　区	Region	新增宗海数量/宗 Number of Newly-added Seas/plot	新增宗海面积/公顷 Newly-added Seas Area/hm^2	海域使用金应缴金额/万元 Payable Fees for Using Sea Areas/10^{4}yuan	海域使用金减免金额/万元 Amount of Reduction or Exemption for Using Sea Areas/10^{4}yuan
总　计	**Total**	**1543**	**126928.10**	**332988.71**	**32994.50**
辽　宁	Liaoning	201	26487.77	27924.30	2315.70
河　北	Hebei	100	10360.86	5911.29	
天　津	Tianjin	7	137.08	2277.77	148.37
山　东	Shandong	440	50830.49	19258.67	695.87
江　苏	Jiangsu	69	12657.99	29142.02	4904.30
上　海	Shanghai	2	4.33	3643.73	50.07
浙　江	Zhejiang	225	9510.00	54655.19	3799.70
福　建	Fujian	201	5942.45	37951.72	3055.81
广　东	Guangdong	197	4930.85	105903.86	2035.86
广　西	Guangxi	76	5355.14	28074.82	14808.63
海　南	Hainan	19	276.77	10411.77	1180.18
省（自治区、直辖市）外	Outside the Province (Autonomous Region, Municipality City)	6	434.37	7833.57	

注：海域使用权出让包括海域使用权申请审批、招标、拍卖、挂牌。

Note: Granting of sea area use rights includes examination and approval of sea area use rights application, bidding, auction and listing.

海域使用权出让情况——按海域使用类型分列（2019年）
Granting of Sea Area Use Rights by the Type of Sea Area Use（2019）

海域使用类型	Types of Sea Area Use	新增宗海数量/宗 Number of Newly-added Seas/plot	新增宗海面积/公顷 Newly-added Seas Area/hm^2	海域使用金应缴金额/万元 Payable Fees for Using Sea Areas/10^4yuan	海域使用金减免金额/万元 Amount of Reduction or Exemption for Using Sea Areas/10^4yuan
总　计	**Total**	**1543**	**126928.10**	**332988.71**	**32994.50**
渔业用海	Fishery Sea	1047	108981.32	58961.09	1726.50
工业用海	Industrial Sea	171	10760.66	184034.43	6.22
交通运输用海	Sea for Transportation	159	3294.00	40020.88	8092.56
旅游娱乐用海	Sea for Tourism and Entertainment	58	354.03	10454.74	1410.53
海底工程用海	Sea for Submarine Engineering	32	870.60	9883.34	2304.13
排污倾倒用海	Sewage Dumping Sea	6	66.75	1161.13	5.40
造地工程用海	Sea for Land Engineering	14	67.24	5498.14	915.34
特殊用海	Special Sea Use	27	2114.94	17432.33	17295.45
其他用海	Other Sea Use	29	418.57	5542.61	1238.36

注：海域使用权出让包括海域使用权申请审批、招标、拍卖、挂牌。
Note: Granting of sea area use rights includes examination and approval of sea area use rights application, bidding, auction and listing.

无居民海岛有偿使用情况（2019年）

Paid Use of Uninhabited Island（2019）

地　区	Region	海岛数量/个 Number of Islands/ number	无居民海岛用岛面积/公顷 Area of Uninhabited Island/hm^2	无居民海岛使用金应缴金额/万元 Payable Fees for Using Uninhabited Island/10^4yuan	无居民海岛使用金减免金额/万元 Amount of Reduction or Exemption for Using Uninhabited Island/10^4yuan
总　计	**Total**	**0**	**0**	**0**	**0**
辽　宁	Liaoning				
河　北	Hebei				
天　津	Tianjin				
山　东	Shandong				
江　苏	Jiangsu				
上　海	Shanghai				
浙　江	Zhejiang				
福　建	Fujian				
广　东	Guangdong				
广　西	Guangxi				
海　南	Hainan				
省（自治区、直辖市）外	Outside the Province（Autonomous Region, Municipality City）				

全国海洋经济情况（2019年）

National Ocean Economy（2019）

指 标	Indicator	数值 Value
海洋生产总值①/亿元	Gross Ocean Product①/10^8 yuan	84191.3
海洋生产总值增长率②/%	Growth Rate of Gross Ocean Product②/%	6.3
海洋生产总值占国内生产总值的比例/%	Proportion of Gross Ocean Product in GDP/%	8.5
海洋新兴产业增加值增速/%	Added Value Growth of Marine Emerging Industries	9.6
海洋服务业增加值占海洋生产总值的比例/%	Proportion of Added Value of Marine Service Industry in GOP	62.2

注：① 海洋生产总值为再次核实数，核算范围为沿海地区，具体包括辽宁省、河北省、天津市、山东省、江苏省、上海市、浙江省、福建省、广东省、广西壮族自治区和海南省，未包括香港特别行政区、澳门特别行政区和台湾省。

② 海洋生产总值增长率按可比价格计算。

Notes: ① Gross ocean product is a re-verify accounting figure, accounting for coastal areas, including Liaoning, Hebei, Tianjin, Shandong, Jiangsu, Shanghai, Zhejiang, Fujian, Guangdong, Guangxi and Hainan, excluding Hong Kong, Macao and Taiwan.

② The growth rate of gross ocean product is calculated at comparable prices.

全国海洋生产总值（2019年）

National Gross Ocean Product (2019)

指　标	Indicator	增加值/亿元 Added Value/10^8 yuan
海洋生产总值	**Gross Ocean Product（GOP）**	**84191.30**
主要海洋产业	**Major Ocean Industries**	**33427.50**
海洋渔业	Ocean Aquatic Products	4648.00
海洋油气业	Offshore Oil and Gas Industry	1532.90
海洋矿业	Ocean Mining	185.30
海洋盐业	Ocean Salt Industry	37.80
海洋化工业	Ocean Chemical Industry	508.20
海洋生物医药业	Ocean Biopharmaceutics Industry	415.20
海洋电力业	Ocean Power Industry	207.50
海水利用业	Seawater Utilization Industry	18.80
海洋船舶工业	Ocean Shipbuilding Industry	1125.70
海洋工程建筑业	Ocean Engineering Construction Industry	1176.00
海洋交通运输业	Ocean Transportation	5552.70
滨海旅游业	Coastal Tourism	18019.50
海洋科研教育管理服务业	**Ocean Scientific Research, Education, Management and Service Industry**	21721.00
海洋相关产业	**Ocean-related Industry**	29042.90

注：1. 海洋生产总值、各个海洋产业增加值按现价计算。

2. 数据均为再次核实数。各项数据来自沿海地区自然资源（海洋）行政主管部门、统计机构和国务院有关部门。其中，沿海地区包括辽宁省、河北省、天津市、山东省、江苏省、上海市、浙江省、福建省、广东省、广西壮族自治区和海南省，未包括香港、澳门特别行政区和台湾省。

Notes: 1. The gross Ocean product and the added value of each marine industry are calculated according to the current price.

2. The data are re-verify accounting statistics. The data come from the natural resources (Marine) administrative departments in coastal areas, statistical institutions and relevant departments of the State Council. The coastal areas include Liaoning, Hebei, Tianjin, Shandong, Jiangsu, Shanghai, Zhejiang, Fujian, Guangdong, Guangxi and Hainan, excluding Hong Kong, Macao and Taiwan.

主要统计指标解释

新增宗海数量 指统计报告期内由国务院或有批准权的人民政府首次批准的海域使用宗海数量，以用海批准时间为准；不包括由于海域使用权续期、转让、变更而重新批准的宗海数量。

新增宗海面积 指统计报告期内由国务院或有批准权的人民政府首次批准的海域使用宗海面积，以用海批准时间为准；不包括由于海域使用权续期、转让、变更而重新批准的宗海面积。

海域使用金应缴金额 指统计报告期内按各级自然资源（海洋）主管部门开具缴款通知书或海域使用权招标、拍卖、挂牌合同（方案），用海单位或个人应当缴纳的海域使用金数额。海域使用金逐年缴纳或分期缴纳的，应缴金额应分年或分期统计。

海域使用金减免金额 指统计报告期内按规定经财政部门、自然资源（海洋）主管部门批准减缴和免缴的海域使用金金额。

无居民海岛用岛面积 指统计报告期内由国务院或省级人民政府批准的无居民海岛用岛面积。

无居民海岛使用金应缴金额 指统计报告期内按各级自然资源（海洋）主管部门开具缴款通知书要求用岛单位或个人应当缴纳的无居民海岛使用金数额。

无居民海岛使用金减免金额 指统计报告期内按规定经财政部门、自然资源（海洋）主管部门批准减免的无居民海岛使用金金额。

海洋生产总值 是海洋经济生产总值的简称，指按市场价格计算的沿海地区常住单位在一定时期内海洋经济活动的最终成果，是海洋产业和海洋相关产业增加值之和。

海洋生产总值增长率 以不变价格计算，海洋生产总值增长率=［(报告期的海洋生产总值 - 上一年的海洋生产总值）/上一年的海洋生产总值］×100%。

海洋生产总值占国内生产总值的比例 海洋生产总值占国内生产总值的比例=全国海洋生产总值/国内生产总值×100%。

海洋新兴产业增加值增速 以不变价格计算，海洋新兴产业增加值增速=［(报告期的海洋新兴产业增加值-上一年的海洋新兴产业增加值）/上一年的海洋新兴产业增加值］×100%。

海洋服务业增加值占海洋生产总值的比例 海洋服务业增加值占海洋生产总值的比例=（全国海洋服务业增加值/海洋生产总值）×100%。

Explanatory Notes on Main Statistical Indicators

Number of Newly-added Seas—the quantity of seas firstly approved by the State Council or the people' s government with the right of approval during the statistical period through the application or bidding, auction, listing, subject to the time of approval. It does not include the quantity of seas reapproved due to renewal, transfer or change of the sea area use right.

Newly-added Seas Area—the area of seas firstly approved by the State Council or the people' s government with the right of approval during the statistical period through the application or bidding, auction, listing, subject to the time of approval. It does not include the area of seas reapproved due to renewal, transfer or change of the sea area use right.

Payable Fees for Using Sea Areas—the amount required to be paid by units and individuals who use sea areas according to the payment notice issued by natural resources (ocean) authorities at all levels or determined in the contract (scheme) for bidding, auction, listing of the sea area use right during the statistical period, according to the actual payment time. If the fees for using sea areas are paid annually or by installments, the application amount shall be counted annually or by installments.

Amount of Reduction or Exemption for Using Sea Areas—the amount of deduction or exemption for using sea areas approved by financial and natural resources (ocean) authorities within the statistical period.

Area of Uninhabited Island—the area of uninhabited islands approved by the State Council or provincial people's government during the statistical period.

Payable Fees for Using Uninhabited Island—the amount required to be paid by units and individuals who use uninhabited islands according to the payment notice issued by natural resources (ocean) authorities at all levels during the statistical period.

Amount of Reduction or Exemption for Using Uninhabited Island—the amount of deduction or exemption for using uninhabited islands approved by financial and natural resources (ocean) authorities within the statistical period.

Gross Ocean Production（GOP）—is the abbreviation of gross ocean economic production . It refers to the final gains from ocean economic activities of permanent residents in coastal areas at market price in a certain period，and is the sum of added values of ocean and ocean related industries

Growth Rate of Gross Ocean Product—is calculated in constant prices，grouth rate of gross ocean production=［(gross ocean production of the reporting period – gross ocean production of the previous year）/gross ocean production of the previous year］×100%

Proportion of Gross Ocean Product in GDP—proportion of Gross ocean Production in GDP=（National gross ocean production/GDP）×100%

Added Value Growth of Marine Emerging Industries—is calculated at constant prices, The growth rate of added value of Ocean emerging industries=[(added value of ocean emerging industries in the reporting period–added value of ocean emerging industries of the previous year) / added value of ocean emerging industries of the previous year] ×100%

Proportion of Added Value of Marine Service Industry in GOP—proportion of added value of ocean service industry in gross ocean product= (added value of national ocean service industry/ gross ocean product) ×100%

地质勘查投入及成果

Investment and Achievements of Geological Exploration

全国地质勘查单位

Revenue and Expenditure of National

单位：万元

地 区	Region	总收入 Total Income							
			地质勘查收入 Income for Geological Exploration				财政拨款 Financial Appropriation		营业外收入 Non-operating Income
				中央财政 Central Finance	地方财政 Local Finance	非财政资金 Non-financial Funds	中央财政 Central Finance	地方财政 Local Finance	
总 计	**Total**	**28138128.68**	**4715761.55**	**748790.24**	**906867.90**	**3060103.41**	**882883.59**	**2588207.54**	**139100.09**
北 京	Beijing	2842213.84	314026.03	139670.43	26702.72	147652.88	268637.39	41110.48	3880.48
天 津	Tianjin	161371.52	50737.41	24811.24	3512.53	22413.64	61437.32	29725.60	77.06
河 北	Hebei	1136425.53	391869.97	59995.24	59441.91	272432.82	47526.05	185428.19	23404.43
山 西	Shanxi	380204.61	151789.50	9217.22	14111.74	128460.54	9092.34	62612.51	3019.49
内蒙古	Inner Mongolia	534619.79	197879.54	41084.56	54841.57	101953.41	11585.24	15631.95	3873.55
辽 宁	Liaoning	680524.70	109830.00	25013.85	13923.00	70893.15	8244.53	1081.18	9805.65
吉 林	Jilin	240746.19	52110.02	20257.76	15697.55	16154.71	4126.43	92046.59	1095.85
黑龙江	Heilongjiang	228760.48	40933.95	2253.18	11805.51	26875.26	16126.26	76446.65	166.01
上 海	Shanghai	272697.49	72841.74		4633.00	68208.74		9549.00	49081.65
江 苏	Jiangsu	748122.72	150594.36	36518.05	42870.67	71205.64	8335.09	86153.78	2711.95
浙 江	Zhejiang	3874820.39	288977.88	1089.00	105454.63	182434.25	50257.48	80273.88	16502.89
安 徽	Anhui	944077.94	89543.62		15894.87	73648.75	4310.88	178786.34	157.46
福 建	Fujian	289978.85	52498.72	3545.38	11636.89	37316.45	39798.52	61430.94	5155.78
江 西	Jiangxi	2803259.29	216935.23	7961.22	56443.04	152530.97	6961.85	195153.26	1982.49
山 东	Shandong	1304897.80	328003.52	9632.06	54462.07	263909.39	85589.66	195138.03	3473.69
河 南	Henan	584927.23	143426.99	7161.63	10927.53	125337.83	10901.65	167599.20	32.46
湖 北	Hubei	941054.10	197281.54	45932.95	38276.68	113071.91	36141.31	65207.29	498.08
湖 南	Hunan	546652.32	104910.69	5996.90	17449.10	81464.69	22673.32	149295.29	210.40
广 东	Guangdong	740552.43	243387.10	133967.78	20599.85	88819.47	24672.64	216430.18	6.54
广 西	Guangxi	602382.63	106549.96	20102.09	20506.63	65941.24	15521.12	72560.78	209.10
海 南	Hainan	41815.92	8424.22	597.38	1303.06	6523.78	10797.00	10287.00	20.78
重 庆	Chongqing	222069.60	80964.00	1446.49	37286.09	42231.42	676.54	21686.25	75.19
四 川	Sichuan	917618.89	272264.49	57486.05	39479.68	175298.76	20802.00	137994.50	691.30
贵 州	Guizhou	447859.73	107775.61	681.00	12122.37	94972.24	4293.00	114214.21	289.00
云 南	Yunnan	1797218.82	163403.30	19312.81	30330.15	113760.34	14878.25	19787.46	3024.11
西 藏	Tibet	40863.82	8594.93	1317.13	4843.59	2434.21	1457.55	22606.56	
陕 西	Shaanxi	3478431.19	370288.53	43107.85	42740.07	284440.61	43119.19	3110.51	8153.55
甘 肃	Gansu	530254.84	126715.10	2346.25	35218.20	89150.65	16032.77	136937.98	341.13
青 海	Qinghai	316868.34	119504.08	8041.74	61022.88	50439.46	24823.43	63893.81	3.43
宁 夏	Ningxia	68558.77	13381.52	65.00	2830.22	10486.30	592.00	29701.02	217.89
新 疆	Xinjiang	418278.91	140318.00	20178.00	40500.10	79639.90	13472.78	46327.12	938.70

经费收支情况（2019年）
Geological Exploration Units （2019）

Unit: 10^4 yuan

					总费用 Total Cost			
工程勘察与施工收入 Income from Project Investigation and Construction	矿业权转让收入 Income from Mining Rights Transfer	矿产开发收入 Mining Exploration Income	投资收益 Income from Investment	其他收入 Other Income		地质勘查费用 The Cost of Expenditures of Geological Exploration	工程勘察与施工费用 The Cost from Project Investigation and Construction	矿产开发费用 The Cost of Mining Exploration
11608548.02	**54552.74**	**914658.02**	**259827.83**	**6974588.30**	**25875143.34**	**4813929.31**	**10700234.35**	**583857.56**
1294818.15		2338.09	17150.68	900252.54	2688508.31	389106.57	1130416.64	4538.39
16625.82			677.39	2090.92	150829.31	91736.45	21096.08	
298476.22	681.91	282.00	9537.39	179219.37	1009525.85	346056.48	270726.87	257.96
62261.00		19446.40	1963.44	70019.93	362734.04	192258.94	48574.04	16706.45
150674.11	3886.79	40127.03	46958.41	64003.17	494636.23	163709.78	111352.90	21846.46
353377.63		97894.19	24082.14	76209.38	647635.31	104111.54	329619.08	46533.94
40205.59		361.13	93.40	50707.18	204404.77	45601.13	15972.74	639.38
58754.11			–473.21	36806.71	231336.48	48534.44	45752.16	
102199.97			1626.36	37398.77	275483.69	91448.49	68963.52	496.22
411733.14	85.00	3582.00	543.28	84384.12	675268.70	153220.27	375767.24	2659.20
2642368.84	909.00	47225.50	2265.33	746039.59	3231983.20	264395.44	2084638.80	24410.75
550870.79	91.51	1071.92	3773.40	115472.02	897134.22	85555.27	511735.09	1955.64
24797.07		63427.19	10798.69	32071.94	256467.85	69891.90	26501.82	32799.23
1776960.80	1286.14	1700.65	50721.68	551557.19	2628121.37	219126.73	1692017.39	3534.71
66245.64	26235.73	1135.41	2924.39	596150.73	1249095.38	350279.51	56040.19	436.79
104932.56	1839.62	702.46	3416.51	152075.78	572912.68	173790.64	98954.50	647.62
496470.50		150.60	532.72	144772.06	870588.55	181881.17	412049.64	481.66
224216.66		2108.06	–943.53	44181.43	495681.07	132009.19	190966.01	1258.25
214051.32		9624.07	2106.83	30273.75	708887.13	241054.55	206100.19	8548.82
223788.97	897.94	11716.50	2955.09	168183.17	513294.08	106542.13	208713.26	9816.42
10619.96				1666.96	41023.03	10745.41	8398.00	
103560.39			–3756.78	18864.01	206815.98	59595.18	87522.93	
349799.11	4263.00	33006.72	4263.01	94534.76	841708.32	247706.46	283243.60	12112.31
110284.42	5358.22	3132.43	2665.39	99847.45	379494.90	122313.06	94546.14	3602.08
224639.03	285.41	290953.57	3061.01	1077186.68	1732153.07	151027.78	181726.17	167479.16
5141.82			34.87	3028.09	40313.91	7895.41	4886.97	163.71
1329851.97	1970.38	203283.20	49691.07	1468962.79	3249154.97	341500.44	1876420.12	157796.76
125784.59	347.00	58420.55	7726.88	57948.84	481161.54	142290.22	96136.88	55603.01
66004.96	6415.09	610.00	8.72	35604.82	292637.65	129213.89	40952.84	228.00
20038.31			3551.00	1077.03	63119.07	14743.81	16011.84	
148994.57		22358.35	11872.27	33997.12	383032.68	136587.03	104430.70	9304.64

全国地质勘查单位

Employees and Assets of National

地区	Region	年末在职职工/人 On-the-Job Employees at the Year End/person							
			地质勘查人员 Geological Exploration Personnel				工程勘察与施工人员 Personnel Engaging in Project Investigation and Construction	矿产开发人员 Personnel Engaging in Mining Exploration	其他人员 Other Personnel
				技术人员Technical Personnel					
					高级 Senior	中级 Intermediate			
总　计	**Total**	**414289**	**164228**	**137150**	**41227**	**64154**	**74602**	**16061**	**159398**
北　京	Beijing	17152	6691	5232	2196	2234	1850	464	8147
天　津	Tianjin	2829	1688	1686	602	853	313	89	739
河　北	Hebei	29475	14611	11562	3579	5129	3818	857	10189
山　西	Shanxi	12246	4942	4618	1389	2431	2346	890	4068
内蒙古	Inner Mongolia	18280	8108	6191	1555	2852	2454	633	7085
辽　宁	Liaoning	13589	4353	3797	1060	2175	2549	2378	4309
吉　林	Jilin	14667	3558	2596	974	1101	903	232	9974
黑龙江	Heilongjiang	8979	5003	2901	1115	1184	837	285	2854
上　海	Shanghai	2932	1134	1092	316	446	1040	84	674
江　苏	Jiangsu	7679	4020	3758	1276	1716	1903	85	1671
浙　江	Zhejiang	39506	6172	5659	1515	2853	17827	285	15222
安　徽	Anhui	15733	7262	5310	1607	2816	2747	384	5340
福　建	Fujian	5786	2282	2390	709	1092	812	482	2210
江　西	Jiangxi	32015	9509	7662	1806	3691	5244	485	16777
山　东	Shandong	16836	9440	6337	2061	2910	2645	598	4153
河　南	Henan	15872	8241	7493	1914	3362	2070	691	4870
湖　北	Hubei	12233	5108	4974	1196	2206	3308	238	3579
湖　南	Hunan	15404	4125	4190	1109	2184	3000	129	8150
广　东	Guangdong	9010	4886	4906	1507	1983	1327	283	2514
广　西	Guangxi	10159	3823	3648	951	1770	1417	394	4525
海　南	Hainan	1224	605	542	229	191	70	14	535
重　庆	Chongqing	5289	2949	2611	1083	1267	793	200	1347
四　川	Sichuan	22097	11316	9238	2603	4284	3364	1084	6333
贵　州	Guizhou	8042	3463	3473	1223	1652	1249	430	2900
云　南	Yunnan	12549	5770	4351	1607	1869	1660	1142	3977
西　藏	Tibet	1340	564	522	124	216	194	87	495
陕　西	Shaanxi	36142	10861	8753	3024	4230	5615	2404	17262
甘　肃	Gansu	11057	4535	4137	915	1981	1305	371	4846
青　海	Qinghai	5472	3172	2741	720	1353	671	67	1562
宁　夏	Ningxia	2063	1091	772	174	349	375	28	569
新　疆	Xinjiang	8632	4946	4008	1088	1774	896	268	2522

人员及资产情况（2019年）

Geological Exploration Units （2019）

平均从业人员/人 Average Employees/ person	劳动者报酬/万元 Remuneration Payment of Employees/ 10^4 yuan	离退休人员Retirees		总资产/万元 Total Assets/10^4 yuan			总负债/万元 Total Debts/ 10^4 yuan	净资产/万元 Net Assets/ 10^4 yuan
		年末人数/人 Number of Retirees at the Year End/ person	总费用/万元 Total Expenditure/ 10^4 yuan		地勘专用仪器设备原值 Original Value of Special Instruments and Equipment for Geological Exploration	地勘专用仪器设备净值 Net Value of Special Instruments and Equipment for Geological Exploration		
435606	**4199211.00**	**370720**	**1223978.86**	**56896146.31**	**2912970.47**	**1390660.47**	**29559794.89**	**27336351.42**
17643	249293.50	7756	21744.99	6096915.47	247184.30	122737.24	2248638.54	3848276.93
2992	51394.60	2807	4761.71	336714.64	70762.81	27634.19	53636.52	283078.12
29119	260405.00	25434	83224.03	1874416.98	175756.04	65343.45	910282.30	964134.68
12715	92317.30	9972	12104.29	831526.72	115648.54	63395.17	479277.51	352249.21
18185	136126.80	16562	22131.42	3114302.60	96060.61	39646.82	1647478.13	1466824.47
13919	107600.40	18036	32268.12	1704500.02	82380.18	30012.37	1215568.61	488931.41
14316	118357.70	14189	45129.56	2895180.34	208571.19	134771.27	2253607.77	641572.57
8819	65240.00	13603	50844.39	646196.13	61980.14	25760.95	222703.51	423492.62
2953	36352.20	746	645.26	539424.72	235346.61	125355.06	260447.34	278977.38
7626	110639.50	7581	50108.47	1213863.93	77387.70	39992.46	517238.27	696625.66
41503	375326.90	9722	87790.11	3972134.69	79520.33	43116.92	2380884.54	1591250.15
17382	159989.90	17773	39061.96	2643676.92	65384.86	23536.95	958494.78	1685182.14
5908	69939.40	7768	27214.81	1128877.27	17061.36	5083.32	383543.13	745334.14
33683	310461.40	22802	43166.00	3475568.46	66821.92	28797.01	1887661.05	1587907.41
26510	281702.10	13629	78268.01	2641729.48	177043.10	63138.14	1187274.72	1454454.76
16066	150450.90	16385	14372.10	997099.05	99480.11	32062.00	727498.68	269600.37
12488	134933.50	14799	43745.17	1339925.43	59570.24	25677.79	771887.86	568037.57
14601	134678.70	18594	69621.02	905080.05	59450.87	26012.48	430260.22	474819.83
9376	164061.30	13253	106421.96	718637.08	235634.06	135548.05	235371.05	483266.03
10113	107219.00	12492	30012.67	860442.61	35549.50	16669.77	522292.23	338150.38
1321	15077.70	1019	2451.07	85606.85	3356.57	973.45	20725.99	64880.86
5277	51082.60	3997	7007.79	389996.13	45769.44	24807.50	154578.60	235417.53
21934	201542.00	18817	29326.56	1984743.10	112429.17	58610.49	1258932.06	725811.04
8285	80186.40	13338	34209.68	1306335.28	49957.47	20179.50	631326.65	675008.63
12918	135445.90	12322	56603.72	2543471.08	40800.20	15941.57	1611690.17	931780.91
1395	21015.00	80	19.57	821592.56	4405.51	2812.46	132157.52	689435.04
39014	303337.50	21225	86931.57	7044131.54	152066.42	61461.65	4431444.06	2612687.48
12234	103128.70	13587	64911.85	1709956.93	55287.47	26595.03	800603.71	909353.22
6155	65435.00	9367	59562.39	1109881.76	88101.03	42260.15	442190.76	667691.00
2146	20320.50	3814	3968.76	158049.11	13106.27	3371.51	35093.03	122956.08
9010	86149.70	9251	16349.85	1806169.38	81096.45	59355.75	747005.58	1059163.80

地质勘查投入和新发现矿产

Input in Geological Exploration and Newly

地区	Region	地质勘查经费/万元 The Geological Exploration Funds/10^4 yuan				
			中央财政拨款 Central Finance Allocations	地方财政拨款 Local Finance Allocations		国内企事业资金 Funds from Domestic Enterprises and Institutions
	2017	**7958134.23**	**804947.82**	**674585.37**	**6478601.04**	**6424493.27**
	2018	**8153095.62**	**827597.50**	**537705.38**	**6787792.74**	**6643232.98**
	2019	**9941655.18**	**836433.95**	**530715.80**	**8574505.43**	**8548249.84**
北　京	Beijing	131191.06	6352.94	9835.42	115002.70	115002.70
天　津	Tianjin	595659.43	2712.22	2358.84	590588.37	590588.37
河　北	Hebei	381355.01	51469.14	23731.67	306154.20	304368.20
山　西	Shanxi	308932.73	5337.45	54004.60	249590.68	247146.11
内蒙古	Inner Mongolia	352983.89	59258.90	32765.73	260959.26	259747.32
辽　宁	Liaoning	144458.57	10680.09	13287.83	120490.65	120490.65
吉　林	Jilin	212721.64	19266.00	7865.51	185590.13	185364.86
黑龙江	Heilongjiang	417959.49	33296.91	4348.02	380314.56	380314.56
上　海	Shanghai	148065.83	268.07	2036.76	145761.00	145761.00
江　苏	Jiangsu	134150.79	11044.20	14565.22	108541.37	108541.37
浙　江	Zhejiang	31304.12	7599.00	16900.84	6804.28	6782.28
安　徽	Anhui	70004.08	41071.44	9033.36	19899.28	19349.28
福　建	Fujian	27596.05	10190.00	13199.15	4206.90	3180.99
江　西	Jiangxi	62430.27	21065.48	13400.13	27964.66	27861.36
山　东	Shandong	612068.62	9373.00	22461.36	580234.26	579908.67
河　南	Henan	200651.26	6954.78	15801.65	177894.83	177894.83
湖　北	Hubei	197614.59	20626.22	44227.10	132761.27	132618.27
湖　南	Hunan	51979.95	17769.34	11279.68	22930.93	22612.93
广　东	Guangdong	1183883.98	18167.50	24384.37	1141332.11	1141152.11
广　西	Guangxi	55260.10	18883.58	25761.61	10614.91	9912.32
海　南	Hainan	159049.65	129590.00	5856.33	23603.32	23603.32
重　庆	Chongqing	92899.51	6675.00	18419.28	67805.23	67805.23
四　川	Sichuan	862116.30	30616.55	12066.31	819433.44	817163.00
贵　州	Guizhou	108603.43	14271.41	6227.67	88104.35	85334.02
云　南	Yunnan	71197.77	16942.80	6844.65	47410.32	43644.41
西　藏	Tibet	51135.92	24214.22	15683.84	11237.86	11237.86
陕　西	Shaanxi	426186.31	17351.69	12114.88	396719.74	395849.84
甘　肃	Gansu	335423.83	19177.00	20970.33	295276.50	294792.33
青　海	Qinghai	292046.74	23879.24	41616.86	226550.64	224496.64
宁　夏	Ningxia	197798.16	672.00	5100.40	192025.76	191697.69
新　疆	Xinjiang	1898761.46	55493.14	24566.40	1818701.92	1814027.32
其 他①	The Others	126164.64	126164.64			

注：① 包括地质调查局海域油气调查等。

Note: ① Including oil and gas survey in sea area of Geological Survey Bureau.

地情况——按地区分列
Discovered Mineral Prospects by Region

企事业资金 Funds from Enterprises and Institutions			机械岩芯钻探工作量/米 Footage of Core Drilling/m	坑探工作量/米 Footage of Pitting/m	新发现矿产地/个 Newly Discovered Mineral Prospects/ number
港、澳、台地区投资 Investments from Hong Kong, Macao and Taiwan	外商投资 Foreign Investments	其他投入 Other Investments			
477.16	**6956.91**	**46673.70**	**6942850.08**	**224938.00**	**109**
	1199.09	**143360.67**	**6253884.54**	**213417.43**	**153**
179.00	**585.30**	**25491.29**	**5717256.49**	**132447.20**	**94**
			545.00		
					1
		1786.00	178121.70	1698.60	1
		2444.57	374462.80	1431.10	1
		1211.94	968814.20	2767.00	4
			65974.40	800.00	4
		225.27	80310.30	1488.50	
			123994.40		6
			17571.70		
		22.00	47227.30	4252.10	3
		550.00	303078.70		5
		1025.91	44591.80	4894.60	4
		103.30	446443.20	4336.00	19
		325.59	207939.60		1
			92181.60	3621.30	5
		143.00	98806.70	318.00	5
		318.00	208782.80	7011.00	4
		180.00	139187.30	401.20	5
		702.59	172893.20	629.20	7
			26394.00		
			23285.00	2748.00	2
		2270.44	182104.00	13019.10	3
		2770.33	383090.40	258.00	1
179.00		3586.91	321716.89	28419.90	4
			72600.00	80.00	
		869.90	154484.80	23991.50	
		484.17	177097.80	16422.90	4
	585.30	1468.70	229286.60	4545.70	2
		328.07	28813.30		
		4674.60	547457.00	9313.50	3

地质勘查投入和新发现矿产地

Input in Geological Exploration and Newly

矿种	Mineral	地质勘查经费/万元 Expenditures for Geological Exploration/10^4 yuan				
			中央财政拨款 Central Finance Allocations	地方财政拨款 Local Finance Allocations		国内企事业资金 Funds from Domestic Enterprises and Institutions
总计	**Total**	**9941655.18**	**836433.95**	**530715.80**	**8574505.43**	**8548249.84**
煤炭	Coal	99951.17		14149.02	85802.15	82226.40
油页岩	Oil Shale	1459.00		1155.00	304.00	304.00
石煤	Bone Coal	5124.22			5124.22	3037.82
石油天然气	Oil & Natural Gas	8220514.55	204409.50		8016105.05	8016105.05
铀	Uranium	89920.88	89529.00	391.88		
天然沥青	Natural Asphalt	275.40			275.40	275.40
地热	Geotherm	23475.40	234.00	4326.32	18915.08	18194.81
铁矿	Iron	22453.59	924.00	7047.50	14482.09	14382.09
锰矿	Manganese	10718.00	4504.00	3997.37	2216.63	2216.63
铬矿	Chromium	11.98			11.98	11.98
钛矿	Titanium	1794.44			1794.44	1794.44
钒矿	Vanadium	4226.55		1982.00	2244.55	2210.55
铜矿	Copper	63025.04	2070.00	21075.45	39879.59	39505.29
铝土矿	Bauxite	15201.63		12583.76	2617.87	2617.87
镍矿	Nickel	6746.11		4013.50	2732.61	2732.61
钴矿	Cobalt	996.65		876.65	120.00	120.00
钨矿	Tungsten	20150.67	293.00	2513.64	17344.03	15303.83
锡矿	Tin	3481.99		2463.99	1018.00	1018.00
钼矿	Molybdenum	7001.21	312.00	2803.86	3885.35	3885.35
汞矿	Mercury	180.00		180.00		
锑矿	Antimony	2692.88			2692.88	2638.78
铅锌矿	Lead & Zinc	107272.47	3745.71	15271.59	88255.17	80758.57
铂族金属	Platinum Group Metals	325.20		40.00	285.20	285.20
金矿	Gold	117232.00	9885.00	42301.67	65045.33	60772.60
银矿	Silver	28736.04		12840.12	15895.92	15331.11
铌钽矿	Niobium & Tantalum	1364.87		907.13	457.74	169.74
铍矿	Beryllium	1674.76		640.76	1034.00	1034.00
锂矿	Lithium	12260.45	2603.00	4823.50	4833.95	4833.95
锶矿	Strontium	1003.00		1003.00		
铷矿	Rubidium	934.43		671.43	263.00	263.00
铯矿	Cesium	163.37		121.37	42.00	42.00
稀土矿	Rare Earth Elements	3038.80		2597.22	441.58	75.26

情况——按矿种分列（2019年）

Discovered Mineral Prospects by Mineral （2019）

企事业资金 Funds from Enterprises and Institutions			机械岩芯钻探工作量/米 Footage of Core Drilling/m	坑探工作量/米 Footage of Pitting/m	新发现矿产地/个 Newly Discovered Mineral Prospects/ number
港、澳、台地区投资 Investments from Hong Kong, Macao and Taiwan	外商投资 Foreign Investments	其他投入 Other Investments			
179.00	**585.30**	**25491.29**	**5717256.49**	**132447.20**	**94**
		3575.75	771209.60		
			7337.10		
		2086.40	73107.00		
					15
			688755.79		
		720.27	111907.60		5
		100.00	165616.40	17708.00	2
			49505.70	600.00	
			13923.40	800.00	
		34.00	27824.20	154.60	1
		374.30	485441.90	7636.80	5
			153313.00	870.10	
			28294.50	60.00	
			2365.90		
		2040.20	188110.10	10629.40	4
			28141.50	37.60	
			56380.40	707.30	
		54.10	13351.30		
		7496.60	864447.30	27415.40	4
			3594.20		
	585.30	3687.43	770683.00	49412.30	5
		564.81	263925.20		2
		288.00	16838.20		
			6910.00		
			33238.70	4264.80	
			9155.00		
			6488.70		1
			250.00		
		366.32	17476.60		

地质勘查投入和新发现矿产地情况

Input in Geological Exploration and Newly Discovered

矿　种	Mineral	地质勘查经费/万元 Expenditures for Geological Exploration/10^4 yuan				
			中央财政拨款 Central Finance Allocations	地方财政拨款 Local Finance Allocations		国内企事业资金 Funds from Domestic Enterprises and Institutions
锗矿	Germanium	385.00		160.00	225.00	225.00
铟矿	Indium	64.86		64.86		
铼矿	Rhenium	159.00			159.00	159.00
钪矿	Scandium	503.00		503.00		
蓝晶石	Kyanite	176.00		176.00		
红柱石	Andalusite	116.00		110.00	6.00	6.00
菱镁矿	Magnesite	209.00			209.00	209.00
普通萤石	Common Fluorite	13536.10	2049.00	3794.81	7692.29	7692.29
熔剂用灰岩	Limestone for Flux	3276.49		2669.53	606.96	586.96
冶金用白云岩	Metallurgical Dolomite	1333.05		884.74	448.31	393.98
冶金用石英岩	Metallurgical Quartzite	570.35	220.75	143.08	206.52	63.20
冶金用砂岩	Metallurgical Sandstone	41.30			41.30	41.30
冶金用脉石英	Metallurgical Vein Quartz	969.30	441.50	411.10	116.70	86.00
耐火黏土	Refractory Clay	611.76		318.06	293.70	293.70
硫铁矿	Pyrite	347.12		164.84	182.28	182.28
钠硝石	Nitratine	525.00			525.00	525.00
重晶石	Barite	2210.83		1139.00	1071.83	1071.83
毒重石	Witherite	800.44		800.44		
制碱用灰岩	Limestone for Making Alkali Production	2049.90			2049.90	2049.90
化工用白云岩	Dolomite for Chemical Industry	210.59		104.19	106.40	106.40
含钾砂页岩	Potassium-bearing Sandy Shale	49.00		49.00		
泥炭	Peat	10.00			10.00	10.00
矿盐(包括地下卤水)	Mineral Salt	6300.58		1412.58	4888.00	4888.00
钾盐	Potash	9016.84	970.00	1786.17	6260.67	4880.67
磷矿	Phosphate Rock	6001.16		543.00	5458.16	5350.16
硼矿	Boron	562.00	150.00	62.00	350.00	350.00
伴生磷	Associated Phosphorus	1.50			1.50	1.50
金刚石（原生矿）	Diamond	1212.25	100.00	1092.25	20.00	20.00
石墨	Graphite	20783.33	1054.00	12750.11	6979.22	6494.33
硅灰石	Wollastonite	3452.00		3438.00	14.00	14.00
滑石	Talc	1324.55		1324.55		
长石	Feldspar	897.40		448.33	449.07	364.07

——按矿种分列（2019年）续表1

Mineral Prospects by Mineral （2019） Continued 1

企事业资金 Funds from Enterprises and Institutions			机械岩芯钻探工作量/米 Footage of Core Drilling/m	坑探工作量/米 Footage of Pitting/m	新发现矿产地/个 Newly Discovered Mineral Prospects/number
港、澳、台地区投资 Investments from Hong Kong, Macao and Taiwan	外商投资 Foreign Investments	其他投入 Other Investments			
			9205.90		
			1500.00		
			2243.00		
			5802.10	1512.20	
			121169.20	7100.10	10
		20.00	19501.50		4
		54.33	8540.10		2
		143.32	2420.50		
			2206.30	1379.00	
		30.70	2754.90		
			3313.50		
			4361.60	941.60	
			2100.00	380.00	
			8875.70		
			2915.70		
			15580.70		
			2177.00		
			20967.30		
		1380.00	19613.90	340.00	
		108.00	49644.40		
			1803.60		
		484.89	183284.20		7
			12185.90		
			5900.10		
		85.00	6737.80		2

地质勘查投入和新发现矿产地情况
Input in Geological Exploration and Newly Discovered

矿 种	Mineral	地质勘查经费/万元 Expenditures for Geological Exploration/10^4 yuan				
			中央财政拨款 Central Finance Allocations	地方财政拨款 Local Finance Allocations		国内企事业资金 Funds from Domestic Enterprises and Institutions
叶蜡石	Pyrophyllite	418.21		284.70	133.51	133.51
透辉石	Diopside	28.90			28.90	28.90
透闪石	Tremolite	45.76			45.76	45.76
石膏	Gypsum	598.30		250.00	348.30	348.30
方解石	Calcite	865.91		688.83	177.08	136.00
光学萤石	Optical Fluorite	253.46		253.46		
宝石	Gemstone	474.50		474.50		
玉石	Jade	328.49		324.49	4.00	4.00
玻璃用灰岩	Limestone for Glass	29.80			29.80	29.80
水泥用灰岩	Limestone for Cement	8744.60		2185.64	6558.96	5558.53
建筑用灰岩	Limestone for Construction	1714.41		1117.12	597.29	597.29
饰面用灰岩	Decorative Limestone	1316.57		1122.74	193.83	193.83
饰面用石材	Decorative Stone	5.00			5.00	5.00
制灰用灰岩	Limestone for Ash Making	889.00		590.00	299.00	299.00
泥灰岩	Marl	97.00		97.00		
建筑用白云岩	Dolomite for Construction	184.17			184.17	184.17
玻璃用石英岩	Quartzite for Glass	862.28	220.75	247.07	394.46	394.46
玻璃用砂岩	Sandstone for Glass	387.00		175.00	212.00	212.00
水泥配料用砂岩	Sandstone for Cement Batching	555.92		124.92	431.00	431.00
砖瓦用砂岩	Sandstone for Brick and Tile	5.00			5.00	5.00
陶瓷用砂岩	Sandstone for Ceramics	167.00		167.00		
建筑用砂岩	Sandstone for Construction	1196.73		877.33	319.40	319.40
玻璃用砂	Sand for Glass	21.65			21.65	21.65
建筑用砂	Sand for Construction	5163.96		4974.96	189.00	167.00
玻璃用脉石英	Vein Quartz for Glass	864.04		473.40	390.64	370.64
水泥配料用脉石英	Vein Quartz for Cement Batching	20.00			20.00	20.00
硅藻土	Diatomite	506.98		474.54	32.44	32.44
砖瓦用页岩	Shale for Brick and Tile	189.60		117.78	71.82	71.82
水泥配料用页岩	Shale for Cement Batching	10.00		10.00		
高岭土	Kaolin	589.57		89.37	500.20	472.60
陶瓷土	Ceramic Clay	1910.29		685.86	1224.43	1206.13
凹凸棒石黏土	Attapulgite Clay	139.68		92.80	46.88	46.88

——按矿种分列（2019年）续表2

Mineral Prospects by Mineral （2019） Continued 2

企事业资金 Funds from Enterprises and Institutions			机械岩芯钻探工作量/米 Footage of Core Drilling/m	坑探工作量/米 Footage of Pitting/m	新发现矿产地/个 Newly Discovered Mineral Prospects/number
港、澳、台地区投资 Investments from Hong Kong, Macao and Taiwan	外商投资 Foreign Investments	其他投入 Other Investments			
			3265.40		
			496.10		
			702.30		
			12757.20		
		41.08	5177.10		
			452.00		
			2445.80		
			213.30		
179.00		821.43	72420.30	100.00	
			9274.70		1
			7612.40		2
			629.50		
			8264.70		
			2482.00		
			5998.90		1
			1397.30		
			2686.50		1
			62.50		
			540.70		
			6958.80		3
			50.00		
		22.00	26532.90		1
		20.00	4969.40	80.00	1
			5267.50		
			1488.40		
		27.60	10483.10		4
		18.30	16062.60		3
			4385.60		

地质勘查投入和新发现矿产地情况

Input in Geological Exploration and Newly Discovered

矿种	Mineral	地质勘查经费/万元 Expenditures for Geological Exploration/10^4 yuan				
			中央财政拨款 Central Finance Allocations	地方财政拨款 Local Finance Allocations		国内企事业资金 Funds from Domestic Enterprises and Institutions
膨润土	Bentonite	848.91		587.24	261.67	261.67
砖瓦用黏土	Clay for Brick and Tile	168.30			168.30	168.30
陶粒用黏土	Clay for Ceramsite	441.52		41.52	400.00	400.00
水泥配料用黏土	Clay for Cement Batching	90.00		90.00		
铸石用玄武岩	Basalt for Cast Stone	167.00		167.00		
岩棉用玄武岩	Basalt for Rock Wool	491.51		391.05	100.46	100.46
建筑用玄武岩	Basalt for Construction	30.00		20.00	10.00	10.00
饰面用辉绿岩	Decorative Diabase	143.00		143.00		
建筑用辉绿岩	Diabase for Construction	67.90			67.90	67.90
饰面用辉长岩	Decorative Gabbro	10.00			10.00	10.00
建筑用闪长岩	Diorite for Construction	99.19		39.19	60.00	60.00
饰面用正长岩	Decorative Syenite	10.00			10.00	10.00
建筑用花岗岩	Granite for Construction	1813.17		1348.01	465.16	285.16
饰面用花岗岩	Decorative Granite	4058.36		752.00	3306.36	3306.36
珍珠岩	Perlite	75.00		75.00		
霞石正长岩	Nepheline Syenite	16.70			16.70	16.70
水泥用凝灰岩	Tuff for Cement	50.40		50.40		
建筑用凝灰岩	Tuff for Construction	377.70		302.70	75.00	75.00
火山灰	Volcanic Ash	139.00			139.00	139.00
饰面用大理岩	Decorative Marble	1499.10		569.10	930.00	930.00
建筑用大理岩	Marble for Construction	561.04		160.71	400.33	400.33
水泥用大理岩	Marble for Cement	899.85		200.95	698.90	698.90
饰面用板岩	Decorative Slate	387.00		266.00	121.00	121.00
片麻岩	Gneiss	60.00		60.00		
矿泉水	Mineral Water	2166.46		2065.06	101.40	82.20
地下水	Ground Water	6548.04		1841.04	4707.00	4059.74
其他（多矿种）	Other Minerals	99953.72	99953.72			
基础地质、科技、水工环、信息化	Basic Geology, Science and Technology, Water and Disaster Investigation, Information, Etc	840786.08	412765.02	310519.95	117501.11	117501.11

——按矿种分列（2019年）续表3

Mineral Prospects by Mineral （2019） Continued 3

企事业资金 Funds from Enterprises and Institutions			机械岩芯钻探工作量/米 Footage of Core Drilling/m	坑探工作量/米 Footage of Pitting/m	新发现矿产地/个 Newly Discovered Mineral Prospects/ number
港、澳、台地区投资 Investments from Hong Kong, Macao and Taiwan	外商投资 Foreign Investments	其他投入 Other Investments			
			5032.30		
			12528.90		
			7466.00		1
			439.00		1
			90.30		
			891.90		
			112.30		
			70.60		
			278.50		
			110.00		
		180.00	10680.20		2
			29490.40		
			120.00		
			456.90		
			1609.00		
			1601.60		
			123.00		
			12035.90		1
			2306.40	318.00	
			5662.70		
			4161.00		
			2127.40		
		19.20	2103.90		2
		647.26	32284.10		1

全国非油气地质勘查
National Non–Petroleum

地区	Region	区域地质调查 Regional Geological Survey		区域地球物理调查 Regional Geophysical Survey	
		1：25万区域地质调查/平方千米 1：250000 Regional Geological Survey/km²	1：5万区域地质调查/平方千米 1：50000 Regional Geological Survey/km²	1：25万区域重力调查/平方千米 1：250000 Regional Gravity Survey/km²	1：5万重力测量/平方千米 1：50000 Gravity Measurement/km²
总　计	**Total**	**6283**	**69957**	**1280**	**12850**
北　京	Beijing				
天　津	Tianjin				
河　北	Hebei		4848		2760
山　西	Shanxi		8443		
内蒙古	Inner Mongolia		6565		
辽　宁	Liaoning		1809		380
吉　林	Jilin		1141		1100
黑龙江	Heilongjiang		400		340
上　海	Shanghai				
江　苏	Jiangsu		750		
浙　江	Zhejiang		300		
安　徽	Anhui		760		
福　建	Fujian		1712		1000
江　西	Jiangxi		750		
山　东	Shandong		3290	1280	4170
河　南	Henan				350
湖　北	Hubei		2550		
湖　南	Hunan		380		
广　东	Guangdong		1700		
广　西	Guangxi		1486		
海　南	Hainan		1364		
重　庆	Chongqing		5115		
四　川	Sichuan		2017		
贵　州	Guizhou		558		150
云　南	Yunnan		5714		
西　藏	Tibet		3894		400
陕　西	Shaanxi	6283	200		
甘　肃	Gansu		7540		
青　海	Qinghai		2053		
宁　夏	Ningxia		888		
新　疆	Xinjiang		3230		1700
其　他	Others		500		500

工作完成情况（2019年）
Geological Exploration（2019）

	区域地球化学调查 Regional Geochemical Survey			矿产地质调查 Mineral Geological Survey
1：5万航空物探/测线千米 1：50000 Aerogeophysical Prospecting/Line km	1：25万地球化学调查/平方千米 1：250000 Geochemical Survey/km^2	1：5万地球化学调查/平方千米 1：50000 Geochemical Survey/km^2	1：25万土地质量化学调查/平方千米 1：250000 Land Quality Chemical Survey/km^2	1：5万矿产地质调查/平方千米 1：50000 Mineral Geological Survey/km^2
266000	**37858**	**26535**	**84432**	**78801**
		1650	5526	2328
			4223	
65000		1580		7297
		430		1169
	1812			2159
36000		330	580	1214
				200
12000			12903	350
		881	6471	5851
		2420	2948	3847
		2246	1160	3710
		2103	11401	5795
			320	426
			23273	
			2260	2350
				678
		466	8789	2533
113000				
			1474	
		2808	1138	3958
				2958
	3046	953	280	2854
		3465	400	4310
18000		426		3555
22000		1336	116	11791
			670	3529
	33000	60	500	5039
		5381		900

全国油气地质勘查
National Oil and Natural Gas of

地 区	Region	
		探井/口 Exploratory/well
总 计	**Total**	**2807**
北 京	Beijing	
天 津	Tianjin	128
河 北	Hebei	114
山 西	Shanxi	315
内蒙古	Inner Mongolia	149
辽 宁	Liaoning	46
吉 林	Jilin	67
黑龙江	Heilongjiang	196
上 海	Shanghai	15
江 苏	Jiangsu	45
浙 江	Zhejiang	1
安 徽	Anhui	7
福 建	Fujian	
江 西	Jiangxi	1
山 东	Shandong	258
河 南	Henan	86
湖 北	Hubei	35
湖 南	Hunan	4
广 东	Guangdong	116
广 西	Guangxi	2
海 南	Hainan	29
重 庆	Chongqing	8
四 川	Sichuan	47
贵 州	Guizhou	51
云 南	Yunnan	4
西 藏	Tibet	
陕 西	Shaanxi	411
甘 肃	Gansu	222
青 海	Qinghai	54
宁 夏	Ningxia	94
新 疆	Xinjiang	302

工作完成情况（2019年）
Geological Exploration（2019）

工作量 Workload		
进尺/千米 Footage/km	二维地震/千米 2D Earthquake/km	三维地震/平方千米 3D Earthquake/km^2
7866.50	**49619.40**	**50064.10**
359.10		1623.60
419.50	188.00	366.00
488.20	112.60	331.00
381.00	1232.10	1197.00
159.70	795.00	
220.40	610.00	231.00
371.20	300.00	2560.00
51.00		3931.00
141.70		112.00
2.50		
15.00	431.00	
3.00		
688.30	959.00	2258.00
258.00	200.00	364.00
112.00	275.00	150.00
5.80	150.00	
346.50	7750.70	19912.50
4.50	200.00	
58.30	25680.00	
28.30	520.00	674.00
360.60	3536.00	5621.00
43.50		48.00
4.80	100.00	
940.70	457.00	470.00
611.90	754.00	1430.00
218.90	2295.00	600.00
301.20	10.00	
1271.00	3064.00	8185.00

主要统计指标解释

总收入 指报告期内填报单位从事各种经济活动所取得的收入总额。

地质勘查业收入 指报告期内填报单位从事地质勘查经济活动所取得的各种收入总和，包括地质勘探费、地质专项拨款、矿产地质勘查劳务收入等。

地质勘探费用 指以1998年为基数，由中央财政划转给省财政单列，继续用于地质勘查单位离退休人员、地质勘查工作和经常性费用支出，该指标按照中央财政投入及地方财政投入分别统计。

财政拨款 指在报告期内地勘单位取得的中央及地方地质专项拨款费用，包括自然资源大调查项目、矿产资源补偿费项目、财政补贴项目、危机矿山项目、地勘基金项目等，也包括市、县政府设立的各类地质勘查专项项目，按中央和地方的各类专项分别统计。

年末在职职工 指事业单位在编人员，企业在册人员，与单位签订聘用合同、劳动合同或符合劳动保障部门关于认定形成事实劳动关系条件的人员，不含外方及港澳台人员、实习在校生、参军人员以及未经聘用、留用的离退休人员。

地质勘查人员 指年末在职职工中，从事地质勘查工作的人员，包括从事基础地质调查、矿产资源调查、资源潜力评价、水文地质、工程地质、环境地质、物探、化探、遥感、岩矿鉴定测试、地质测量等工作的在职职工。

技术人员 指在地勘单位中从事工作并取得劳动报酬的，具有初级及初级以上地质勘查专业技术职称的在职职工，包括已取得专业技术职称，现从事技术管理和行政管理工作的行政人员。

工程勘察与施工人员 指填报单位中专业从事建筑工程勘察、设计、施工工作的人员。

矿产开发人员 指填报单位中从事矿产资源开发利用的人员。

劳动者报酬 指在报告期内直接支付给本单位使用的全部劳动报酬（生活费）总额。包括：职工工资总额，聘用人员报酬，聘用、留用的离退休人员劳动报酬，外籍及我国港澳台地区人员的劳动报酬以及人事档案保留在原单位人员的劳动报酬。

矿业权转让收入 指报告期内，填报单位通过矿业权转让取得的收入，包括通过合资、合作方式成立矿业公司获得的矿产资源开发收入。

矿产开发收入 指报告期内，填报单位从事矿产资源开发活动所取得的收入，包括通过合资、合作方式成立矿业公司获得的矿产资源开发收入。

工程勘察与施工收入 指报告期内，填报单位凭建设主管部门发放的建设工程勘察设计、岩土施工、建筑施工企业等专业资质，从事建设工程勘察、工程设计、工程施工等经营活动取得的各项收入。

其他收入 指报告期内，填报单位在总收入中除去从事地质勘查、矿业权转让、矿产开发、工程勘察施工等经济活动收入以外的收入。

总费用 指报告期内，填报单位为开展业务活动和其他活动所发生的各项资金耗费及损失，以及用于基本建设项目的开支。

矿产开发费用 指报告期内，填报单位从事矿产资源开发活动而发生的各项成本、费用支出总额。

地质勘查经费 指报告期完成的来自各方面的地质勘查资金，包括完成的中央财政、地方财政地质勘查拨款，企事业单位、港澳台地区、外商投入的地质勘查工作的资金以及其他资金。

中央财政专项拨款 指报告期实际完成的由国家预算收支科目安排的直接用于地质勘查的经费。

地方财政专项拨款 指报告期实际完成的地方财政拨付的地质勘查经费。

企事业资金 指报告期完成的各类企事业单位投入地质勘查工作的资金，包括内资企事业资金、港澳台商投资和外商投资。

国内企事业资金 指报告期完成的国有、集体企事业单位和私营企业投入地质勘查工作的资金。

港澳台地区投资 指港澳台企业和经济组织或个人按我国有关政策、法规，用现汇、实物（折资）和技术等投入地质勘查工作的资金。

外商投资 指报告期内完成境外投入地质勘查工作的资金，包括外商直接投资、对外借贷（外国政府贷款、国际金融组织贷款、出口信贷、外国银行商业贷款、对外发行债券和股票）及外商其他投资（包括补偿贸易和加工装配由外商提供的设备价款、国际租赁）。不包括我国自有外汇资金（包括国家外汇、地方外汇、流程外汇、调剂外汇和中国银行自有资金发行的外汇贷款等）。

机械岩芯钻探工作量 指用动力机械带动，回转或冲击回转钻进，并以取出岩芯了解和研究地下地质情况为目的的钻探工作的工作量。如手轮给进钻机、油压钻机、石油钻机、海洋石油钻机、水文水井钻机以及汽车钻等。以米计量，取整数。

新发现矿产地 指报告期内通过各类地质调查工作，或者根据群众报矿、群众采矿线索新发现的，并经过矿产调查工作证实为有进一步工作意义或具有工业价值，具有一定规模，作出初步评价的矿区。

二维地震 指在地面上布置一条条测线，沿各条测线进行地震勘探施工，采集地下地层反射回地面的地震波信息。

三维地震 指一种面积地震勘探方法。野外的观测系统有多种形式，如用48个激发点和48道检波器，构成互相垂直的观测系统，对每个反射面可得到2000多个均匀分布的深度点。

Explanatory Notes on Main Statistical Indicators

Total Income—the total amount of income obtained by the reporting unit engaged in various economic activities during the reporting period.

Income for Geological Exploration—the sum of all kinds of income obtained by the reporting unit engaged in geological exploration activities during the reporting period, including geological exploration fee, special funds for geology, mineral exploration income etc.

The Cost of Expenditures of Geological Exploration—the expenses transferred from central finance to provincial finance separately based on 1998, which continue to be used for retired personnel, geological exploration work and recurrent expenses of geological exploration units. This index is calculated separately according to the central and local financial inputs.

Financial Allocations—the central and local geological special funds obtained by the inland exploration units during the reporting period, including large-scale natural resources investigation projects, mineral resources compensation projects, financial subsidy projects, crisis mine projects, geological exploration fund projects, etc., as well as all kinds of special geological exploration projects set up by the municipal and county governments, which are respectively counted according to special projects of central and local governments.

On-the-Job Employees at the Year End—the employees in the public institutions, the registered employees in the enterprises, the employees who sign the employment contract or labor contract with the units or meet the requirements of the labor and social security department for determining the formation of a factual labor relationship, excluding the foreign party, Hong Kong, Macao and Taiwan personnel, interns, military personnel and retirees who have not been employed or retained.

Geological Exploration Personnel—those who are engaged in geological exploration among the on-the-job staff at the end of the year, including those who are engaged in basic geological survey, mineral resources survey, resource potential assessment, hydrogeology, engineering geology, environmental geology, geophysical exploration, geochemical exploration, remote sensing, rock and mineral identification test, geological survey, etc.

Technical Personnel—the on-the-job workers who are engaged in work and get remuneration in geological exploration units and have professional and technical titles of primary or above, including administrative personnel who have obtained professional and technical titles and are now engaged in technical management and administrative management.

Personnel Engaging in Project Investigation and Construction—those who are specialized in construction engineering investigation, design and construction.

Personnel Engaging in Mineral Resource Development—the personnel engaged in the development and utilization of mineral resources in the filling units.

Remuneration Payment of Employees—the total amount of labor remuneration (living expenses) directly paid to the unit during the reporting period. Including: total wages of employees, remuneration of employed personnel, remuneration of employed and retained retirees, remuneration of foreign, Hong Kong, Macao and Taiwan personnel and remuneration of personnel files retained in the original unit.

Income from Mining Rights Transfer—the income obtained by the reporting unit through mining rights transfer during the reporting period, including mineral resources development income from establishing mining companies through joint ventures or cooperation.

Mineral Development Income—the income derived by the reporting unit from mineral resources development during the reporting period, including mineral resources development income from establishing mining companies through joint ventures or cooperation.

Income from Project Investigation and Construction—the income derived by the reporting unit from project investigating, designing and constructing with professional qualifications issued by construction authorities such as construction project investigation and design, geotechnical construction and construction enterprises, etc.

Other Income—the income of the reporting unit during the reporting period excluding the income from geological exploration, mining right transfer, mineral development, project exploration and construction, etc.

The Cost—expenses and losses of various funds spent by the reporting unit in carrying out business activities and other activities, as well as expenditure for basic construction projects during the reporting period.

The Cost of Mineral Development—the total amount of costs and expenses spent by the reporting unit in mineral resources development during the reporting period.

The Geological Exploration Funds—the geological exploration funds from all sides completed during the reporting period, including the funds allocated by the central and local governments for geological exploration, the funds invested by enterprises and institutions, Hong Kong, Macao and Taiwan businessmen, and foreign businessmen, as well as other funds.

Central Finance Allocations—expenditures directly used for geological exploration and arranged by the state budgeted revenue and expenditure account, which are actually completed during the reporting period.

Local Finance Allocations—expenditures for geological exploration and allocated by local finance, which are actually completed during the reporting period.

Funds from Enterprises and Institutions—the funds invested in geological exploration by all kinds of enterprises and institutions during the reporting period, including investment from domestic enterprises and institutions, Hong Kong, Macao and Taiwan businessmen as well as foreign investment.

Funds from Domestic Enterprises and Institutions—the funds invested in geological exploration by state-owned, collective enterprises and institutions and private enterprises in the reporting period.

Investment from Hong Kong, Macao and Taiwan—the investment of Hong Kong, Macao and Taiwan enterprises, economic organizations or individuals in geological exploration in cash, in kind (capital converted) and technology in accordance with relevant policies and regulations of China.

Foreign Investments—the funds invested abroad in geological exploration during the reporting period, including foreign direct investment, foreign loans (foreign government loans, loans from international financial organizations, export credits, commercial loans from foreign banks, foreign issuance of bonds and stocks) and other foreign investments (including compensation trade and equipment price and international lease provided by foreign investors for processing and assembling). It excludes China's own foreign exchange funds (including national foreign exchange, local foreign exchange, process foreign exchange, foreign exchange adjustment and foreign exchange loans issued by the Bank of China's own funds).

Footage of Core Drilling—the penetration of rotary or percussive drilling driven by power machinery that recovers the core in order to study the underground geology. The drills include hand–lever feed drills, hydraulic feed drills, oil drills, marine oil drills, hydrological water well drills, and truck–mounted drills. It is calculated in meters and rounded off.

Newly Discovered Mineral Prospects—mineral occurrences that are newly found through all kinds of geological survey or on the basis of the ore information and clues reported by the broad masses of people, demonstrated through mineral surveys to be of value for further work or of industrial value and have certain sizes, and evaluated preliminarily during the reporting period.

2D Earthquake—arrange a line on the ground, carry out seismic exploration along each line, and collect seismic wave information reflected from underground strata back to the ground.

3D Earthquake—a kind of area seismic exploration method. There are many forms of field observation system, such as using 48 excitation points and 48 geophones to form a mutually perpendicular observation system. For each reflector, more than 2000 uniform depth points can be obtained.

测绘与地理信息

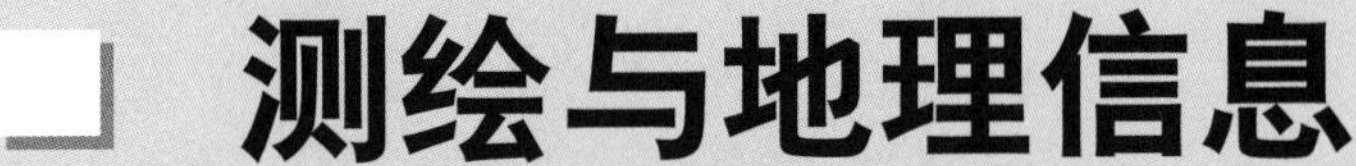

Surveying and Mapping and Geographic Information

测绘资质单位数量
Number of Mapping Qualification Units

地区	Region	合计 Total		甲级Grade A	
		单位数量/个 Number of Units/number	服务总值/万元 Value of Surveying and Mapping Services/10^4 yuan	单位数量/个 Number of Units/number	服务总值/万元 Value of Surveying and Mapping Services/10^4 yuan
总计	**Total**	**21292**	**13591619.94**	**1303**	**7885927.11**
北京	Beijing	486	2010782.50	144	1745466.04
天津	Tianjin	224	285847.15	21	207326.67
河北	Hebei	1023	467475.03	64	267493.42
山西	Shanxi	714	225182.75	31	88430.37
内蒙古	Inner Mongolia	733	184705.04	26	57548.79
辽宁	Liaoning	645	296701.36	44	177910.36
吉林	Jilin	635	179366.72	30	82701.99
黑龙江	Heilongjiang	661	228536.27	38	131692.72
上海	Shanghai	225	375878.08	32	166585.56
江苏	Jiangsu	1324	721397.61	75	390412.20
浙江	Zhejiang	837	814121.91	49	393752.90
安徽	Anhui	693	267960.80	33	102500.16
福建	Fujian	730	388167.23	43	248116.28
江西	Jiangxi	756	274379.89	37	151875.58
山东	Shandong	1184	676216.18	62	380922.08
河南	Henan	1063	505059.12	62	189654.08
湖北	Hubei	1105	925644.80	84	597843.80
湖南	Hunan	711	370486.69	50	204107.30
广东	Guangdong	1048	1383803.07	99	919035.21
广西	Guangxi	773	292480.56	23	128106.81
海南	Hainan	287	79983.90	11	24586.92
重庆	Chongqing	318	289299.28	7	105410.85
四川	Sichuan	1487	785397.67	68	430592.24
贵州	Guizhou	641	231006.19	19	92144.54
云南	Yunnan	953	293095.73	25	91630.41
西藏	Tibet	54	22037.98	3	4196.62
陕西	Shaanxi	681	575714.24	61	318364.36
甘肃	Gansu	518	142692.87	25	69689.25
青海	Qinghai	144	75804.21	13	36327.54
宁夏	Ningxia	161	50766.39	4	12864.91
新疆	Xinjiang	478	171628.72	20	68637.15

和服务总值（2019年）
and Value of Survey and Mapping Services（2019）

按测绘资质等级分 Grouped by the Grade Surveying and Mapping Qualification Units					
乙级Grade B		丙级Grade C		丁级Grade D	
单位数量/个 The Number of Units/number	服务总值/万元 Value of Surveying and Mapping Services/10^4 yuan	单位数量/个 Number of Units/number	服务总值/万元 Value of Surveying and Mapping Services/10^4 yuan	单位数量/个 Number of Units/number	服务总值/万元 Value of Surveying and Mapping Services/10^4 yuan
5020	**3535646.51**	**8698**	**1628806.24**	**6271**	**541240.08**
221	232817.40	63	20918.70	58	11580.36
91	53447.97	96	22966.42	16	2106.09
186	105390.87	440	71724.94	333	22865.80
95	64390.06	268	48446.97	320	23915.35
217	75688.68	333	42383.83	157	9083.74
185	76382.47	234	27957.44	182	14451.09
136	57163.98	174	25430.33	295	14070.42
154	69188.69	232	21057.33	237	6597.53
85	166189.68	70	32080.95	38	11021.89
275	179747.60	691	126136.63	283	25101.18
192	231897.68	298	130375.88	298	58095.45
114	86967.68	250	52138.07	296	26354.89
157	76834.16	351	49988.12	179	13228.67
95	53686.50	263	42096.31	361	26721.50
222	155354.36	390	87386.83	510	52552.91
334	220892.27	375	69322.12	292	25190.65
433	237113.07	457	79845.77	131	10842.16
130	94386.91	239	47529.84	292	24462.64
225	281595.86	373	131474.52	351	51697.48
178	90803.66	379	60942.14	193	12627.95
45	21887.19	147	24784.71	84	8725.08
77	118553.72	211	63134.39	23	2200.32
293	206479.30	832	127724.76	294	20601.37
115	74614.06	290	49542.76	217	14704.83
254	131146.42	430	55137.12	244	15181.78
22	11347.45	23	5950.84	6	543.07
227	211223.66	281	38804.83	112	7321.39
91	43270.76	206	20797.83	196	8935.03
31	23555.53	87	14643.99	13	1277.15
31	22584.78	78	12119.30	48	3197.40
109	61044.09	137	25962.57	212	15984.91

测绘资质单位

Employees of Surveying and

地区	Region	测绘资质单位年末从业人员数/人 Employees of Surveying and Mapping Qualification Units at the End of the Year/ person						
			按资质等级分 Grouped By Grade				#测绘作业证持证人数 Persons with Surveying and Mapping Operation Certificate	#年内录用应届毕业生 Employees of Fresh Graduates During the Year
			甲级 Grade A	乙级 Grade B	丙级 Grade C	丁级 Grade D		
总计	**Total**	**503261**	**167262**	**176801**	**113653**	**45545**	**207487**	**20011**
北京	Beijing	34530	24527	8179	1155	669	6787	1940
天津	Tianjin	8205	2960	3719	1397	129	3366	212
河北	Hebei	22231	6949	6974	5817	2491	7888	643
山西	Shanxi	14814	3648	4105	4675	2386	6005	477
内蒙古	Inner Mongolia	13384	2446	6407	3614	917	4890	445
辽宁	Liaoning	14578	5102	5886	2573	1017	6048	548
吉林	Jilin	10584	2773	3947	1995	1869	3972	229
黑龙江	Heilongjiang	13050	4696	4746	2354	1254	5584	465
上海	Shanghai	8075	3248	3014	1443	370	2374	228
江苏	Jiangsu	28150	9408	8837	8107	1798	12501	1208
浙江	Zhejiang	23332	6882	7737	5756	2957	10392	953
安徽	Anhui	14055	3526	4595	3663	2271	6708	669
福建	Fujian	14947	4533	5155	4101	1158	6278	578
江西	Jiangxi	12403	3844	3223	3111	2225	4830	500
山东	Shandong	26349	8436	7644	5935	4334	11401	1071
河南	Henan	25637	5712	12576	5142	2207	12337	1202
湖北	Hubei	33221	13032	14614	4715	860	10052	1361
湖南	Hunan	15397	5270	4763	3124	2240	7014	342
广东	Guangdong	28590	13450	7865	4932	2343	10933	1238
广西	Guangxi	14553	3559	5342	4277	1375	6542	449
海南	Hainan	4311	664	1348	1665	634	2039	243
重庆	Chongqing	8900	2033	3158	3546	163	3593	423
四川	Sichuan	35141	9578	11108	11897	2558	18888	1033
贵州	Guizhou	11025	2211	4034	3397	1383	5276	432
云南	Yunnan	19713	2939	9172	5588	2014	10743	1020
西藏	Tibet	1091	152	608	295	36	496	108
陕西	Shaanxi	22210	8784	9149	3415	862	9763	1096
甘肃	Gansu	10201	3210	3169	2546	1276	4779	422
青海	Qinghai	3573	1490	1141	860	82	1410	119
宁夏	Ningxia	2648	307	1141	880	320	1393	102
新疆	Xinjiang	8363	1893	3445	1678	1347	3205	255

从业人员数量（2019年）
Mapping Qualification Units（2019）

测绘从业人员年平均人数/人 Annual Average Number of Surveying and Mapping Practitioners/person	专业技术人员年末人数/人 Professional and Technical Personnel at the End of the Year/person									技能人才/人 Skilled Personnel/person
		测绘专业技术人员 Surveying and Mapping Professional and Technical Personnel				测绘相关专业技术人员 Surveying and Mapping Related Professional and Technical Personnel				
			#高级 Senior	#中级 Intermediate	#初级 Junior		#高级 Senior	#中级 Intermediate	#初级 Junior	
487412	**419239**	**255015**	**37123**	**95863**	**105600**	**147275**	**25267**	**50698**	**59296**	**34371**
34217	22713	12253	2211	4097	4870	8458	1474	2539	3418	1564
8089	6166	4457	947	1804	1594	1635	405	610	564	993
21735	18515	10624	1646	4327	4219	7192	1172	2575	3064	1747
13965	11333	6668	697	2735	2900	4173	573	1619	1776	1583
12988	11752	7191	1086	2907	2843	4220	776	1488	1741	890
14115	12263	7573	1274	3372	2668	4354	956	1736	1449	455
10286	9485	5661	1034	2123	2303	3014	694	957	1208	467
12830	11519	7313	1314	2645	2771	3738	761	1290	1336	575
7867	6728	3554	668	1292	1445	2939	706	1020	984	799
26894	24251	14669	2137	5433	5738	8856	1417	3052	3781	1682
22566	18251	11571	1686	4340	4630	6086	822	1903	2585	865
13707	11665	7399	938	2836	2969	3999	668	1371	1524	954
14539	13115	8546	1009	3359	3833	4232	640	1345	1989	803
11812	10543	6265	830	2224	2676	3801	540	1326	1502	993
25548	22617	13631	1841	5306	5679	8208	1306	2828	3683	1200
25321	21356	14351	1665	5210	6803	6156	999	2266	2409	2201
32413	28049	15449	2607	5773	6113	11721	2011	4091	4360	2658
14914	13104	7825	1147	3147	3099	4588	856	1913	1562	1478
28073	22729	13331	2068	4828	5226	8560	1660	2520	3466	1611
13840	13061	8245	977	3283	3512	4314	679	1612	1758	634
4126	3676	2226	273	783	1033	1322	192	410	587	285
8548	7719	4475	804	1823	1638	2768	564	1056	898	812
34103	30664	18562	1854	6455	8950	11147	1283	3509	5564	2975
10865	9746	5804	826	2208	2483	3284	507	1158	1318	755
18642	16993	11048	1523	3984	4635	5147	1130	1802	1652	1305
1034	1003	609	107	215	224	374	55	154	140	139
20766	18280	12395	1842	4148	5758	5234	956	1932	1983	2092
9473	8819	5186	803	2018	1919	3279	614	1040	1403	1014
3438	3195	2011	272	808	854	1050	199	335	358	245
2602	2340	1275	173	504	515	920	185	280	380	230
8096	7589	4848	864	1876	1700	2506	467	961	854	367

测绘基准
Surveying and Mapping

地 区	Region	本年卫星定位连续运行基准站建设/座 Construction of Satellite Navigation and Position Continuous Operation Reference Base Station in This Year/unit	#自建/座 Self Built/unit	GNSS大地控制点测量/点 Global Navigation Satellite System/spot
总 计	**Total**	**463**	**336**	**12143**
北 京	Beijing			
天 津	Tianjin	5	5	
河 北	Hebei	18	17	145
山 西	Shanxi			341
内蒙古	Inner Mongolia	34	12	376
辽 宁	Liaoning			85
吉 林	Jilin			15
黑龙江	Heilongjiang	1	1	10
上 海	Shanghai			
江 苏	Jiangsu	5	5	537
浙 江	Zhejiang	64	51	2372
安 徽	Anhui	2	2	348
福 建	Fujian	2		1371
江 西	Jiangxi	2	1	397
山 东	Shandong			23
河 南	Henan	25	16	400
湖 北	Hubei	17	12	517
湖 南	Hunan	1	1	
广 东	Guangdong	26	26	550
广 西	Guangxi	32	9	163
海 南	Hainan	11	7	112
重 庆	Chongqing	3		383
四 川	Sichuan	17	12	506
贵 州	Guizhou	57	49	410
云 南	Yunnan	1		1428
西 藏	Tibet			
陕 西	Shaanxi	15	9	507
甘 肃	Gansu	10	3	107
青 海	Qinghai	52	52	20
宁 夏	Ningxia			
新 疆	Xinjiang	63	46	1020

注：统计范围包括县级以上自然资源主管部门数据。其中陕西省、黑龙江省、四川省、海南省数据由自然资源部派出机构陕西测绘

Note: The range of statistics include the data of the departments in charge of natural resources at county level. The data of Shaanxi, Heilongjiang, Geographic Information, Sichuan Bureau of Surveying, Mapping and Geoinformation, Hainan Administration of Surveying and Mapping Geoinformation.

建设情况（2019年）

Datum Construction（2019）

水准测量 Leveling		重力测量/点 Gravity Measurement/spot	似大地水准面精化/平方千米 Quasi Geoid Refinement/km²
点数/点 Point/spot	水准观测长度/千米 Leveling Observation Length/km		
8749	**92726.08**	**21**	**1017110.95**
	3245.00		
177	997.41		
26	2036.00		9490.00
550	6260.23	1	3061.00
	315.00		
43			
1237	8174.80		12233.70
613	3177.70		8470.00
6		1	
337	3855.26		2798.00
435	1278.00		
93	3354.00		
15	500.00		167000.00
308	2866.22		6389.00
420	3091.37		56144.00
3			
156	895.10		2304.84
248	1057.41		
297	1317.30		
393	553.68		
1094	23648.30	2	19100.41
559	1370.00	15	10000.00
26	38.00		
515	3595.40		720120.00
1	20.00		
1197	21079.90	2	

地理信息局、黑龙江测绘地理信息局、四川测绘地理信息局和海南测绘地理信息局负责。

Sichuan and Hainan provinces are handled by Shaanxi Bureau of Surveying, Mapping and Geoinformation, Heilongjiang Bureau of Surveying and Mapping

航空摄影
Aerial Photography

计量单位：平方千米

地　区	Region	合计 Total	按航摄类型分 By Aerial Photography Type			
			数码航空摄影 Digital Aerial Photography	机载LIDAR Airborne Lidar	机载雷达SAR Airborne Radar SAR	倾斜摄影 Tilt Photography
总　计	**Total**	**2971990.41**	**1965955.87**	**799206.15**	**959.33**	**104427.20**
北　京	Beijing	403717.85	230565.59	158073.06	0.48	11457.31
天　津	Tianjin	137377.15	55112.61	78681.74		3582.80
河　北	Hebei	135767.32	108732.27	24841.00		2193.05
山　西	Shanxi	73497.98	63736.45	7323.90		681.77
内蒙古	Inner Mongolia	12517.53	3435.97	8436.00		361.64
辽　宁	Liaoning	915.50	891.00			24.50
吉　林	Jilin	79274.18	27903.42	50475.00		855.26
黑龙江	Heilongjiang	106118.95	59288.27	43699.00		3116.68
上　海	Shanghai	15984.80	835.10	13050.00		2052.70
江　苏	Jiangsu	70758.15	67216.31	247.00		1540.34
浙　江	Zhejiang	130165.53	122878.37	2561.80	10.00	1435.37
安　徽	Anhui	3022.36	2459.36	404.00		145.90
福　建	Fujian	62801.09	20666.92	800.00	3.00	40705.07
江　西	Jiangxi	31309.66	30037.36	100.00	300.00	872.30
山　东	Shandong	416474.37	374785.40	36698.34		2671.63
河　南	Henan	309035.52	259014.86	43382.89		5035.37
湖　北	Hubei	379959.09	226303.15	144807.86	450.00	6275.71
湖　南	Hunan	36324.63	13485.83	20316.16		1458.55
广　东	Guangdong	148166.98	96358.40	45823.54		5079.97
广　西	Guangxi	14475.52	11502.51	255.42	19.00	2267.94
海　南	Hainan	3181.81	3086.20	59.85		35.76
重　庆	Chongqing	25329.00	7656.09	5.00	139.00	2318.76
四　川	Sichuan	45083.71	32233.73	6793.58	0.85	1486.73
贵　州	Guizhou	61027.53	34327.82	3522.01		3155.32
云　南	Yunnan	10058.94	8326.86	130.60	3.00	1559.43
西　藏	Tibet	83.80				83.80
陕　西	Shaanxi	91094.57	68655.60	20302.80		1840.65
甘　肃	Gansu	8100.19	6144.33			1955.86
青　海	Qinghai	10689.24	10370.46	27.60		65.73
宁　夏	Ningxia	90787.48	5654.78	84900.00		
新　疆	Xinjiang	58889.98	14290.85	3488.00	34.00	111.30

注：统计范围为具有航空摄影资质的测绘资质单位。

Note: The range of statistics is surveying and mapping units with aerial photography qualification.

获取情况（2019年）

Acquisition（2019）

Unit:km^2

	按分辨率分 By Resolution			按飞行器类型分 By Aircraft Type	
其他 Others	0.2米以内（含） Within 0.2m （Including）	0.2～0.5米（含） 0.2～0.5m （Including）	0.5米以上 Above 0.5m	一般航摄 General Aerial Photography	无人飞行器航摄 UAV Aerial Photography
101441.86	**1683020.92**	**890528.62**	**398440.87**	**2166137.36**	**805853.05**
3621.41	205507.11	136507.93	61702.81	351126.42	52591.43
	64318.05	1608.10	71451.00	120652.70	16724.45
1.00	50165.64	85601.68		95678.00	40089.32
1755.86	71150.84	607.84	1739.30	58606.50	14891.48
283.92	3319.09	428.38	8770.06	8543.70	3973.83
	157.50	738.00	20.00	376.00	539.50
40.50	78889.18	78.00	307.00	76207.66	3066.52
15.00	31804.35	74301.00	13.60	104314.02	1804.93
47.00	15881.80	103.00		15252.30	732.50
1754.50	67263.31	3392.81	102.03	63103.52	7654.63
3279.99	127890.97	1803.00	471.56	78271.37	51894.16
13.10	2793.44	222.92	6.00		3022.36
626.10	56037.11	5339.04	1424.94	44626.00	18175.09
	9177.01	20401.00	1731.65	2300.00	29009.66
2319.00	71614.21	263835.36	81024.80	368258.06	48216.31
1602.40	74261.64	234262.78	511.10	44235.00	264800.52
2122.37	360816.44	7662.11	11480.54	314143.65	65815.44
1064.09	14461.69	975.46	20887.48	28500.00	7824.63
905.07	146671.66	812.52	682.80	126130.12	22036.86
430.65	12620.16	1252.46	602.90	777.33	13698.19
	3116.48		65.33	1980.00	1201.81
15210.15	23038.10	1454.80	836.10	937.00	24392.00
4568.82	41387.47	3394.24	302.00	15088.87	29994.84
20022.38	53544.37	5786.88	1696.28	26898.55	34128.98
39.05	9329.66	491.95	237.33	141.24	9917.70
			83.80		83.80
295.52	68418.55	17429.74	5246.28	76768.40	14326.17
	4405.54	3570.75	123.90	328.43	7771.76
225.45	1851.19	8709.60	128.45	7500.00	3189.24
232.70	5801.48	86.00	84900.00	84914.19	5873.29
40965.83	7326.88	9671.27	41891.83	50478.33	8411.65

卫星影像获取

Satellite Image

单位：平方千米

地区 / 单位	Region/Unit	合计 Total	按影像类型分 By Image Type			
			全色影像 Panchromatic Image	多光谱影像 Multispectral Image	雷达影像 Radar Image	其他 Others
总 计	**Total**	**6839892260.56**	**1555813653.00**	**5273993959.52**	**1248080.72**	**8836567.32**
北 京	Beijing	90.00				90.00
天 津	Tianjin	10000.00	10000.00			
河 北	Hebei	188000.00		188000.00		
山 西	Shanxi	2055173.00		2055173.00		
内蒙古	Inner Mongolia	25456.78	9.28	20959.50		4488.00
辽 宁	Liaoning	339675.34	40906.34	298769.00		
吉 林	Jilin	19372.00	8052.00	120.00		11200.00
黑龙江	Heilongjiang	3750.00		3750.00		
上 海	Shanghai	32000.00		32000.00		
江 苏	Jiangsu	26093.70	12621.75	6587.00		6884.95
浙 江	Zhejiang	466840.58	32013.70	434826.88		
安 徽	Anhui	318815.50	31547.50	282768.00	2372.00	2128.00
福 建	Fujian	449686.42	67052.92	132889.50	124000.00	125744.00
江 西	Jiangxi	23314.30	17292.70	581.10	234.70	5205.80
山 东	Shandong	189111.05	13534.40	162305.85		13270.80
河 南	Henan	11514.08	10369.50			1144.58
湖 北	Hubei	816826.53	31878.00	207948.53	112000.00	465000.00
湖 南	Hunan	1329936.88	667145.90	655025.98		7765.00
广 东	Guangdong	369226.00	63021.30	295191.70	3911.00	7102.00
广 西	Guangxi	983091.77	26192.00	525330.25	415864.92	15704.60
海 南	Hainan	77286.55	32765.55	44521.00		
重 庆	Chongqing	16774.80	8146.00	6800.00		1828.80
四 川	Sichuan	50614.70	20062.20	17407.20		13145.30
贵 州	Guizhou	39942.74	18562.60	18744.54	52.80	2582.80
云 南	Yunnan	1642077.09	1630108.80	9870.49	1860.30	237.50
西 藏	Tibet					
陕 西	Shaanxi	383817.00	18300.00	365191.00		326.00
甘 肃	Gansu	939961.25	493218.56	445976.00		766.69
青 海	Qinghai	8602514.00			587785.00	8014729.00
宁 夏	Ningxia	84900.00		84900.00		
新 疆	Xinjiang	344488.50	42955.00	164310.00		137223.50
自然资源部国土卫星遥感应用中心	Land Satellite Remote Sensing Application Center, MNR	6820051910.00	1552517897.00	5267534013.00		

注：统计范围为县级及以上自然资源主管部门（其中陕西省、黑龙江省、四川省、海南省数据由自然资源部派出机构陕西测绘地理

Note: The range of statistics covers the departments in charge of natural resources at or above the county level (among which the data of Shaanxi Heilongjiang Bureau of Surveying and Mapping Geographic Information, Sichuan Bureau of Surveying, Mapping and Geoinformation, Hainan

情况（2019年）
Acquisition（2019）

Unit:km^2

按分辨率分 By Resolution				
0.5 米以内（含） Within 0.5m（Including）	0.5 ~ 1 米（含） 0.5 ~ 1m（Including）	1 ~ 2.5 米（含） 1 ~ 2.5m（Including）	2.5 ~ 10 米（含） 2.5 ~ 10m（Including）	10 米以上 More Than 10m
913818.38	**234060181.46**	**1277331607.42**	**1572817050.90**	**3754769602.40**
90.00				
	5600.00	4400.00		
	188000.00			
	313000.00	1730200.00	11973.00	
153.48	21445.00	3858.30		
	181333.94	158341.40		
19372.00				
3750.00				
	32000.00			
15606.10	5436.60	5051.00		
63872.58	33755.00	369213.00		
24099.50	141343.00	153362.80	10.20	
30876.70	70201.50	97608.92	126999.30	124000.00
15855.50	4391.50	2832.60		234.70
10238.90	18604.70	160267.45		
2487.50	9026.58			
3766.00	79756.53	612131.00	121173.00	
232224.60	218562.68	447000.60	428034.00	4115.00
144104.30	58608.20	123795.10	42718.40	
21334.92	238637.02	245167.13	236700.00	241252.70
74036.55	2174.00	1076.00		
14726.00	2048.80			
28114.65	2757.75	3020.30	16722.00	
20178.34	6145.00	12827.40	792.00	
2398.80	1237578.26	402100.03		
1006.00	367920.00	14891.00		
21525.96	485722.00	432713.29		
	546254.00	5478744.00	2577516.00	
	84900.00			
164000.00	165784.40	14704.10		
	229539195.00	1266858302.00	1569254413.00	3754400000.00

信息局、黑龙江测绘地理信息局、四川测绘地理信息局和海南测绘地理信息局负责），以及自然资源部国土卫星遥感应用中心。

Province, Heilongjing Province, Sichuan Province and Hainan Province are in the charge of Shaanxi Bureau of Surveying, Mapping and Geoinformation, Administration of Surveying and Mapping Geoinformation, and the Land Satellite Remote Sensing Application Center of the Ministry of Natural Resources.

1：1万基础地理信息

1：10000 Basic Geographic Information

地 区	Region	数字线划地图（DLG） Digital Line Graphic			
		累计覆盖面积/平方千米 Cumulative Coverage Area/km²	本年更新 Updated This Year	累计覆盖图幅数/幅 Cumulative Number of Covered Maps/sheet	本年更新 Updated This Year
总 计	**Total**	**6032026**	**1739452**	**241726**	**67738**
北 京	Beijing	16410	9140	933	459
天 津	Tianjin	11900		700	
河 北	Hebei	188000	100000	8108	4000
山 西	Shanxi	156700	16150	6319	646
内蒙古	Inner Mongolia	686375	16300	27455	652
辽 宁	Liaoning	148000	7620	6516	300
吉 林	Jilin	187400	187400	8636	8636
黑龙江	Heilongjiang	454000	42000	21634	1872
上 海	Shanghai	6341	6341	390	390
江 苏	Jiangsu	108600	68607	4290	2541
浙 江	Zhejiang	101800	42112	4336	1504
安 徽	Anhui	140139	105954	5474	4124
福 建	Fujian	124000	47560	4689	1666
江 西	Jiangxi	166900	114000	6197	4047
山 东	Shandong	157900		6432	
河 南	Henan	167000	64056	6562	2512
湖 北	Hubei	183162		6809	
湖 南	Hunan	211800	211800	7834	7834
广 东	Guangdong	179800	179800	6599	6599
广 西	Guangxi	236700	236700	8502	8502
海 南	Hainan	34000	34000	1854	1251
重 庆	Chongqing	82400	59355	3263	2453
四 川	Sichuan	317845		11942	
贵 州	Guizhou	89845		3186	
云 南	Yunnan	394000		13878	
西 藏	Tibet	107126		3694	
陕 西	Shaanxi	205475	89275	8231	3571
甘 肃	Gansu	293822	82570	12209	3431
青 海	Qinghai	83486	462	3237	18
宁 夏	Ningxia	51900		2249	
新 疆	Xinjiang	739200	18250	29568	730

数据覆盖与更新情况（2019年）
Data Coverage and Update (2019)

数字高程模型（DEM） Digital Elevation Model				数字正射影像（DOM） Digital Orthophoto Map			
累计覆盖面积/平方千米 Cumulative Coverage Area/km²	本年更新 Updated This Year	累计覆盖图幅数/幅 Cumulative Number of Covered Maps/sheet	本年更新 Updated This Year	累计覆盖面积/平方千米 Cumulative Coverage Area/km²	本年更新 Updated This Year	累计覆盖图幅数/幅 Cumulative Number of Covered Maps/sheet	本年更新 Updated This Year
5821747	**552741**	**233743**	**23900**	**6023479**	**1305605**	**241425**	**53867**
16410		933		16410		933	
11900		700		11900		700	
138100	16000	5524	640	188000	40000	8108	1600
156700		6319		156025		6241	
591900	16300	23676	652	591900	16300	23676	652
148000		6516		148000	7620	6516	300
130000	78000	6974	3423	187400	79000	8695	3397
269763	42000	12852	1872	454000	42000	21634	1872
107736	103200	4258	4135	107736	103200	4258	4135
101800	38313	4336	1368	101800	55440	4336	1980
140139		5474		140139	140139	5474	5474
124000	20170	4689	707	124000	1915	4689	67
166900	7300	6197	2603	166900	7300	6197	2603
157900		6432		157900		6432	
167000		6562		167000	167000	6562	6562
185900		7174		185900		7174	
211800	68880	7834	1888	211800	211800	7834	7834
179800	54000	6600	2422	179800	209800	6599	7719
236700	16028	8502	540	236700		8502	
34000	18000	1854	652	34000	34000	1854	1854
82400		3263		82400		3263	
317845		11942		317846		11965	
176167		8397		99405		3525	
394000		13878		394000		13878	
131109		4521		130413		4497	
205375	64250	8242	2570	206050	37800	8242	1512
412348	10300	17134	428	425800	138091	17693	5738
147680		5672		147680		5672	
51900		2249		51900		2249	
626475		25039		600675	14200	24027	568

地形图

Provision of

单位：张

单　位	Unit	合计 Total
总　计	**Total**	**273252**
北京市规划和自然资源委员会	Beijing Municipal Commission of Planning and Natural Resources	4134
天津市规划和自然资源局	Tianjin Municipal Bureau of Planning and Natural Resources	
河北省自然资源厅	Department of Natural Resources of Hebei Province	2832
山西省自然资源厅	Department of Natural Resources of Shanxi Province	577
内蒙古自治区自然资源厅	Department of Natural Resources of Inner Mongolia Autonomous Region	2232
辽宁省自然资源厅	Department of Natural Resources of Liaoning Province	623
吉林省自然资源厅	Department of Natural Resources of Jilin Province	506
黑龙江测绘地理信息局	Heilongjian Bureau of Surveying and Mapping Geographic Information	12124
上海市规划和自然资源局	Shanghai Municipal Bureau of Planning and Natural Resources	195544
江苏省自然资源厅	Department of Natural Resources of Jiangsu Province	1245
浙江省自然资源厅	Department of Natural Resources of Zhejiang Province	210
安徽省自然资源厅	Department of Natural Resources of Anhui Province	1163
福建省自然资源厅	Department of Natural Resources of Fujian Province	15
江西省自然资源厅	Department of Natural Resources of Jiangxi Province	2443
山东省自然资源厅	Department of Natural Resources of Shandong Province	542
河南省自然资源厅	Department of Natural Resources of Henan Province	250
湖北省自然资源厅	Department of Natural Resources of Hubei Province	85
湖南省自然资源厅	Department of Natural Resources of Hunan Province	598
广东省自然资源厅	Department of Natural Resources of Guangdong Province	4010
广西壮族自治区自然资源厅	Department of Natural Resources of Guangxi Zhuang Autonomous Region	465
海南测绘地理信息局	Hainan Administration of Surveying and Mapping Geoinformation	362
重庆市规划和自然资源局	Chongqing Municipal Bureau of Planning and Natural Resources Administration	4063
四川测绘地理信息局	Sichuan Bureau of Surveying, Mapping and Geoinformation	571
贵州省自然资源厅	Department of Natural Resources of Guizhou Province	64
云南省自然资源厅	Department of Natural Resources of Yunnan Province	4388
西藏自治区自然资源厅	Department of Natural Resources of Tibet Autonomous Region	1898
陕西测绘地理信息局	Shaanxi Bureau of Surveying, Mapping and Geoinformation	1119
甘肃省自然资源厅	Department of Natural Resources of Gansu Province	9415
青海省自然资源厅	Department of Natural Resources of Qinghai Province	3991
宁夏回族自治区自然资源厅	Department of Natural Resources of Ningxia Hui Autonomous Region	699
新疆维吾尔自治区自然资源厅	Department of Natural Resources of Xinjiang Uygur Autonomous Region	1906
新疆生产建设兵团自然资源局	Natural Resources Bureau of Xinjiang Production and Construction Corps	
青岛市自然资源和规划局	Qingdao Natural Resources and Planning Bureau	
大连市自然资源局	Dalian Natural Resources Bureau	2
宁波市自然资源和规划局	Ningbo Natural Resources and Planning Bureau	1920
深圳市规划和自然资源局	Shenzhen Municipal Bureau of Planning and Natural Resources	2327
厦门市自然资源和规划局	Xiamen Municipal Natural Resources and Planning Bureau	6414
国家基础地理信息中心	National Geomatics Center of China	4515

提供情况（2019年）

Topographic Maps （2019）

Unit：sheet

#1：10000	#1：50000
37528	**20899**
113	
2396	436
324	253
338	1400
	506
11474	557
1	
1143	102
118	92
138	1025
15	
2291	126
151	391
118	128
	85
558	40
3031	806
213	252
	353
1195	101
192	379
15	49
3928	371
492	1406
6	1113
8393	1008
2	3989
569	130
314	1592

4209

数字测绘成果

Provision of Digital Surveying and

单位	Unit	数字线划地图(DLG) Digital Line Graphic					
		合计 Total		#1 : 10000		#1 : 50000	
		图幅数/幅 Number of Sheets/sheet	数据量/GB Data Volume/GB	图幅数/幅 Number of Sheets/sheet	数据量/GB Data Volume/GB	图幅数/幅 Number of Sheets/sheet	数据量/GB Data Volume/GB
总计	**Total**	**2044872**	**32454.27**	**542726**	**25909.87**	**146488**	**4694.09**
北京市规划和自然资源委员会	Beijing Municipal Commission of Planning and Natural Resources	6774	5.32	613	1.21		
天津市规划和自然资源局	Tianjin Municipal Bureau of Planning and Natural Resources	2031	4.51	1432	3.63		
河北省自然资源厅	Department of Natural Resources of Hebei Province	17734	1252.75	16680	1238.66	1054	14.09
山西省自然资源厅	Department of Natural Resources of Shanxi Province	6270	149.96	6044	142.24	226	7.72
内蒙古自治区自然资源厅	Department of Natural Resources of Inner Mongolia Autonomous Region	102825	673.96	89632	623.51	13025	50.34
辽宁省自然资源厅	Department of Natural Resources of Liaoning Province	10436	163.15	10067	161.90	358	1.11
吉林省自然资源厅	Department of Natural Resources of Jilin Province	15402	18250.98	13881	17446.29	1521	804.69
黑龙江测绘地理信息局	Heilongjian Bureau of Surveying and Mapping Geographic Information	41305	489.22	34240	367.81	6530	86.93
上海市规划和自然资源局	Shanghai Municipal Bureau of Planning and Natural Resources	21855	33.44	119	0.36		
江苏省自然资源厅	Department of Natural Resources of Jiangsu Province	15013	77.87	14755	65.31	127	6.26
浙江省自然资源厅	Department of Natural Resources of Zhejiang Province	27801	75.68	25461	68.93	182	0.82
安徽省自然资源厅	Department of Natural Resources of Anhui Province	13830	262.36	12477	91.36		
福建省自然资源厅	Department of Natural Resources of Fujian Province	17248	307.74	15919	284.32	1291	23.30
江西省自然资源厅	Department of Natural Resources of Jiangxi Province	11819	243.95	11792	243.37	25	0.55
山东省自然资源厅	Department of Natural Resources of Shandong Province	10886	159.03	10456	156.82	407	2.01
河南省自然资源厅	Department of Natural Resources of Henan Province	55805	1051.49	53287	434.51	1690	16.75
湖北省自然资源厅	Department of Natural Resources of Hubei Province	8887	43.39	8887	43.39		
湖南省自然资源厅	Department of Natural Resources of Hunan Province	1232199	3740.24	35013	664.84	4279	2293.91
广东省自然资源厅	Department of Natural Resources of Guangdong Province	23428	196.41	23121	192.47	294	3.85
广西壮族自治区自然资源厅	Department of Natural Resources of Guangxi Zhuang Autonomous Region	45660	606.17	43794	560.15	1745	39.43
海南测绘地理信息局	Hainan Administration of Surveying and Mapping Geoinformation	7012	46.88	6753	44.99	142	0.68
重庆市规划和自然资源局	Chongqing Municipal Bureau of Planning and Natural Resources Administration	11039	26.37	1104	3.27	160	0.49
四川测绘地理信息局	Sichuan Bureau of Surveying, Mapping and Geoinformation	15867	657.58	15823	652.29	32	0.71
贵州省自然资源厅	Department of Natural Resources of Guizhou Province	10310	877.59	9960	873.32	349	4.25
云南省自然资源厅	Department of Natural Resources of Yunnan Province	16959	349.50	15710	342.15	1186	6.47
西藏自治区自然资源厅	Department of Natural Resources of Tibet Autonomous Region	7985	354.14	3545	295.62	4440	58.52
陕西测绘地理信息局	Shaanxi Bureau of Surveying, Mapping and Geoinformation	28379	416.84	27555	386.62	815	29.92
甘肃省自然资源厅	Department of Natural Resources of Gansu Province	9756	285.82	8119	237.86	1487	43.56
青海省自然资源厅	Department of Natural Resources of Qinghai Province	8846	162.69	3816	78.47	5024	84.15
宁夏回族自治区自然资源厅	Department of Natural Resources of Ningxia Hui Autonomous Region	4636	14.83	4556	14.72		
新疆维吾尔自治区自然资源厅	Department of Natural Resources of Xinjiang Uygur Autonomous Region	18422	202.61	15783	174.21	2603	28.22
新疆生产建设兵团自然资源局	Natural Resources Bureau of Xinjiang Production And Construction Corps	855	1.78			855	1.78
青岛市自然资源和规划局	Qingdao Natural Resources and Planning Bureau	5633	17.63	1045	14.68		
大连市自然资源局	Dalian Natural Resources Bureau	2	0.001				
宁波市自然资源和规划局	Ningbo Natural Resources and Planning Bureau	44361	14.44	1262	0.41		
深圳市规划和自然资源局	Shenzhen Municipal Bureau of Planning and Natural Resources	52605	56.39	25	0.18		
厦门市自然资源和规划局	Xiamen Municipal Natural Resources and Planning Bureau	13186	27.35				
国家基础地理信息中心	National Geomatics Center of China	101811	1154.25			96641	1083.58

提供情况（2019年）
Mapping Achievement (2019)

数字高程模型(DEM) Digital Elevation Model						数字栅格地图(DRG) Digital Raster Graphic					
合计 Total		#1：10000		#1：50000		合计 Total		#1：10000		#1：50000	
图幅数/幅 Number of Sheets/sheet	数据量/GB Data Volume/GB	图幅数/幅 Number of Sheets/sheet	数据量/GB Data Volume/GB	图幅数/幅 Number of Sheets/sheet	数据量/GB Data Volume/GB	图幅数/幅 Number of Sheets/sheet	数据量/GB Data Volume/GB	图幅数/幅 Number of Sheets/sheet	数据量/GB Data Volume/GB	图幅数/幅 Number of Sheets/sheet	数据量/GB Data Volume/GB
493926	**5796.24**	**406015**	**4841.22**	**53749**	**872.81**	**28483**	**3265.78**	**25808**	**3210.59**	**1627**	**50.27**
7854	745.43	6568	736.46	89	0.26						
1648	6.79	1599	6.64	49	0.14						
4523	11.91	4452	11.70	71	0.21						
2550	12.98	2480	12.77	70	0.21						
2418	11.20	1880	5.42	538	5.78						
5751	53.80	5011	51.62	740	2.19	4451	1112.06	4351	1110.97	96	1.04
42498	166.25	12915	110.75	35	0.19						
1744	55.51	1096	32.86	393	21.40	41	6.51	41	6.51		
8564	76.28	8564	76.28								
7189	79.58	6863	79.03								
14318	367.60	14234	367.18	84	0.42						
14874	724.72	14409	716.15	465	8.57						
18013	170.82	16970	165.72	1043	5.09						
29695	567.11	29100	565.10	595	2.01	3339	1652.39	3245	1642.69	94	9.70
27752	901.24	27199	866.68	508	34.30	157	1.79	157	1.79		
2887	61.62	1861	36.87	1026	24.75	1178	15.39	1090	13.75	88	1.65
556	21.54	417	16.42	101	2.34	111	10.64	39	0.21	67	9.45
47	1.60	4	0.13	16	0.55	15	0.21	15	0.21		
13373	93.88	12634	91.63	739	2.25	5826	166.86	4912	144.89	906	21.70
5528	70.04	4593	48.65	935	21.39	2703	105.31	2577	104.69	126	0.62
1288	16.31	1288	16.31			10125	62.66	9094	59.05		
202395	1170.71	195886	547.22	6509	623.49	248	124.90	248	124.90		
18741	119.67	18145	117.85	596	1.82						
11139	108.78	10829	105.75	310	3.03	289	7.06	39	0.95	250	6.10
2781	10.33	2252	8.12	529	2.21						
534	5.60	534	5.60								
4269	42.40	4232	42.29	37	0.11						
855	2.53										
251	0.06										
489	1.43										
39402	118.55			38271	110.12						

数字测绘成果

Provision of Digital Surveying and

单 位	Unit	数字正射影像 (DOM)			
		合计 Total		#1：10000	
		图幅数/幅 Number of Sheets/sheet	数据量/GB Data Volume/GB	图幅数/幅 Number of Sheets/sheet	数据量/GB Data Volume/GB
总 计	**Total**	**1711771**	**299933.61**	**250671**	**88537.29**
北京市规划和自然资源委员会	Beijing Municipal Commission of Planning and Natural Resources				
天津市规划和自然资源局	Tianjin Municipal Bureau of Planning and Natural Resources	16023	895.23		
河北省自然资源厅	Department of Natural Resources of Hebei Province	23600	9940.85	23600	9940.85
山西省自然资源厅	Department of Natural Resources of Shanxi Province				
内蒙古自治区自然资源厅	Department of Natural Resources of Inner Morgolia Autonomous Region	858	38.21	743	29.50
辽宁省自然资源厅	Department of Natural Resources of Liaoning Province	2227	314.46	2182	297.23
吉林省自然资源厅	Department of Natural Resources of Jilin Province	10260	6127.93	10260	6127.93
黑龙江测绘地理信息局	Heilongjian Bureau of Surveying and Mapping Geographic Information	62082	24250.78	25860	10101.56
上海市规划和自然资源局	Shanghai Municipal Bureau of Planning and Natural Resources	32353	7393.17		
江苏省自然资源厅	Department of Natural Resources of Jiangsu Province	12814	10253.46	12482	10130.26
浙江省自然资源厅	Department of Natural Resources of Zhejiang Province	130565	18867.20	25740	11161.14
安徽省自然资源厅	Department of Natural Resources of Anhui Province	44553	6075.11	11358	3734.69
福建省自然资源厅	Department of Natural Resources of Fujian Province	61613	4120.86	1445	459.50
江西省自然资源厅	Department of Natural Resources of Jiangxi Province	31154	19741.30	2505	902.90
山东省自然资源厅	Department of Natural Resources of Shandong Province	41925	13090.38	41925	13090.38
河南省自然资源厅	Department of Natural Resources of Henan Province	9041	7501.09	9041	7501.09
湖北省自然资源厅	Department of Natural Resources of Hubei Province	16553	23332.39	14785	1446.65
湖南省自然资源厅	Department of Natural Resources of Hunan Province	973697	95112.80	19946	6370.19
广东省自然资源厅	Department of Natural Resources of Guangdong Province	128726	12887.18	10087	1666.72
广西壮族自治区自然资源厅	Department of Natural Resources of Guangxi Zhuang Autonomous Region	187	18.28	118	4.82
海南测绘地理信息局	Hainan Administration of Surveying and Mapping Geoinformation	3215	521.70	1046	93.50
重庆市规划和自然资源局	Chongqing Municipal Bureau of Planning and Natural Resources Administration	15	1.58		
四川测绘地理信息局	Sichuan Bureau of Surveying, Mapping and Geoinformation	14178	5029.93	12535	3717.42
贵州省自然资源厅	Department of Natural Resources of Guizhou Province	1176	275.14	398	42.19
云南省自然资源厅	Department of Natural Resources of Yunnan Province	25724	15611.72		
西藏自治区自然资源厅	Department of Natural Resources of Tibet Autonomous Region	132	33.00	86	29.62
陕西测绘地理信息局	Shaanxi Bureau of Surveying, Mapping and Geoinformation	5921	592.55	4274	472.55
甘肃省自然资源厅	Department of Natural Resources of Gansu Province	8924	261.45	8766	256.82
青海省自然资源厅	Department of Natural Resources of Qinghai Province	4335	515.24	2125	105.62
宁夏回族自治区自然资源厅	Department of Natural Resources of Ningxia Hui Autonomous Region	11660	9732.39	50	1.99
新疆维吾尔自治区自然资源厅	Department of Natural Resources of Xinjiang Uygur Autonomous Region	8051	734.17	8051	734.17
新疆生产建设兵团自然资源局	Natural Resources Bureau of Xinjiang Production and Construction Corps	855	2.10		
青岛市自然资源和规划局	Qingdao Natural Resources and Planning Bureau	3919	341.90	1262	118.00
大连市自然资源局	Dalian Natural Resources Bureau				
宁波市自然资源和规划局	Ningbo Natural Resources and Planning Bureau	12	0.01		
深圳市规划和自然资源局	Shenzhen Municipal Bureau of Planning and Natural Resources	1	0.01	1	0.01
厦门市自然资源和规划局	Xiamen Municipal Natural Resources and Planning Bureau	1531	4.47		
国家基础地理信息中心	National Geomatics Center of China	23891	6315.59		

提供情况（2019年）续表

Mapping Achievement (2019) Continued

Digital Orthophoto Map		其他地理信息数据 Other Geographic Information Data					
#1：50000		合计 Total		#1：10000		#1：50000	
图幅数/幅 Number of Sheets/ sheet	数据量/GB Data Volume/GB	图幅数/幅 Number of Sheets/ sheet	数据量/GB Data Volume/GB	图幅数/幅 Number of Sheets/ sheet	数据量/GB Data Volume/GB	图幅数/幅 Number of Sheets/ sheet	数据量/GB Data Volume/GB
29775	**7778.99**	**25418**	**8195.96**	**6082**	**516.00**	**186**	**0.001**
45	17.23						
9	3.52						
332	123.20						
706	515.02						
		1352	2817.95	1175	322.00		
		16	340.76				
		4974	0.002	4788	0.001	186	0.001
34	10.81	344	187.41				
1	1.68						
710	139.26						
778	232.95						
46	3.38						
158	4.63						
2210	409.63	1091	858.66				
		119	194.00	119	194.00		
		104	3791.51				
855	2.10						
		17418	5.67				
23891	6315.59						

测绘基准成果

Provision of Surveying and Mapping

单位：点

单 位	Unit	合计 Total
总 计	**Total**	**190874**
北京市规划和自然资源委员会	Beijing Municipal Commission of Planning and Natural Resources	5225
天津市规划和自然资源局	Tianjin Municipal Bureau of Planning and Natural Resources	176
河北省自然资源厅	Department of Natural Resources of Hebei Province	1646
山西省自然资源厅	Department of Natural Resources of Shanxi Province	592
内蒙古自治区自然资源厅	Department of Natural Resources of Inner Mongolia Autonomous Region	25659
辽宁省自然资源厅	Department of Natural Resources of Liaoning Province	2043
吉林省自然资源厅	Department of Natural Resources of Jilin Province	3807
黑龙江测绘地理信息局	Heilongjian Bureau of Surveying and Mapping Geographic Information	2778
上海市规划和自然资源局	Shanghai Municipal Bureau of Planning and Natural Resources	12533
江苏省自然资源厅	Department of Natural Resources of Jiangsu Province	13730
浙江省自然资源厅	Department of Natural Resources of Zhejiang Province	1101
安徽省自然资源厅	Department of Natural Resources of Anhui Province	1085
福建省自然资源厅	Department of Natural Resources of Fujian Province	913
江西省自然资源厅	Department of Natural Resources of Jiangxi Province	4533
山东省自然资源厅	Department of Natural Resources of Shandong Province	1263
河南省自然资源厅	Department of Natural Resources of Henan Province	2606
湖北省自然资源厅	Department of Natural Resources of Hubei Province	348
湖南省自然资源厅	Department of Natural Resources of Hunan Province	1363
广东省自然资源厅	Department of Natural Resources of Guangdong Province	8662
广西壮族自治区自然资源厅	Department of Natural Resources of Guangxi Zhuang Autonomous Region	14764
海南测绘地理信息局	Hainan Administration of Surveying and Mapping Geoinformation	18296
重庆市规划和自然资源局	Chongqing Municipal Bureau of Planning and Natural Resources Administration	405
四川测绘地理信息局	Sichuan Bureau of Surveying, Mapping and Geoinformation	1161
贵州省自然资源厅	Department of Natural Resources of Guizhou Province	12939
云南省自然资源厅	Department of Natural Resources of Yunnan Province	2991
西藏自治区自然资源厅	Department of Natural Resources of Tibet Autonomous Region	2470
陕西测绘地理信息局	Shaanxi Bureau of Surveying, Mapping and Geoinformation	5281
甘肃省自然资源厅	Department of Natural Resources of Gansu Province	5535
青海省自然资源厅	Department of Natural Resources of Qinghai Province	4546
宁夏回族自治区自然资源厅	Department of Natural Resources of Ningxia Hui Autonomous Region	161
新疆维吾尔自治区自然资源厅	Department of Natural Resources of Xinjiang Uygur Autonomous Region	5043
新疆生产建设兵团自然资源局	Natural Resources Bureau of Xinjiang Production and Construction Corps	
青岛市自然资源和规划局	Qingdao Natural Resources and Planning Bureau	
大连市自然资源局	Dalian Natural Resources Bureau	
宁波市自然资源和规划局	Ningbo Natural Resources and Planning Bureau	441
深圳市规划和自然资源局	Shenzhen Municipal Bureau of Planning and Natural Resources	107
厦门市自然资源和规划局	Xiamen Municipal Natural Resources and Planning Bureau	18
国家基础地理信息中心	National Geomatics Center of China	26653

提供情况（2019年）

Benchmark Achievement（2019）

Unit：spot

GPS点 Global Position System Point		三角点 Triangular Point	导线点 Traverse Point	水准点 Bench Mark	高程异常点 Elevation Anomaly	其他 Others
	卫星定位连续运行基准站点 Satellite Positioning Continuous Operation Reference Base Station					
41701	**6191**	**38913**	**3784**	**83069**	**4849**	**18558**
666	666		3568	991		
				176		
673		38		935		
392		27		173		
1495		20162		4002		
945		208		890		
629		1831		1347		
133		1223		1422		
761				11772		
796		2396		10532		6
426		152		523		
633	24			452		
607		100		206		
1078		2117		1338		
822	173	20		421		
568				1721		317
210		8		130		
524				839		
5902		73		2687		
8046	5055	10		6708		
82	16			170		18044
181	32	8		216		
758				403		
7336		1		5602		
1971	207	224		796		
1618		157		695		
1732				3549		
17		5066		452		
121		2948		1477		
50		31		80		
778		2084		2181		
86			216	139		
37				70		
18	18					
1610		29		19974	4849	191

航摄成果

Provision of Aerial

单 位	Unit	底片 Negative	
		片 sheet	平方千米 km²
总 计	**Total**	**5549**	**6301.00**
北京市规划和自然资源委员会	Beijing Municipal Commission of Planning and Natural Resources		
天津市规划和自然资源局	Tianjin Municipal Bureau of Planning and Natural Resources		
河北省自然资源厅	Department of Natural Resources of Hebei Province		
山西省自然资源厅	Department of Natural Resources of Shanxi Province		
内蒙古自治区自然资源厅	Department of Natural Resources of Inner Mongolia Autonomous Region		
辽宁省自然资源厅	Department of Natural Resources of Liaoning Province		
吉林省自然资源厅	Department of Natural Resources of Jilin Province		
黑龙江测绘地理信息局	Heilongjian Bureau of Surveying and Mapping Geographic Information		
上海市规划和自然资源局	Shanghai Municipal Bureau of Planning and Natural Resources		
江苏省自然资源厅	Department of Natural Resources of Jiangsu Province		
浙江省自然资源厅	Department of Natural Resources of Zhejiang Province		
安徽省自然资源厅	Department of Natural Resources of Anhui Province		
福建省自然资源厅	Department of Natural Resources of Fujian Province		
江西省自然资源厅	Department of Natural Resources of Jiangxi Province		
山东省自然资源厅	Department of Natural Resources of Shandong Province		
河南省自然资源厅	Department of Natural Resources of Henan Province	5549	6301.00
湖北省自然资源厅	Department of Natural Resources of Hubei Province		
湖南省自然资源厅	Department of Natural Resources of Hunan Province		
广东省自然资源厅	Department of Natural Resources of Guangdong Province		
广西壮族自治区自然资源厅	Department of Natural Resources of Guangxi Zhuang Autonomous Region		
海南测绘地理信息局	Hainan Administration of Surveying and Mapping Geoinformation		
重庆市规划和自然资源局	Chongqing Municipal Bureau of Planning and Natural Resources Administration		
四川测绘地理信息局	Sichuan Bureau of Surveying, Mapping and Geoinformation		
贵州省自然资源厅	Department of Natural Resources of Guizhou Province		
云南省自然资源厅	Department of Natural Resources of Yunnan Province		
西藏自治区自然资源厅	Department of Natural Resources of Tibet Autonomous Region		
陕西测绘地理信息局	Shaanxi Bureau of Surveying, Mapping and Geoinformation		
甘肃省自然资源厅	Department of Natural Resources of Gansu Province		
青海省自然资源厅	Department of Natural Resources of Qinghai Province		
宁夏回族自治区自然资源厅	Department of Natural Resources of Ningxia Hui Autonomous Region		
新疆维吾尔自治区自然资源厅	Department of Natural Resources of Xinjiang Uygur Autonomous Region		
新疆生产建设兵团自然资源局	Natural Resources Bureau of Xinjiang Production and Construction Corps		
青岛市自然资源和规划局	Qingdao Natural Resources and Planning Bureau		
大连市自然资源局	Dalian Natural Resources Bureau		
宁波市自然资源和规划局	Ningbo Natural Resources and Planning Bureau		
深圳市规划和自然资源局	Shenzhen Municipal Bureau of Planning and Natural Resources		
厦门市自然资源和规划局	Xiamen Municipal Natural Resources and Planning Bureau		
国家基础地理信息中心	National Geomatics Center of China		

提供情况（2019年）

Photography Achievement（2019）

像片 Photograph		拷贝片 Copy Film		航摄数据 Aerial Photography Data	
片 sheet	平方千米 km^2	GB	平方千米 km^2	GB	平方千米 km^2
6866	**44556.70**	**5098**	**2305.00**	**617759.29**	**661530.90**
				4810.96	15853.00
6793	43826.70			3854.00	43826.70
				8593.77	29702.00
				392.50	100000.00
				265646.00	94612.00
				37952.75	2626.00
				3233.41	18615.00
				11155.10	13770.00
				195.75	1300.00
				956.56	785.90
73	730.00			0.09	5.00
				80.40	448.00
				34.72	811.20
				44554.24	261.10
				16196.93	50727.00
				80343.04	172769.00
				10521.92	28800.00
				12067.70	7916.00
		5098	2305.00	8209.38	2305.00
				14.18	1886.00
				108949.88	74512.00

卫星影像

Provision of

单 位	Unit	合计 Total	
		GB	平方千米 km^2
总 计	**Total**	**968058.22**	**1195650692.17**
北京市规划和自然资源委员会	Beijing Municipal Commission of Planning and Natural Resources		
天津市规划和自然资源局	Tianjin Municipal Bureau of Planning and Natural Resources		
河北省自然资源厅	Department of Natural Resources of Hebei Province		
山西省自然资源厅	Department of Natural Resources of Shanxi Province		
内蒙古自治区自然资源厅	Department of Natural Resources of Inner Mongolia Autonomous Region	672.15	25736.00
辽宁省自然资源厅	Department of Natural Resources of Liaoning Province	818.57	3479282.00
吉林省自然资源厅	Department of Natural Resources of Jilin Province	5932.62	467000.00
黑龙江测绘地理信息局	Heilongjian Bureau of Surveying and Mapping Geographic Information	17332.40	25917543.00
上海市规划和自然资源局	Shanghai Municipal Bureau of Planning and Natural Resources		
江苏省自然资源厅	Department of Natural Resources of Jiangsu Province		
浙江省自然资源厅	Department of Natural Resources of Zhejiang Province	6656.00	2405500.00
安徽省自然资源厅	Department of Natural Resources of Anhui Province	8462.50	3543143.00
福建省自然资源厅	Department of Natural Resources of Fujian Province	16329.11	4948754.00
江西省自然资源厅	Department of Natural Resources of Jiangxi Province	3082.24	29638.00
山东省自然资源厅	Department of Natural Resources of Shandong Province	2686.94	181240.00
河南省自然资源厅	Department of Natural Resources of Henan Province	46645.45	3256051.00
湖北省自然资源厅	Department of Natural Resources of Hubei Province	9169.38	1078340.00
湖南省自然资源厅	Department of Natural Resources of Hunan Province		
广东省自然资源厅	Department of Natural Resources of Guangdong Province	17110.76	179700.00
广西壮族自治区自然资源厅	Department of Natural Resources of Guangxi Zhuang Autonomous Region	12996.66	2075227.70
海南测绘地理信息局	Hainan Administration of Surveying and Mapping Geoinformation	21164.18	2411396.00
重庆市规划和自然资源局	Chongqing Municipal Bureau of Planning and Natural Resources Administration		
四川测绘地理信息局	Sichuan Bureau of Surveying, Mapping and Geoinformation		
贵州省自然资源厅	Department of Natural Resources of Guizhou Province	68723.93	1462152.00
云南省自然资源厅	Department of Natural Resources of Yunnan Province	1313.00	30233.30
西藏自治区自然资源厅	Department of Natural Resources of Tibet Autonomous Region		
陕西测绘地理信息局	Shaanxi Bureau of Surveying, Mapping and Geoinformation	1083.04	123480.00
甘肃省自然资源厅	Department of Natural Resources of Gansu Province	13846.07	2637992.80
青海省自然资源厅	Department of Natural Resources of Qinghai Province	55210.64	24161118.00
宁夏回族自治区自然资源厅	Department of Natural Resources of Ningxia Hui Autonomous Region	492.55	194640.00
新疆维吾尔自治区自然资源厅	Department of Natural Resources of Xinjiang Uygur Autonomous Region	900.00	14216.00
新疆生产建设兵团自然资源局	Natural Resources Bureau of Xinjiang Production and Construction Corps		
青岛市自然资源和规划局	Qingdao Natural Resources and Planning Bureau		
大连市自然资源局	Dalian Natural Resources Bureau		
宁波市自然资源和规划局	Ningbo Natural Resources and Planning Bureau		
深圳市规划和自然资源局	Shenzhen Municipal Bureau of Planning and Natural Resources	2154.45	60305.27
厦门市自然资源和规划局	Xiamen Municipal Natural Resources and Planning Bureau		
国家基础地理信息中心	National Geomatics Center of China	13880.92	948223.10
自然资源部国土卫星遥感应用中心	Land Satellite Remate Sansing Applicotion Center,MNR	641394.67	1116019781.00

提供情况（2019年）
Satellite Image（2019）

1米(含)以内Within 1m（Including）		1～2.5米(含)1～2.5m（Including）		2.5～10米(含)2.5～10m（Including）		10米以上More Than 10m	
GB	平方千米 km²	GB	平方千米 km²	GB	平方千米 km²	GB	平方千米 km²
368504.00	**96675665.22**	**595877.95**	**1097375769.30**	**1456.19**	**731257.65**	**2220.08**	**868000.00**
672.15	25736.00						
492.80	2667747.00	325.77	811535.00				
5932.62	467000.00						
4358.00	4412475.00	12974.40	21505068.00				
3072.00	155500.00	3584.00	2250000.00				
2401.80	1370343.00	6060.70	2172800.00				
5446.62	837771.00	7840.74	3021492.00	821.67	221491.00	2220.08	868000.00
3082.24	29638.00						
1151.00	23240.00	1535.94	158000.00				
32217.56	2161684.00	14281.89	1070079.00	146.00	24288.00		
		9169.38	1078340.00				
17110.76	179700.00						
7598.48	309527.00	5398.18	1765700.70				
18519.98	1652179.00	2644.20	759217.00				
60706.04	1180285.00	8017.89	281867.00				
1313.00	30233.30						
		1083.04	123480.00				
9019.84	1847263.20	4826.23	790729.60				
4412.38	93854.00	50798.26	24067264.00				
357.55	97488.00	135.00	97152.00				
		900.00	14216.00				
2147.80	14654.62	2.08	6.00	4.57	45644.65		
13880.92	948223.10						
174610.47	78171124.00	466300.25	1037408823.00	483.95	439834.00		

地理国情

Provision of Geographic

单位：GB

单 位	Unit	合计 Total
总 计	**Total**	**696304.07**
北京市规划和自然资源委员会	Beijing Municipal Commission of Planning and Natural Resources	42.84
天津市规划和自然资源局	Tianjin Municipal Bureau of Planning and Natural Resources	
河北省自然资源厅	Department of Natural Resources of Hebei Province	17434.07
山西省自然资源厅	Department of Natural Resources of Shanxi Province	1.10
内蒙古自治区自然资源厅	Department of Natural Resources of Inner Mongolia Autonomous Region	152642.70
辽宁省自然资源厅	Department of Natural Resources of Liaoning Province	701.01
吉林省自然资源厅	Department of Natural Resources of Jilin Province	0.18
黑龙江测绘地理信息局	Heilongjian Bureau of Surveying and Mapping Geographic Information	19203.79
上海市规划和自然资源局	Shanghai Municipal Bureau of Planning and Natural Resources	
江苏省自然资源厅	Department of Natural Resources of Jiangsu Province	549.36
浙江省自然资源厅	Department of Natural Resources of Zhejiang Province	5130.61
安徽省自然资源厅	Department of Natural Resources of Anhui Province	50.66
福建省自然资源厅	Department of Natural Resources of Fujian Province	735.39
江西省自然资源厅	Department of Natural Resources of Jiangxi Province	
山东省自然资源厅	Department of Natural Resources of Shandong Province	50.39
河南省自然资源厅	Department of Natural Resources of Henan Province	45110.71
湖北省自然资源厅	Department of Natural Resources of Hubei Province	2555.17
湖南省自然资源厅	Department of Natural Resources of Hunan Province	
广东省自然资源厅	Department of Natural Resources of Guangdong Province	14451.23
广西壮族自治区自然资源厅	Department of Natural Resources of Guangxi Zhuang Autonomous Region	45203.02
海南测绘地理信息局	Hainan Administration of Surveying and Mapping Geoinformation	10980.79
重庆市规划和自然资源局	Chongqing Municipal Bureau of Planning and Natural Resources Administration	20577.01
四川测绘地理信息局	Sichuan Bureau of Surveying, Mapping and Geoinformation	166104.72
贵州省自然资源厅	Department of Natural Resources of Guizhou Province	6575.99
云南省自然资源厅	Department of Natural Resources of Yunnan Province	210.66
西藏自治区自然资源厅	Department of Natural Resources of Tibet Autonomous Region	910.16
陕西测绘地理信息局	Shaanxi Bureau of Surveying, Mapping and Geoinformation	5393.16
甘肃省自然资源厅	Department of Natural Resources of Gansu Province	6783.72
青海省自然资源厅	Department of Natural Resources of Qinghai Province	55332.17
宁夏回族自治区自然资源厅	Department of Natural Resources of Ningxia Hui Autonomous Region	2094.59
新疆维吾尔自治区自然资源厅	Department of Natural Resources of Xinjiang Uygur Autonomous Region	111848.13
新疆生产建设兵团自然资源局	Natural Resources Bureau of Xinjiang Production and Construction Corps	
青岛市自然资源和规划局	Qingdao Natural Resources and Planning Bureau	
大连市自然资源局	Dalian Natural Resources Bureau	
宁波市自然资源和规划局	Ningbo Natural Resources and Planning Bureau	0.11
深圳市规划和自然资源局	Shenzhen Municipal Bureau of Planning and Natural Resources	1.46
厦门市自然资源和规划局	Xiamen Municipal Natural Resources and Planning Bureau	
国家基础地理信息中心	National Geomatics Center of China	5629.18

数据提供情况（2019年）

Situation Data （2019）

Unit:GB

地形地貌数据 Topographic Data	遥感影像数据 Remote Sensing Image Data	遥感影像解译样本数据 Remote Sensing Image Interpretayion Sample Data	地表覆盖数据 Surface Coverage Data	地理国情要素数据 Geographic Element Data	专题数据 Thematic Data	地理国情统计分析数据 Statistical Analysis Data of Geographical Conditions
349.56	**682867.67**	**835.89**	**8918.44**	**2213.95**	**1081.48**	**37.08**
12.79			0.50	0.18	29.30	0.08
	17198.50	0.01	24.05	145.21	66.30	
				1.10		
316.50	151983.12	42.17	74.85	226.07		
	700.08		0.47	0.47		
			0.06	0.06		0.06
	19120.42			83.37		
				549.36		
	5114.85		15.75			
			50.66			
			640.93		87.72	6.74
			50.39			
	37333.52		7206.86	570.32		
	1484.38	58.59	82.37	35.30	894.53	
	14413.48		18.89	18.86		
	45179.83		20.23	2.92	0.04	
	10942.06		18.36	20.38		
	20480.00		78.81	17.08	1.12	
	165985.70		59.34	59.34	0.34	
	6256.64	184.00	82.29	23.06		30.00
			133.03	77.63		
	910.16					
	5391.60		0.88	0.68		
	6768.21			15.51		
	55210.64	16.13	52.88	52.52		
	2060.86			31.60	2.13	
	111058.22	535.00	24.70	230.21		
			0.05	0.05		
			0.78	0.49		0.20
20.27	5275.40		281.32	52.19		

地图审核情况（2019年）

Map Review（2019）

单位	Unit	地图审核/件 Map Review/number			地图内容审查 Map Content Review							
		收到送审数 Number Received for Approval	受理审核数 Number of Accepted Audits	批准通过数 Number of Approvals	地图（集/册/幅）/幅 Map (Set/Book/sheet)	教学教辅地图/幅 Teaching Assistant Map/sheet	图书报纸期刊插附地图/幅 Maps of Books, Newspapers and Periodicals/sheet	进口地图/幅 Import Map/sheet	地球仪/种 Globe/kind	导航电子地图/件 Navigation Electronic Map/number	互联网地图/件 Internet Map/number	其他地图/幅 Other Maps/sheet
总　计	**Total**	**11058**	**11040**	**9473**	**33835**	**4141**	**303476**	**24164**	**136**	**195**	**326**	**6570**
北　京	Beijing	42	42	38	597	77	107				2	
天　津	Tianjin	23	23	23	73		86					
河　北	Hebei	78	77	54	435		224					6
山　西	Shanxi	9	9	8	273	46	24					
内蒙古	Inner Mongolia	34	34	34	34							
辽　宁	Liaoning	98	98	91	515						1	
吉　林	Jilin	167	167	133	3190	40	626					
黑龙江	Heilongjiang	85	85	83	83							
上　海	Shanghai	134	134	134	923							
江　苏	Jiangsu	31	31	28	12		1				4	
浙　江	Zhejiang	37	37	37	214		196				1	24
安　徽	Anhui	29	29	29	125		18					2
福　建	Fujian	357	357	347	252		83				12	
江　西	Jiangxi	106	106	106	95						11	
山　东	Shandong	68	68	68	53		14				1	
河　南	Henan	32	32	31	39		68				1	
湖　北	Hubei	13	26	26	273		276				1	
湖　南	Hunan	240	240	237	4139		69				11	
广　东	Guangdong	116	116	97	406		193				2	1
广　西	Guangxi	208	208	208	495		78				2	574
海　南	Hainan	139	139	139	276	1712	438				1	
重　庆	Chongqing	89	88	87	276		92					
四　川	Sichuan	305	305	304	998		331				31	4795
贵　州	Guizhou	15	13	13	362	17	29					
云　南	Yunnan	249	249	237	1542		621					12
西　藏	Tibet	38	26	26	469		75					236
陕　西	Shaanxi	49	41	37	27		236			1		5
甘　肃	Gansu	6	6	5	50		52				2	21
青　海	Qinghai	201	201	201	894							
宁　夏	Ningxia	24	24	24	152		33					74
新　疆	Xinjiang	217	210	209	384	55	412					
自然资源部	MNR	7819	7819	6379	16179	2194	299094	24164	136	194	243	820

注：表中数据包括国家、省级和新疆生产建设兵团自然资源主管部门数据。其中陕西省、黑龙江省、四川省、海南省数据由自然资源部派出机构陕西测绘地理信息局、黑龙江测绘地理信息局、四川测绘地理信息局和海南测绘地理信息局负责，自然资源部地图内容审查数据来源于自然资源部地图技术审查中心。

Note: The data in the table include the data of national, provincial and Xinjiang production and Construction Corps natural resources authorities. Among them, the data of Shaanxi Province, Heilongjiang Province, Sichuan Province and Hainan Province are in the charge of Shaanxi Bureau of Surveying, Mapping and Geoinformation, Heilongjiang Bureau of Surveying and Mapping Geographic Information, Sichuan Bureau of Surveying, Mapping and Geoinformation, Hainan Administration of Surveying and Mapping Geoinformation, which are dispatched by the Ministry of natural resources. The map content review data of the Ministry of natural resources comes from the map technology review center of the Ministry of Natural Resources.

主要统计指标解释

测绘资质单位数量 指报告期末持有经自然资源部或者省级自然资源主管部门颁发《测绘资质证书》的单位总数。

测绘服务总值 指从事测绘及相关活动的单位报告期内完成各种测绘项目或提供各种测绘服务实现的总值（总产出），根据单位财务统计数据计算得出。

测绘资质单位年末从业人员数 指年末测绘资质单位实有的测绘从业人员数。从业人员指在本单位工作，并取得工资或其他形式的劳动报酬的全部人员。对于专门从事测绘活动的单位，填报整个单位年末从业人员总数；对于除从事测绘活动外还从事其他活动（如规划、勘察、设计、施工等）的单位，填报具有相对独立建制的测绘生产机构的年末从业人员总数。

GNSS GNSS（Global Navigation Satellite System）即全球导航卫星系统，包括GPS、GLONASS、GALILEO、北斗等。统计报告期内完成观测成果的各等级网点数。

水准测量 指观测的各等级网点数与观测长度。

重力测量 指观测的重力基准点和基本点数。

似大地水准面精化 指由GNSS、水准、重力等综合技术精化的本地高精度、高分辨率似大地水准面。

数字线划图（DLG） 指以点、线、面形式或地图特定图形符号形式，表达地形要素的地理信息矢量数据集。点要素在矢量数据中表示为一组坐标及相应的属性值；线要素表示为一串坐标组及相应的属性值；面要素表示为首尾点重合的一串坐标组及相应的属性值。数字线划图是国家基础地理信息数字成果的主要组成部分。

数字高程模型（DEM） 指在一定范围内通过规则格网点描述地面高程信息的数据集，用于反映区域地貌形态的空间分布。数字高程模型是国家基础地理信息数字成果的主要组成部分。

数字正射影像（DOM） 指将地表航空航天影像经垂直投影而生成的影像数据集。参照地形图要求对正射影像数据按图幅范围进行裁剪，配以图廓整饰，即成为数字正射影像图，其具有像片的影像特征和地图的几何精度，是国家基础地理信息数字成果的主要组成部分。

地形图 指地表起伏形态和地物位置、形状在水平面上的投影图。该指标统计纸质形式的地形图，包括模拟地形图和用地形图制图数据喷绘的纸图，按1：500、1：1000、1：2000、1：5000、1：1万、1：2.5万、1：5万、1：10万、1：25万、1：50万、1：100万和其他比例尺分别进行统计。

数字测绘成果 包括数字线划地图（DLG）、数字高程模型（DEM）、数字栅格地图（DRG）、数字正射影像（DOM）和其他地理信息数据。

Explanatory Notes on Main Statistical Indicators

Number of Surveying and Mapping Qualification Units—the total number of units holding the Surveying and mapping qualification issued by the Ministry of Natural Resources or the provincial natural resources departments at the end of the reporting period.

Value of Surveying and Mapping Services—the total value （total output） of various mapping projects or various mapping services provided by units engaged in mapping and related activities during the reporting period, which is calculated based on their financial statistics.

Employees of Surveying and Mapping Qualification Units at the End of the Year—the actual number of employees working in qualified mapping units at the end of the year. Employees refer to all personnel who work in their own units and receive wages or other forms of labor remuneration. Units specialized in mapping should fill in the total number of employees at the end of the year; Units engaged in other activities （such as planning, survey, design, construction, etc.） besides mapping should fill in the total number of employees working in mapping institutions with relatively independent system at the end of the year.

GNSS （Global Navigation Satellite System）—is a global navigation satellite system, including GPS, GLONASS, GALILEO, Beidou, etc. All levels of networks that completed observations in the reporting period should be counted.

Leveling—the number of observation points and observation length.

Gravity Measurement—the observed gravity datum and basic points.

Quasi Geoid Refinement—the local high-precision and high-resolution quasi geoid refined by GNSS, leveling, gravity and other comprehensive technologies.

Digital Line Graphic （DLG）—the geographic information vector data set that expresses terrain features in the form of point, line, surface or specific graphic symbols of map. In vector data points are represented as a set of coordinates and corresponding attribute values; lines are represented as a set of coordinate groups and corresponding attribute values; surfaces are represented as a series of coordinate groups with coincident heads and tails and corresponding attribute values. DLG is the main component of digital achievements of national basic geographic information.

Digital Elevation Model （DEM）—the data set that describes the ground elevation information through regular grid points in a certain range. It is used to reflect the spatial distribution of regional geomorphology. DEM is the main component of digital achievements of national basic geographic information.

Digital Orthophoto Map （DOM）—the image data set generated by vertical projection of surface aerospace images. According to the requirements of topographic map, the orthophoto data is cropped according to the scope of map and decorated with the map outline, and that is a digital orthophoto map. It has the image feature of the photo and the geometric accuracy of the map, and is the main component of digital achievements of national basic geographic information.

Topographic Map—the projection map with surface relief, location and shape on the horizontal plane. This index is used to count paper-based topographic maps, including simulated topographic maps and paper maps painted with topographic mapping data. The statistics are carried out at 1 : 500, 1 : 1000, 1 : 2000, 1 : 5000, 1 : 10000, 1 : 25000, 1 : 50000, 1 : 100000, 1 : 250000, 1 : 500000, 1 : 1000000 and other scales.

Digital Surverying and Mapping Achievement—include digital line graph (DLG), digital elevation model (DEM), digital raster Graph (DRG), digital orthophoto map (DOM) and other geographic data.

三、国土空间规划和用途管制情况

Chapter 3 Planning and Use Control of Land Space

农用地转用
Approval of Agricultural

单位：公顷

年份/地区	Year/Region	批准建设用地面积合计 Total Area of Construction-used Land Approved		
			农用地转用 Conversion of Agricultural Land	
				耕地 Cultivated Land
	2017	**318381.70**	**230060.99**	**135617.56**
	2018	**379217.09**	**265097.76**	**156975.18**
	2019	**327245.61**	**229767.43**	**124243.26**
北　京	Beijing	2706.20	1865.26	1309.38
天　津	Tianjin	1789.09	989.29	466.52
河　北	Hebei	18575.49	13429.74	11075.52
山　西	Shanxi	11481.26	7416.97	5438.48
内蒙古	Inner Mongolia	19872.62	15640.91	2821.66
辽　宁	Liaoning	3564.30	2576.04	1828.45
吉　林	Jilin	6488.00	5381.69	4075.63
黑龙江	Heilongjiang	6473.25	5342.55	3923.53
上　海	Shanghai	1812.08	869.97	705.89
江　苏	Jiangsu	14530.08	9062.71	6554.26
浙　江	Zhejiang	17150.77	11552.00	7631.36
安　徽	Anhui	7402.30	4821.47	3544.72
福　建	Fujian	12283.35	9967.60	3766.93
江　西	Jiangxi	12253.20	9340.63	4196.62
山　东	Shandong	24362.09	15013.05	11199.36
河　南	Henan	16322.81	12782.19	10521.05
湖　北	Hubei	7144.70	5733.33	3392.24
湖　南	Hunan	13820.74	12165.69	5521.29
广　东	Guangdong	14275.30	11245.90	2344.90
广　西	Guangxi	9873.15	8358.55	4245.50
海　南	Hainan	1548.85	1294.45	429.14
重　庆	Chongqing	6547.60	5920.10	3753.30
四　川	Sichuan	32714.16	21743.17	8362.72
贵　州	Guizhou	8858.07	6086.22	3871.26
云　南	Yunnan	5631.19	4342.92	2179.72
西　藏	Tibet	930.78	629.71	396.65
陕　西	Shaanxi	14385.40	7793.11	4316.03
甘　肃	Gansu	7713.72	3996.02	2532.75
青　海	Qinghai	3833.72	2541.44	615.48
宁　夏	Ningxia	3290.65	2222.03	736.14
新　疆	Xinjiang	19610.66	9642.71	2486.77

批准情况
Land Conversion

Unit: hm^2

国务院批准用地 Land Approved by the State Council			省级政府批准用地 Land Approved by Provincial Governments		
	农用地转用 Conversion of Agricultural Land			农用地转用 Conversion of Agricultural Land	
		耕地 Cultivated Land			耕地 Cultivated Land
108345.73	**82445.90**	**51473.14**	**210035.97**	**147615.09**	**84144.42**
105682.32	**77494.13**	**45999.03**	**273534.77**	**187603.63**	**110976.16**
138315.18	**103818.50**	**52865.00**	**188930.43**	**125948.93**	**71378.26**
2190.87	1673.24	1255.42	515.34	192.02	53.97
381.82	285.37	185.70	1407.27	703.91	280.82
12076.80	8533.89	7275.87	6498.70	4895.85	3799.65
4669.10	2784.60	2031.00	6812.15	4632.38	3407.47
12367.58	10698.15	1088.54	7505.04	4942.76	1733.12
924.66	812.42	590.14	2639.64	1763.62	1238.31
2919.02	2743.61	1794.31	3568.98	2638.08	2281.31
3806.35	3148.67	2381.06	2666.90	2193.88	1542.47
249.51	90.43	58.38	1562.58	779.55	647.52
4539.30	2981.42	1977.46	9990.78	6081.29	4576.81
7629.76	6018.45	3862.12	9521.01	5533.56	3769.24
1430.60	1140.47	895.69	5971.70	3681.00	2649.02
4297.53	3560.67	1079.30	7985.82	6406.94	2687.63
994.35	922.85	188.95	11258.84	8417.78	4007.67
10565.18	9468.10	7305.58	13796.91	5544.95	3893.78
9308.74	8153.64	6740.13	7014.07	4628.55	3780.93
3008.80	2539.44	1644.95	4135.89	3193.88	1747.29
4721.03	4183.99	1676.02	9099.71	7981.70	3845.27
4224.50	3625.47	1138.19	10050.80	7620.43	1206.72
1799.48	1404.74	437.60	8073.67	6953.81	3807.90
95.90	60.18	13.65	1452.95	1234.28	415.50
1203.68	1063.10	671.73	5343.92	4856.99	3081.58
17643.09	12288.95	2024.58	15071.07	9454.22	6338.14
2281.91	1572.93	1116.55	6576.16	4513.29	2754.71
525.59	419.43	250.11	5105.61	3923.49	1929.60
930.78	629.71	396.65			
5806.50	2851.26	1174.90	8578.90	4941.85	3141.13
5126.68	2821.46	1658.48	2587.04	1174.56	874.27
2298.45	1544.01	522.18	1535.27	997.43	93.30
1397.47	1205.48	413.78	1893.18	1016.55	322.36
8900.12	4592.36	1015.99	10710.54	5050.35	1470.78

农用地转用

Approval of Agricultural

单位：公顷

年份/地区	Year/Region	城镇村建设用地面积 Area of Land for Construction in City, Town and Village				
			商服用地 Land for Commercial and Service Uses	工矿仓储用地 Land for Industry, Mining and Warehousing	住宅用地 Land for Residential Uses	公共管理与公共服务用地 Land for Public Management and Public Services
	2017	**203719.76**	**27485.66**	**71364.31**	**38461.85**	**36794.78**
	2018	**264179.87**	**34392.51**	**87009.00**	**57139.06**	**45904.54**
	2019	**195013.17**	**23769.38**	**67128.40**	**40045.19**	**36230.58**
北　京	Beijing	875.42	89.33	118.70	101.38	265.38
天　津	Tianjin	1695.95	141.74	331.84	536.82	330.95
河　北	Hebei	14801.24	924.70	3753.95	2678.96	3922.37
山　西	Shanxi	9240.71	916.58	3212.74	1900.13	1633.55
内蒙古	Inner Mongolia	6210.58	851.84	2863.35	396.80	1718.95
辽　宁	Liaoning	2383.52	251.94	1435.50	297.68	227.90
吉　林	Jilin	3477.61	310.96	1277.19	832.49	653.12
黑龙江	Heilongjiang	2811.54	211.15	1278.47	310.67	453.46
上　海	Shanghai	1648.11	152.07	57.47	334.74	294.14
江　苏	Jiangsu	10834.47	1032.71	5088.54	1981.93	1408.82
浙　江	Zhejiang	11025.64	1161.47	2878.13	2414.42	2471.60
安　徽	Anhui	5703.95	449.93	2199.02	1399.59	792.99
福　建	Fujian	7537.04	658.26	2815.10	1164.00	1263.36
江　西	Jiangxi	10144.17	1158.45	3194.18	1920.54	2348.90
山　东	Shandong	15983.30	1692.50	6402.61	4340.84	2419.65
河　南	Henan	6363.76	961.27	2401.53	1925.58	775.26
湖　北	Hubei	3526.12	390.51	1319.35	893.13	448.48
湖　南	Hunan	9395.51	1511.93	3086.02	1740.63	1666.15
广　东	Guangdong	10038.54	1465.98	3930.10	1455.15	2129.94
广　西	Guangxi	7415.24	803.21	2881.70	1510.54	1478.77
海　南	Hainan	1452.95	275.10	193.86	225.17	402.74
重　庆	Chongqing	5533.60	514.84	2910.63	454.47	602.25
四　川	Sichuan	15071.89	1687.38	4126.84	5564.87	2531.22
贵　州	Guizhou	7659.59	1810.64	1578.59	1789.00	1670.64
云　南	Yunnan	4899.89	967.20	1617.35	899.13	1148.11
西　藏	Tibet	709.84	0.68	109.77	155.92	
陕　西	Shaanxi	8568.81	1749.18	2912.98	1274.55	1635.95
甘　肃	Gansu	2054.90	403.18	461.65	680.52	370.61
青　海	Qinghai	750.72	163.49	182.30	72.56	221.75
宁　夏	Ningxia	1883.10	119.97	376.08	140.87	166.75
新　疆	Xinjiang	5315.45	941.19	2132.85	652.12	776.83

批准情况 续表

Land Conversion Continued

Unit: hm^2

交通运输用地 Land for Transport	单独选址建设用地面积 Area of Land for Construction at Separated Selected Sites			
		交通运输用地 Land Used for Transport	水利设施用地 Land Used for Water and Conservancy Facilities	能源用地 Land Used for Energy Projects
22527.55	**114661.94**	**69849.70**	**17896.86**	**20132.98**
27187.18	**114774.65**	**67968.35**	**9203.82**	**27991.56**
22566.53	**132232.45**	**84328.09**	**14329.22**	**24846.10**
213.43	1830.78	1830.78		
347.66	93.15	76.84	2.24	14.07
2302.74	3774.25	3644.32		89.98
1444.79	2240.55	2052.98	0.99	151.25
323.37	13662.05	6798.93		5738.20
132.32	1180.77	388.51	27.30	95.68
368.05	3010.40	2573.44	397.91	22.25
511.95	3661.71	2999.36	164.30	333.80
226.33	163.97	78.58		2.90
1079.92	3695.61	3361.73	106.29	73.08
1803.26	6125.13	4638.15	678.55	492.10
799.46	1698.35	1451.30	121.33	87.88
1547.78	4746.31	3940.16	502.52	18.10
1318.14	2109.03	1944.83		69.90
1053.72	8378.79	7033.98	1069.29	203.98
242.90	9959.05	8209.56	1235.81	342.01
417.39	3618.58	3150.95	380.87	46.65
1341.58	4425.23	3875.38	40.54	93.20
739.28	4236.76	3331.57	437.38	426.80
683.05	2457.91	1704.87	81.79	30.80
306.36	95.90	95.90		
927.89	1014.00	706.29	25.44	13.54
1125.20	17642.28	2633.07	2316.51	12639.84
787.78	1198.48	605.27	165.27	324.83
150.98	731.31	596.16	25.64	15.92
443.47	220.94			220.94
958.49	5816.59	691.07	4775.28	350.24
137.47	5658.82	5023.99	436.37	55.52
60.22	3083.00	363.04	799.40	1548.30
88.62	1407.55	1146.06		49.91
682.95	14295.21	9381.00	538.20	1294.42

土地
Land

单位：公顷

年份/地区	Year/Region	土地征收面积合计 The Total of Requisitioned Land Area		
			农用地 Agricultural Land	
				耕地 Cultivated Land
	2017	**288269.01**	**217785.45**	**136356.99**
	2018	**287398.41**	**217394.53**	**131938.37**
	2019	**280363.77**	**212292.68**	**123162.73**
北京	Beijing	2688.06	2044.83	1410.60
天津	Tianjin	1346.78	1019.05	555.25
河北	Hebei	13071.98	10423.87	7979.46
山西	Shanxi	9070.07	6274.29	4604.84
内蒙古	Inner Mongolia	16258.60	12944.87	2295.35
辽宁	Liaoning	4278.44	3137.23	2389.67
吉林	Jilin	6680.88	5378.40	4585.68
黑龙江	Heilongjiang	5216.31	4448.13	3700.36
上海	Shanghai	1461.80	974.16	808.17
江苏	Jiangsu	13599.21	8647.52	6436.40
浙江	Zhejiang	15033.41	10338.97	6748.18
安徽	Anhui	7664.63	4813.09	3654.90
福建	Fujian	12615.50	10340.72	4035.84
江西	Jiangxi	13704.28	10312.71	4717.95
山东	Shandong	26895.61	19809.65	15000.72
河南	Henan	16623.38	13205.56	10908.33
湖北	Hubei	6637.90	5558.20	3309.45
湖南	Hunan	12938.67	11570.62	5140.28
广东	Guangdong	13992.60	11318.74	2290.40
广西	Guangxi	10991.96	9460.10	4680.32
海南	Hainan	1902.41	1599.60	678.24
重庆	Chongqing	5307.09	4874.56	3057.80
四川	Sichuan	24897.54	17639.46	8489.20
贵州	Guizhou	9878.83	7135.19	4493.27
云南	Yunnan	6374.85	4648.51	2461.64
西藏	Tibet	23.45	23.23	23.17
陕西	Shaanxi	11903.19	7639.09	4381.72
甘肃	Gansu	4178.51	3007.52	2466.33
青海	Qinghai	974.03	800.49	439.68
宁夏	Ningxia	1691.60	1386.54	452.64
新疆	Xinjiang	2462.21	1517.79	966.88

征收情况
Requisition

Unit: hm²

国务院批准 Requisitioned Land Area Approved by the State Council			省级政府批准 Requisitioned Land Area Approved by Provincial Governments		
	农用地 Agricultural Land			农用地 Agricultural Land	
		耕 地 Cultivated Land			耕 地 Cultivated Land
76438.23	**62731.91**	**37929.69**	**211830.76**	**155053.51**	**98427.29**
76551.20	**63278.02**	**35781.52**	**210847.21**	**154116.51**	**96156.85**
89453.54	**77090.13**	**40212.43**	**190910.22**	**135202.55**	**82950.30**
1927.46	1581.78	1238.31	760.59	463.06	172.29
113.11	90.31	41.05	1233.67	928.74	514.19
4003.02	3558.77	2676.33	9068.96	6865.10	5303.13
2172.99	1575.78	1050.60	6897.09	4698.51	3554.24
10113.37	8882.73	739.32	6145.23	4062.14	1556.03
1568.51	1362.99	1112.73	2709.93	1774.23	1276.94
2683.57	2474.66	1968.50	3997.31	2903.74	2617.18
2364.99	2125.63	1740.01	2851.32	2322.49	1960.35
128.21	73.51	59.66	1333.59	900.65	748.51
2771.66	2084.65	1476.45	10827.55	6562.87	4959.96
5309.52	4578.49	2800.84	9723.89	5760.48	3947.34
1215.73	943.13	732.71	6448.90	3869.95	2922.19
3788.39	3198.98	921.13	8827.11	7141.74	3114.71
1035.67	929.77	193.56	12668.61	9382.94	4524.39
8548.67	7773.45	5702.33	18346.94	12036.20	9298.40
9289.47	8311.35	6898.72	7333.91	4894.20	4009.62
2772.90	2517.84	1641.96	3865.00	3040.36	1667.49
4210.99	3838.23	1418.30	8727.68	7732.39	3721.98
3870.82	3530.54	944.38	10121.78	7788.21	1346.03
1374.77	1269.73	390.04	9617.20	8190.37	4290.27
165.06	132.45	71.85	1737.35	1467.14	606.39
181.92	174.54	99.79	5125.18	4700.02	2958.01
9438.52	7662.62	1781.71	15459.02	9976.84	6707.49
1729.13	1431.76	885.80	8149.70	5703.43	3607.47
960.75	597.03	318.39	5414.10	4051.48	2143.25
23.45	23.23	23.17			
3030.45	2548.08	969.42	8872.74	5091.02	3412.30
2384.39	1975.35	1556.14	1794.11	1032.17	910.20
757.96	680.96	327.23	216.07	119.53	112.45
880.75	799.42	190.80	810.85	587.12	261.84
637.36	362.36	241.21	1824.85	1155.43	725.68

海域使用权审批情况
Approval of Sea Area

地 区	Region	新增宗海数量/宗 Number of Newly Added Sea Areas/plot	
			经营性项目 Profit Projects
总 计	**Total**	**1543**	**1368**
辽 宁	Liaoning	201	198
河 北	Hebei	100	99
天 津	Tianjin	7	6
山 东	Shandong	440	431
江 苏	Jiangsu	69	61
上 海	Shanghai	2	1
浙 江	Zhejiang	225	161
福 建	Fujian	201	154
广 东	Guangdong	197	177
广 西	Guangxi	76	63
海 南	Hainan	19	11
省（自治区、直辖市）外	Outside the Province (Autonomous Region, Municipality City)	6	6

注：海域使用权审批包括海域使用权申请审批、招标、拍卖、挂牌。

Note: The approval of sea area use rights includes examination and approval of application for sea area use rights, bidding, auction and listing.

——按地区分列（2019年）

Use Rights by Region （2019）

	新增宗海面积/公顷 Newly-added Seas Area/hm^2		
非经营性项目 Non-profit Projects		经营性项目 Profit Projects	非经营性项目 Non-profit Projects
175	**126928.10**	**122850.20**	**4077.90**
3	26487.77	26441.40	46.37
1	10360.86	10360.75	0.11
1	137.08	135.71	1.37
9	50830.49	50771.80	58.69
8	12657.99	12602.98	55.01
1	4.33	1.59	2.74
64	9510.00	9081.40	428.61
47	5942.45	5377.41	565.05
20	4930.85	4736.64	194.21
13	5355.14	2704.29	2650.86
8	276.77	201.88	74.89
	434.37	434.37	

海域使用权审批情况
Approval of Sea Area Use Rights

海域使用类型	Types of Sea Area Use	新增宗海数量/宗 Number of Newly Added Sea Areas/plot	
			经营性项目 Profit Projects
总　计	**Total**	**1543**	**1368**
渔业用海	Fishery Sea	1047	1033
工业用海	Industrial Sea	171	171
交通运输用海	Sea for Transportation	159	86
旅游娱乐用海	Sea for Tourism and Entertainment	58	38
海底工程用海	Sea for Submarine Engineering	32	20
排污倾倒用海	Sewage Dumping Sea	6	3
造地工程用海	Sea for Land Engineering	14	5
特殊用海	Special Sea Use	27	5
其他用海	Sea for Other Use	29	7

注：海域使用权审批包括海域使用权申请审批、招标、拍卖、挂牌。

Note: The examination and approval of sea area use rights includes examination and approval of application for sea area use rights, bidding, auction and listing.

——按海域使用类型分列（2019年）
by the Type of Sea Area Use （2019）

	新增宗海面积/公顷 Newly-added Seas Area/hm^2		
非经营性项目 Non-profit Projects		经营性项目 Profit Projects	非经营性项目 Non-profit Projects
175	**126928.10**	**122850.20**	**4077.90**
14	108981.32	108720.65	260.67
	10760.66	10760.66	
73	3294.00	2204.39	1089.60
20	354.03	298.15	55.88
12	870.60	651.07	219.53
3	66.75	8.20	58.55
9	67.24	35.60	31.64
22	2114.94	15.80	2099.15
22	418.57	155.70	262.87

无居民海岛审批使用情况（2019年）
Approval Use of Uninhabited Islands （2019）

地 区	Region	海岛数量/个 Number of Islands/number	用岛面积/公顷 Island Area/hm^2
总 计	**Total**	**0**	**0.00**
辽 宁	Liaoning		
河 北	Hebei		
天 津	Tianjin		
山 东	Shandong		
江 苏	Jiangsu		
上 海	Shanghai		
浙 江	Zhejiang		
福 建	Fujian		
广 东	Guangdong		
广 西	Guangxi		
海 南	Hainan		
省（自治区、直辖市）外	Outside the Province (Autonomous Region, Municipality City)		

海底电缆管道路由调查（勘测）、铺设施工审批情况（2019年）
Approval of Submarine Cable Pipeline Route Survey and Laying Construction（2019）

指 标	Indicators	长度/千米 Length/km
批准的海底电缆管道路由调查（勘测）长度	**The Approved Total Length of Submarine Cable and Pipeline Route Survey**	**1308.66**
海底电缆	Submarine Cable	812.80
海底管道	Submarine Pipeline	255.56
混合用途	Mixed Use	240.30
批准的海底电缆管道路由铺设施工长度	**The Approved Total Length of Submarine Cables and Pipelines Laying**	**672.95**
海底电缆	Submarine Cable	280.13
海底管道	Submarine Pipeline	146.37
混合用途	Mixed Use	246.45

主要统计指标解释

批准建设用地面积合计 指省级以上政府（包括省级人民政府授权设区的市、自治州的人民政府）依法批准的建设用地面积。

国务院批准用地 指依法经自然资源部审查，报国务院批准的建设用地面积。

省级政府批准用地 指依法经省、自治区、直辖市人民政府自然资源主管部门审查，经同级人民政府批准的建设用地面积，省级人民政府授权设区的市、自治州的人民政府批准的用地面积亦统计在内。

农用地转用 指批准用地面积中的农用地面积。

耕地 指批准用地面积中的耕地面积。

土地征收 指国家基于公共利益的需要，将农民集体所有的土地收归国有，并对被征收人给予合理补偿的行为。

征收面积 指经国务院和省级政府自然资源主管部门审查，报同级人民政府批准征收的土地面积。

批准的海底电缆管道路由调查（勘测）长度 指统计报告期内经自然资源主管部门批准批复的准许铺设海底电缆管道前对其经过海域进行海洋地质、地球物理及水文要素的调查的总长度。

批准的海底电缆管道路由铺设施工长度 指统计报告期内经自然资源主管部门批准批复的准许铺设施工的海底电缆管道总长度。

Explanatory Notes on Main Statistical Indicators

Total area of Construction-used Land Approved—the area of construction–used land approved according to law by governments at the provincial level （including governments of cities and autonomous prefectures divided into districts authorized by provincial–level people' s government）.

Land Approved by the State Council—the area of construction–used land examined by the MNR according to law and submitted to the State Council for approval.

Land Approved by Provincial Governments—the area of construction–used land examined by natural and resources administration departments of the people' s governments of provinces，autonomous regions，and municipalities directly under the Central government and approved by the people' s governments of the corresponding levels. It also includes the areas approved by people' s government of cities and autonomous prefectures divided into districts authorized by provincial–level governments.

Conversion of Agricultural Land—the area of agricultural land in the area of land approved.

Cultivated Land—the area of cultivated land in the area of land approved.

Land Requisition—the act of nationalize the land owned by farmer collectives based on the needs of public interests and paying reasonable land compensation to the requisitioned land.

Requisitioned Land Area—the area of requisitioned land examined by the State Council and natural and resources administration departments of provincial–level governments and approved by the people' s governments of the same level.

The Approved Total Length of Submarine Cable and Pipeline Route Survey—the total length of marine geological，geophysical and hydrological elements survey in the sea area before submarine cable and pipeline laying approved and replied by natural resources authorities in the statistical period.

The Approved Total Length of Submarine Cables and Pipelines Laying—the total length of submarine cables and pipelines laying approved and replied by the natural resources authorities within the statistical period.

四、自然资源保护与自然灾害情况

Chapter 4 Natural Resources Protection and Natural Disasters

矿山生态
Ecological Restoration

地 区	Region	采矿损毁土地情况 Land Damaged by Mining		矿山生态修复土地情况 Mine Ecological Restoration of Land	
		现存采矿损毁土地面积/公顷 Area of Existing Land Damaged by Mining/hm²	新增采矿损毁土地面积 Newly-added Area of Land Damaged by Mining	新增矿山生态修复土地面积/公顷 Newly-added Area of Mine Ecological Restoration Land/hm²	
总 计	**Total**	**1077522.48**	**59643.28**	**104909.55**	**3950240.61**
北 京	Beijing	2721.83		383.38	23762.77
天 津	Tianjin	2252.21		69.92	24751.43
河 北	Hebei	47321.46	1618.23	6160.00	202707.53
山 西	Shanxi	215784.71	6198.39	9934.80	676738.60
内蒙古	Inner Mongolia	215313.42	9033.40	11517.80	236164.00
辽 宁	Liaoning	50805.23	1526.62	2162.06	54728.34
吉 林	Jilin	13932.42	214.07	1067.43	16744.62
黑龙江	Heilongjiang	52866.89	911.34	620.49	17159.53
上 海	Shanghai	36.49		9.72	
江 苏	Jiangsu	22377.06	246.62	1568.85	102171.42
浙 江	Zhejiang	6192.86	455.24	1107.55	102095.23
安 徽	Anhui	80385.52	1880.56	4506.44	123535.64
福 建	Fujian	7088.23	386.23	1587.23	83196.04
江 西	Jiangxi	18074.30	1183.20	3379.80	145215.50
山 东	Shandong	48931.69	1758.61	13036.54	511918.80
河 南	Henan	26644.77	1063.29	6677.28	359481.77
湖 北	Hubei	35919.10	1221.17	952.07	43455.17
湖 南	Hunan	24581.47	1014.28	2623.69	196405.43
广 东	Guangdong	17967.09	746.61	1152.25	69202.08
广 西	Guangxi	35541.18	4619.57	1227.53	47297.30
海 南	Hainan	1941.79	154.25	1019.88	23715.81
重 庆	Chongqing	4352.15	483.53	1270.80	75730.17
四 川	Sichuan	13250.67	840.07	1383.47	78796.32
贵 州	Guizhou	4047.90	1119.74	2495.65	62990.11
云 南	Yunnan	27298.16	2380.65	2085.47	167355.57
西 藏	Tibet	1604.39	85.95	187.35	17373.36
陕 西	Shaanxi	30351.96	6539.62	5069.25	162636.52
甘 肃	Gansu	20724.48	1189.11	3853.06	96216.06
青 海	Qinghai	6324.06	296.50	1687.59	51593.32
宁 夏	Ningxia	5330.94	367.62	1237.53	11802.82
新 疆	Xinjiang	37558.03	12108.80	14874.66	165299.35

修复情况（2019年）
of the Mines（2019）

投入矿山生态修复资金情况/万元 Funds Invested in Mine Ecological Restoration/10^4yuan				矿山地质环境治理恢复基金使用情况/万元 Utilization of Mine Geological Environment Management and Restoration Fund/10^4yuan	
本年资金投入额 Amount of Capital Invested This Year				本年矿山地质环境治理恢复基金提取数额 Amount of Funds Withdrawn from the Mine Geological Environment Management and Restoration Fund This Year	本年矿山地质环境治理恢复基金使用数额 Amount of Funds Used from Mine Geological Environment Management and Restoration This Year
中央财政资金 Central Financial Funds	地方财政资金 Local Financial Funds	矿山企业资金 Capital of Mining Enterprises	其他社会资金 Other Social Funds		
371474.94	**1155560.70**	**2054712.00**	**368492.98**	**1665355.09**	**270129.96**
1040.00	21180.99	1541.78			78.45
1090.00	17873.18		5788.25		
27620.00	84983.04	65379.30	24725.19	581.69	14.46
33981.77	188135.75	380080.35	74540.72	586396.92	46450.24
	4117.00	232047.00		292202.50	
178.50	10767.39	38756.13	5026.33	13840.76	3780.62
1231.20	8587.63	6925.79		4499.14	4111.86
2206.00	8825.00	6124.53	4.00	3460.60	29.33
1967.00	86627.53	10991.43	2585.47	3057.11	1959.56
872.50	43706.44	50405.41	7110.88	106430.54	7143.35
3970.56	50082.39	64072.34	5410.35	30072.79	21339.58
17073.75	27975.08	36922.37	1224.84	12424.89	2247.64
17087.10	45275.90	79990.00	2862.50	9534.70	4263.30
14289.30	170758.63	186041.39	140829.48	42182.40	12881.95
25445.66	66779.12	230435.27	36821.72	97911.94	55279.93
17560.00	12962.06	11767.43	1165.68		
59978.55	93366.48	38882.24	4178.16	30051.25	10416.53
5860.00	34253.61	29028.47	60.00	7263.98	3554.75
853.70	5432.07	37133.14	3878.39	8673.45	2475.53
3800.00	4927.42	14988.39		2724.37	1863.27
18878.76	18106.52	23039.11	15705.78	10395.17	3349.76
37623.06	12852.37	17416.58	10904.31	12433.84	2712.13
9303.72	8277.22	43022.12	2387.06	19095.01	10505.69
27932.84	37584.57	100632.31	1205.85	69797.57	4224.98
26.70	5895.37	11451.29		2237.93	2142.40
7460.00	38014.22	111216.30	5946.00	269667.52	62823.04
2680.00	15151.83	78159.95	224.28	26152.90	2731.54
17817.27	1752.71	16340.60	15682.74	2793.35	2704.76
1000.00	8202.92	2559.90	40.00	1472.78	1045.30
12647.00	23106.26	129361.09	185.00		

耕地占补
Balance of Cultivated Land

地 区	Region	占用情况 Occupation			省域内补充耕地情况 Supplementary Cultivated Land in the Provincal Scale		
		占用耕地面积/公顷 Area of Cultivated Land Occupied/ hm^2	占用水田面积/公顷 Area of Paddy Field Occupied/ hm^2	需补充标准粮食产能/吨 Standard Grain Production Capacity Needed to Supplement/t	补充耕地面积/公顷 Area of Supplementary Cultivated Land/ hm^2	补充水田面积/公顷 Area of Supplementary Paddy Field/ hm^2	实际补充后新增标准粮食产能/吨 Newly-added Standard Grain Production Capacity after Actual Supplement/t
总 计	**Total**	**122410.03**	**41609.50**	**1308886.88**	**122391.26**	**41858.56**	**1314.73**
北 京	Beijing	112.08		1242.20	112.08		1.24
天 津	Tianjin	315.41	5.58	2873.79	315.41	5.58	2.87
河 北	Hebei	10230.37	344.65	91161.66	10230.47	344.65	91.49
山 西	Shanxi	4112.08	1.16	32367.08	4112.08	1.16	32.39
内蒙古	Inner Mongolia	1900.57	2.78	7181.46	1900.59	2.78	7.46
辽 宁	Liaoning	2112.48	441.53	17227.11	2113.19	441.53	17.25
吉 林	Jilin	3641.89	805.59	33067.38	3641.89	944.75	33.13
黑龙江	Heilongjiang	4356.55	482.11	32873.15	4356.55	536.59	32.95
上 海	Shanghai	1092.77	600.56	16495.67	1093.31	600.57	16.50
江 苏	Jiangsu	7540.07	4648.40	111948.30	7540.17	4776.53	112.08
浙 江	Zhejiang	5975.58	4610.33	74375.67	5930.33	4558.04	73.82
安 徽	Anhui	5340.66	2917.10	61232.69	5340.66	2918.44	61.33
福 建	Fujian	3613.05	2284.78	44038.63	3613.05	2280.25	44.03
江 西	Jiangxi	7276.89	5264.81	84361.89	7279.95	5272.59	84.85
山 东	Shandong	7659.63	124.12	90269.33	7659.63	124.12	90.27
河 南	Henan	5861.95	251.31	77011.00	5825.89	251.57	76.67
湖 北	Hubei	2105.25	880.09	35109.08	2106.46	868.56	35.12
湖 南	Hunan	4403.80	3065.40	54693.19	4440.51	3080.10	55.12
广 东	Guangdong	3066.53	716.79	46439.65	3067.23	598.98	46.49
广 西	Guangxi	8444.56	2935.11	93798.84	8426.94	2782.53	92.91
海 南	Hainan	790.98	451.29	10002.71	790.98	451.29	10.00
重 庆	Chongqing	5163.45	2465.90	53583.32	5163.48	2465.90	53.61
四 川	Sichuan	9485.33	4959.38	104367.44	9467.89	5113.57	105.63
贵 州	Guizhou	5259.63	2011.76	40418.56	5273.59	2023.82	41.51
云 南	Yunnan	2514.06	882.57	25047.57	2514.06	878.11	25.08
西 藏	Tibet						
陕 西	Shaanxi	4605.35	325.79	30534.32	4635.15	413.09	32.24
甘 肃	Gansu	1407.34	8.17	7705.62	1407.34	1.00	7.79
青 海	Qinghai	176.02		834.84	176.02		0.84
宁 夏	Ningxia	443.97	120.11	4182.32	446.53	120.11	4.19
新 疆	Xinjiang	3401.72	2.34	24442.40	3409.80	2.34	25.83

平衡情况（2019年）
Occupation and Compensation（2019）

占补平衡承诺情况 Balance of Occupation and Compensation Committed			国家统筹补充耕地情况 Overall Plan of Supplementary Cultivated Land by the State		
承诺补充耕地面积/公顷 Committed Supplementary Cultivated Land Area/hm²	承诺补充水田面积/公顷 Committed Supplementary Paddy Field Area/hm²	承诺补充标准粮食产能/吨 Committed to Supplementary Standard Grain Production Capacity/t	统筹补充耕地面积/公顷 Overall Supplementary Cultivated Land Area/hm²	统筹补充水田面积/公顷 Overall Supplementary Paddy Field Area/hm²	统筹补充标准粮食产能/吨 Overall Supplementary Standard Grain Production Capacity/t
83.65	**331.04**	**1747.01**	**45.24**	**34.11**	**538.95**
	27.57	36.20	45.24	34.11	538.95
	5.04	6.36			
43.95		601.46			
0.69	12.36	10.37			
3.59	3.76	16.16			
	117.81				
17.97	152.87	919.47			
17.44		156.98			
	4.46				
	7.18				

永久基本农田

Protection of Permanent

单位：公顷

地 区	Region	永久基本农田面积 Area of Permanent Prime Farmland
总 计	**Total**	**103380306.61**
北 京	Beijing	101092.47
天 津	Tianjin	278495.34
河 北	Hebei	5180210.19
山 西	Shanxi	3261012.41
内蒙古	Inner Mongolia	6220551.20
辽 宁	Liaoning	3685984.46
吉 林	Jilin	4924980.91
黑龙江	Heilongjiang	11177975.44
上 海	Shanghai	169476.40
江 苏	Jiangsu	3920104.80
浙 江	Zhejiang	1599683.24
安 徽	Anhui	4928582.39
福 建	Fujian	1073036.78
江 西	Jiangxi	2462578.97
山 东	Shandong	6391594.84
河 南	Henan	6815499.46
湖 北	Hubei	3925324.91
湖 南	Hunan	3299978.27
广 东	Guangdong	2142437.19
广 西	Guangxi	3660054.20
海 南	Hainan	606991.72
重 庆	Chongqing	1616124.21
四 川	Sichuan	5203427.42
贵 州	Guizhou	2563709.43
云 南	Yunnan	4729007.93
西 藏	Tibet	1409894.30
陕 西	Shaanxi	2998828.88
甘 肃	Gansu	4092425.39
青 海	Qinghai	449372.98
宁 夏	Ningxia	934073.70
新 疆	Xinjiang	3557796.77

保护情况（2019年）
Prime Farmland （2019）

Unit：hm^2

审批占用永久基本农田面积 Area of Occupied Permanent Prime Farmland Approved	补划永久基本农田面积 Area of Supplementary Permanent Prime Farmland
5882.25	**6040.40**
0.46	0.47
196.90	209.69
0.28	0.29
41.94	46.23
227.36	229.04
20.91	23.52
696.78	716.37
5.05	5.58
514.49	515.83
831.78	845.97
91.64	95.40
254.69	260.18
53.35	55.38
588.03	595.94
1688.32	1713.28
55.40	57.28
312.47	327.37
5.55	6.06
120.83	129.96
14.03	14.23
15.63	18.88
69.66	84.42
4.50	6.00
12.01	12.21
60.18	70.81

地质灾害

Situation of

地 区	Region	发生地质灾害数量/处 Quantity of Geohazards/place	地质灾害类型/处 Type of Geohazards/place			
			崩塌 Avalanche	滑坡 Landslide	泥石流 Mudflow	地面塌陷 Ground Collapse
总 计	**Total**	**6181**	**1238**	**4220**	**599**	**121**
北 京	Beijing	20	19	1		
天 津	Tianjin					
河 北	Hebei	2	1		1	
山 西	Shanxi	2	1	1		
内蒙古	Inner Mongolia	1		1		
辽 宁	Liaoning	2	1	1		
吉 林	Jilin	21	15	4	1	1
黑龙江	Heilongjiang	11	7	3	1	
上 海	Shanghai					
江 苏	Jiangsu	6	1	2		3
浙 江	Zhejiang	488	130	240	118	
安 徽	Anhui	182	66	104	11	1
福 建	Fujian	163	70	91	2	
江 西	Jiangxi	738	82	632	11	13
山 东	Shandong	63	24	28		11
河 南	Henan	6	2	4		
湖 北	Hubei	84	11	65	1	7
湖 南	Hunan	2449	248	2116	57	27
广 东	Guangdong	327	176	141	1	8
广 西	Guangxi	386	133	195	18	40
海 南	Hainan	2	1	1		
重 庆	Chongqing	117	44	62	2	9
四 川	Sichuan	725	136	302	287	
贵 州	Guizhou	29	6	23		
云 南	Yunnan	117	14	81	20	1
西 藏	Tibet	58	8	20	30	
陕 西	Shaanxi	64	11	37	16	
甘 肃	Gansu	33	13	19	1	
青 海	Qinghai	51	6	42	3	
宁 夏	Ningxia	8	5	3		
新 疆	Xinjiang	26	7	1	18	

灾情（2019年）

Geohazards（2019）

地质灾害规模/处 Scale of Geohazards/place				造成伤亡人数/人 Casualties/person				造成直接经济损失/万元 Direct Economic Loss/10^4yuan
特大型 Oversize	大型 Large	中型 Medium	小型 Small		死亡 Deaths	失踪 Missing	受伤 Injuries	
25	**37**	**262**	**5857**	**299**	**211**	**13**	**75**	**276868.37**
			20					35.34
			2					11.00
	1		1	35	22		13	793.48
			1					0.80
			2					55.00
			21					121.50
		1	10					246.02
		1	5					22.00
1	2	17	468	8	6		2	9043.55
			182					2043.70
1	2	5	155	1	1			4291.85
		6	732	9	7		2	5824.71
		4	59					1108.12
		1	5					335.00
	1	1	82	4	1		3	1393.00
		30	2419	5	4		1	26249.40
1	1	12	313	24	22		2	7558.33
2	6	22	356	42	27		15	13254.85
			2					120.00
		3	114	16	15		1	3377.00
15	17	121	572	7	2		5	136002.95
1	1	1	26	66	44	9	13	20607.00
2	2	16	97	35	28		7	8943.94
		3	55					1084.38
	1	10	53	10	6		4	3557.60
2	1	6	24	25	19		6	28678.91
	2	1	48	3	1	2		1671.84
			8	3	2		1	103.00
		1	25	6	4	2		334.10

地质灾害防治
Geohazards Prevention

地 区	Region	成功避让地质灾害/处 Geohazards Avoided Successfully/place
总 计	**Tatal**	**948**
北 京	Beijing	
天 津	Tianjin	
河 北	Hebei	1
山 西	Shanxi	
内蒙古	Inner Mongolia	1
辽 宁	Liaoning	1
吉 林	Jilin	
黑龙江	Heilongjiang	
上 海	Shanghai	
江 苏	Jiangsu	1
浙 江	Zhejiang	28
安 徽	Anhui	1
福 建	Fujian	
江 西	Jiangxi	24
山 东	Shandong	2
河 南	Henan	
湖 北	Hubei	10
湖 南	Hunan	574
广 东	Guangdong	10
广 西	Guangxi	6
海 南	Hainan	1
重 庆	Chongqing	112
四 川	Sichuan	107
贵 州	Guizhou	20
云 南	Yunnan	18
西 藏	Tibet	7
陕 西	Shaanxi	18
甘 肃	Gansu	6
青 海	Qinghai	
宁 夏	Ningxia	
新 疆	Xinjiang	

情况（2019年）

and Control （2019）

地质灾害预报预警 Prediction and Early-warning of Geohazards	
避免伤亡人员/人 Casualties Avoided/person	避免直接经济损失/万元 Direct Economic Loss Avoided/10^4yuan
24478	**82524.00**
12	5.00
	1.00
	200.00
	5.00
255	3042.00
5	20.00
143	5.00
8	
297	632.00
11987	7382.00
240	547.00
751	1550.00
5	
920	13265.00
6042	44679.00
2042	3768.00
566	1327.00
271	1212.00
179	401.00
755	4483.00

地下水监测
Ground Water

单位：个

地区	Region	地下水监测井数 Number of Ground Water Monitoring Wells							
			按级别分类 Classified According to The Levels			按自动化程度分类 Classified According to The Automation Level		按监测内容分类 Classified According to the Monitoring Content	
			国家级监测井数 Number of State Level Monitoring Wells	省级监测井数 Number of Provincial Level Monitoring Wells	地区级监测井数 Number of Prefecture Level Monitoring Wells	人工监测井数 Number of Manual Monitoring Wells	自动化监测井数 Number of Automatic Monitoring Wells	水位水质共同监测井数 Number of Common Monitoring Wells for Water Level and Water Quality	流量水质共同监测点数 Common Monitoring Points of Flow and Water Quality
总 计	**Total**	**22378**	**12087**	**7216**	**3075**	**5012**	**17366**	**22121**	**257**
北 京	Beijing	1817	320	1497		316	1501	1817	
天 津	Tianjin	625	300	325		189	436	625	
河 北	Hebei	1604	640	174	790	729	875	1604	
山 西	Shanxi	682	354	328		345	337	682	
内蒙古	Inner Mongolia	1010	543	467			1010	1010	
辽 宁	Liaoning	796	538	122	136	176	620	773	23
吉 林	Jilin	1087	1045	42		203	884	1069	18
黑龙江	Heilongjiang	697	587	110			697	697	
上 海	Shanghai	686	303	383		137	549	686	
江 苏	Jiangsu	697	399	246	52	177	520	697	
浙 江	Zhejiang	456	306	15	135		456	456	
安 徽	Anhui	476	389	87		26	450	474	2
福 建	Fujian	466	269	197		86	380	436	30
江 西	Jiangxi	758	412	344	2		758	758	
山 东	Shandong	2260	707	339	1214	775	1485	2245	15
河 南	Henan	1511	611	387	513	665	846	1511	
湖 北	Hubei	472	314	69	89	86	386	472	
湖 南	Hunan	381	301	63	17	38	343	379	2
广 东	Guangdong	525	238	268	19	71	454	519	6
广 西	Guangxi	683	300	383		339	344	673	10
海 南	Hainan	262	151	111		22	240	262	
重 庆	Chongqing	383	101	282			383	382	1
四 川	Sichuan	377	299	8	70	12	365	375	2
贵 州	Guizhou	392	244	148		39	353	288	104
云 南	Yunnan	268	253	15		30	238	226	42
西 藏	Tibet	141	127	14		14	127	141	
陕 西	Shaanxi	507	390	79	38	131	376	507	
甘 肃	Gansu	819	548	271		61	758	819	
青 海	Qinghai	322	273	49		50	272	322	
宁 夏	Ningxia	556	390	166		186	370	554	2
新 疆	Xinjiang	662	435	227		109	553	662	

情况（2019年）

Monitoring（2019）

Unit：number

地下水监测数据量 Ground Water Monitoring Data					地下水质量情况 Ground Water Quality				
	水位监测数据量 Water Level Monitoring Data	水质监测数据量 Water Quality Monitoring Data	水温监测数据量 Water Temperature Monitoring Data	泉流量监测数据量 Spring Flow Monitoring Data	优良级 Excellent Grade	良好级 Good Grade	较好级 Medium Grade	较差级 Poor Grade	极差级 Extremely Poor Grade
162304132	**80257140**	**986296**	**80188164**	**872532**	**252**	**1050**	**158**	**6800**	**1908**
4586101	2279592	28033	2278476		14	56	4	214	1
4126340	2051280	25220	2049840			2	2	118	138
9631243	4786776	58879	4785588		27	109	8	295	168
5362946	2665368	32786	2664792		2	83	2	182	69
7934048	3943548	48500	3942000		18	72	8	309	93
7230239	3590208	44135	3587220	8676	1	66	4	356	28
8030885	3945924	48209	3926232	110520	10	68	12	363	44
7872316	3913740	48112	3910464			5	6	465	20
3952329	1965060	24153	1963116					96	153
5332908	2651292	32592	2649024		2	12		216	106
4632890	2302632	28130	2302128		2	7	3	163	115
5886502	2917764	35890	2917080	15768		27	3	317	23
4007121	1963836	24153	1963116	56016	15	19	13	178	24
4241175	2110248	25899	2105028		12	26	20	203	6
10235032	5048172	62080	5045760	79020	1	38		323	278
7699061	3828276	47045	3823740		2	12	4	402	65
3651974	1816344	22310	1813320			2		198	30
3603958	1784484	21922	1781784	15768	27	50	15	133	1
3554480	1766520	21728	1766016	216	6	3	1	187	27
4157693	2027736	24929	2026188	78840	11	18	4	209	15
2253154	1119852	13774	1119528		1	2		120	19
1436130	709956	8730	709560	7884		8		73	9
4411165	2184660	26869	2183868	15768	2	53	2	209	11
3612362	1719648	21146	1718712	152856	8	19	4	185	2
3870103	1759212	21631	1758132	331128	3	6	31	180	3
1745762	867852	10670	867240		18	66	3	23	
5712480	2839320	34920	2838240		4	16	2	255	83
7934228	3943728	48500	3942000		14	45	2	299	140
4220342	2097396	25802	2097144		41	103	4	105	13
4873615	2423376	29779	2420388	72	2	22		178	105
6505550	3233340	39770	3232440		9	35	1	246	119

海洋灾害

Marine

灾害类型 Types of Disasters	地区	Region	海洋发生灾害次数/次 Number of Marine Disasters/times	造成伤亡人数/人 Number of Casualties/person			
					死亡 Deaths	失踪 Missing	受伤 Injuries
	总　计	**Total**	**17**	**22**	**5**	**17**	
风暴潮 Storm Surge	小　计	Subtotal	5				
	辽　宁	Liaoning	1				
	河　北	Hebei	1				
	天　津	Tianjin	1				
	山　东	Shandong	1				
	江　苏	Jiangsu	1				
	上　海	Shanghai	1				
	浙　江	Zhejiang	2				
	福　建	Fujian	2				
	广　东	Guangdong					
	广　西	Guangxi	2				
	海　南	Hainan	1				
海浪 Sea Wave	小　计	Subtotal	10	22	5	17	
	辽　宁	Liaoning					
	河　北	Hebei					
	天　津	Tianjin					
	山　东	Shandong					
	江　苏	Jiangsu	1	1	1		
	上　海	Shanghai					
	浙　江	Zhejiang	2	2		2	
	福　建	Fujian	4	11	3	8	
	广　东	Guangdong	3	8	1	7	
	广　西	Guangxi					
	海　南	Hainan					
赤潮 Red Tide	小　计	Subtotal	2				
	辽　宁	Liaoning					
	河　北	Hebei					
	天　津	Tianjin					
	山　东	Shandong					
	江　苏	Jiangsu					
	上　海	Shanghai					
	浙　江	Zhejiang					
	福　建	Fujian	2				
	广　东	Guangdong					
	广　西	Guangxi					
	海　南	Hainan					
海冰 Sea Ice	辽　宁	Liaoning					

情况（2019年）
Disaster Situation（2019）

直接经济损失/万元 Direct Economic Loss/10^4yuan	海洋灾害防止投入资金/万元 Investment in Marine Disaster Prevention/10^4yuan	预警次数/次 Number of Early Warning/times	赤潮发现次数/次 Red Tide Discovery Times/times	赤潮累计面积/平方千米 Cumulative Area of Red Tide/km^2
1170279.50		**206**	**88**	**1990.58**
1163762.00		62		
12562.00				
33367.00				
140.00				
216334.00				
3654.00				
328.00				
872548.00				
1083.00				
23303.00				
442.00				
3417.50		144		
900.00				
2210.00				
307.50				
3100.00			38	1990.58
			1	4.00
			2	0.28
			1	1.00
			22	1862.80
3100.00			9	110.54
			3	11.96

国家级绿色矿山单位数量（2019年）
State Level Green Mine Pilot Units（2019）

地区	Region	当年新增绿色矿山单位数量/个 Number of Newly Increased Green Mines Pilot Units in the Current Year/number
总计	**Total**	**953**
北京	Beijing	
天津	Tianjin	1
河北	Hebei	58
山西	Shanxi	64
内蒙古	Inner Mongolia	52
辽宁	Liaoning	36
吉林	Jilin	18
黑龙江	Heilongjiang	22
上海	Shanghai	
江苏	Jiangsu	30
浙江	Zhejiang	54
安徽	Anhui	66
福建	Fujian	15
江西	Jiangxi	35
山东	Shandong	73
河南	Henan	76
湖北	Hubei	54
湖南	Hunan	55
广东	Guangdong	50
广西	Guangxi	20
海南	Hainan	6
重庆	Chongqing	1
四川	Sichuan	28
贵州	Guizhou	8
云南	Yunnan	17
西藏	Tibet	5
陕西	Shaanxi	36
甘肃	Gansu	20
青海	Qinghai	16
宁夏	Ningxia	3
新疆	Xinjiang	34

注：以上为2011—2014年国土资源部公布的国家级绿色矿山试点单位数量。

Note: The above are the numbers of national green mine pilot units published by the Ministry of Land and Resources from 2011 to 2014.

主要统计指标解释

新增采矿损毁土地面积 指因矿山开发造成损毁的土地面积。

矿山地质环境治理恢复基金（简称治理恢复基金） 指报告期用于矿山地质环境恢复治理工程支出及其他相关支出的专项资金。包括矿山地质灾害治理、地形地貌景观破坏治理、矿区地下含水层破坏治理和矿区土地复垦等。

占用耕地面积 指非农建设经批准占用的耕地面积。

补充耕地面积 指非农建设经批准占用耕地，由占用耕地的单位负责开垦的耕地面积。

补充水田面积 指非农建设经批准占用耕地，由占用耕地的单位负责开垦的水田面积。

永久基本农田面积 指为保障国家粮食安全，按照一定时期人口和经济社会发展对农产品的需求，依据国土空间规划确定的不得占用的耕地面积。永久基本农田一经划定，任何单位和个人不得擅自占用或改变用途。

审批占用永久基本农田面积 指重大项目建设允许占用永久基本农田的面积。

补划永久基本农田面积 指根据土地管理法、基本农田保护条例及相关规定，对依法批准或认定的建设项目占用基本农田或因生态退耕、灾害损毁等原因导致基本农田减少，按照规定程序确定补充的基本农田面积。

地质灾害 包括自然因素或人为活动引发的危害人民生命和财产安全的山体崩塌、滑坡、泥石流、地面塌陷、地面沉降等与地质作用有关的灾害。地质灾害数量的计量单位统一用“处”，对于难以区分确切数量的同一次降雨（或其他因素）引发的群发性地质灾害归为1处灾害。地裂缝、地面沉降、海水入侵数量只统计报告期内发现的或报告期之前发现且报告期内继续发展的。

崩塌 指陡坡上大块的岩土体在重力作用下突然脱离母体崩落的物理地质现象。

滑坡 指斜坡上不稳定的岩土体在重力作用下沿一定软弱面（或滑动带）整体向下滑动的物理地质现象。

泥石流 指山地暴发的饱含大量泥沙、石块的特殊洪流。

地面塌陷 指地表岩土体在自然或人为因素作用下向下陷落，并在地面形成塌陷坑（洞）的一种动力地质现象。

造成伤亡人数 指因发生各类地质灾害造成的人员受伤、死亡和失踪情况。

失踪 指根据证据推断人员已经死亡，但是没有找到或确认死者的尸体。

造成直接经济损失 指用货币衡量的直接财产损失。

成功避让地质灾害 指报告期内根据预报预警信息而成功避让的地质灾害数。

避免伤亡人员 指如不搬迁避让可能造成的伤亡人员。

避免直接经济损失 指报告期内根据预报预警信息，采取防范措施，避免的能够用货币衡量的地质灾害直接财产损失。要按照实际情况确定，以地质灾害实际影响范围测定，如倒塌房屋内居住人员或灾害现场活动人员等。

水位水质共同监测井数 指其中既监测地下水水位又监测地下水水质的监测井数。

水位监测数据量 指全部地下水水位监测井本年度所取得的水位数据的总个数。

水质监测数据量 指全部地下水水质监测井本年度所取得的水质数据的总个数，本数据量为分析化验取得的水质各项指标的总和而非实际采取样品的件数。

水温监测数据量 指全部地下水水温监测井本年度所取得的水温数据的总个数。

泉流量监测数据量 指全部泉流量监测点本年度所取得的泉流量数据的总个数。

Explanatory Notes on Main Statistical Indicators

Newly-added of Land Damaged by Mining—the area of land damaged due to mine development during the reporting period.

Mine Geological Environment Management and Restoration Fund （referred to as management and restoration fund）—the special fund used for mine geological environment restoration project and other related expenditure during the reporting period. It includes mine geological disaster treatment, topographic and geomorphic landscape damage treatment, underground aquifer damage treatment and mining land reclamation, etc.

Area of Cultivated Land Occupied—the area of cultivated land occupied by non-agricultural construction.

Area of Supplementary Cultivated Land—the area of cultivated land reclaimed by the unit occupying the cultivated land approved for non-agricultural construction.

Area of Supplementary Paddy Field—the area of paddy field area reclaimed by the unit occupying the cultivated land approved for non-agricultural construction.

Area of Permanent Prime Farmland—the cultivated land that cannot be occupied according to the demand of population and economic and social development for agricultural products in a certain period and the land space planning in order to ensure national food security. Once permanent Prime farmland is demarcated, no units or individuals may occupy or change its use without authorization.

Area of Occupied Permanent Prime Farmland Approved—the area of permanent prime farmland allowed for the construction of major projects.

Area of Supplementary Permanent Prime Farmland—the prime farmland added for being occupied by construction projects which are legally approved or recognized, or for its deduction due to ecological conversion and disaster damage, in accordance with laws or regulations on prime farmland protection.

Geohazards—sudden geohazards such as avalanches, landslides, mudflow, and ground collapse and delayed geohazards such as land subsidence, ground cracks. "Site" is used as the unit of measurements of the quantity of geohazards, and the group-occurring geohazards induced by the same rain （or other factors）, whose accurate quantity is difficult to determine, are considered as one site of hazards. For the quantities of ground cracks, land subsidence, and seawater invasion, only those that are discovered during or before the reporting period and continue to develop during the reporting period are calculated.

Avalanche—the physical-geological phenomenon that a large mass of soil or rock on steep slopes is suddenly divorced from its parent mass and falls under the force of gravity.

Landslide—the physical-geological phenomenon of en-masse downward slide of unstable soil and rock material on slopes along particular surfaces of weakness （or slide zones） under the force of gravity.

Mudflow—the sudden rush of flood torrents containing large amounts of mud and rock debris that suddenly moves downslope in mountains.

Ground Collapse—a dynamic geological phenomenon of downward collapse of surface rock and soil and formation of collapse pits （caves） at the ground surface under the action of natural or human factors.

Casualties—injuries，deaths，and missing caused by various kinds of geohazard.

Missing—the case of a missing person who is inferred according to evidence to be dead but whose corpse has not been found or identified.

Direct Economic Loss—direct losses of properties，expressed as currency.

Geohazards Avoided Successfully—the number of geohazards avoided successfully according to the information of prediction and early–warning during the reporting period.

Casualties Avoided—the number of injuries and deaths caused possibly if the people do not move away and avoid the geohazard.

Direct Economic Loss Avoided—the direct economic loss of a geohazard to properties avoided by taking precautionary measures according to the information provided by prediction and early–warning during the reporting period. The loss can be measured by currency. The measurement must be made according to the actual conditions and the actual influence scope of the geohazard，e.g. inhabitants in collapsed houses.

Number of Common Monitoring Wells for Water Level and Water Quality—the number of monitoring wells that monitor both ground water level and quality.

Water Level Monitoring Data—the total number of water level data obtained by all the ground water level monitoring wells this year.

Water Quality Monitoring Data—the total number of water quality data obtained by all the ground water quality monitoring wells this year. This data volume is the sum of all water quality indicators obtained by analysis and test rather than the number of samples actually taken.

Water Temperature Monitoring Data—the total number of water temperature data obtained by all the ground water temperature monitoring wells this year.

Spring Flow Monitoring Data—the total number of spring flow data obtained by all the spring flow monitoring points this year.

五、自然资源依法行政情况

Chapter 5 Legal Administration of Natural Resources

土地违法案件查处情况
Investigation and Treatment of

案件类型	Case Category	合计 Total			自然资源部 MNR		
		件数/件 Number of Cases/case	涉及土地面积/公顷 Land Area Involved/hm^2	耕地 Cultivated Land	件数/件 Number of Cases/case	涉及土地面积/公顷 Land Area Involved/hm^2	耕地 Cultivated Land
上年未结案件	**Cases Unsettled Last Year**	**20724**	**12653.77**	**2670.43**			
本年发现违法	**Illegal Cases Discovered in the Current Year**	**96077**	**102025.78**	**34343.31**	**1**	**101.72**	**18.74**
本年发生	Cases Occurring This Year	55206	49259.55	15391.10			
历年隐漏	Hidden Leakage over the Years	40871	52766.24	18952.21	1	101.72	18.74
本年立案	**Filing This Year**	**60590**	**68140.96**	**22920.87**	**2**	**1692.25**	**1020.82**
本年发生案件立案	Cases Filing This Year	29690	27252.42	8275.34	1	101.72	18.74
违法转让	Illegal Transfer	23	20.68	1.21			
违法占地	Illegal Land Occupation	28699	25733.66	7998.98	1	101.72	18.74
违法批地	Illegal Land Grant	75	80.26	49.19			
其他	Others	893	1417.82	225.96			
历年隐漏案件立案	Filing of Hidden Cases over the Years	30900	40888.54	14645.53	1	1590.53	1002.08
本年结案	**Cases Settled This Year**	**32943**	**38254.80**	**11137.78**	**1**	**1590.53**	**1002.08**
处理本年发生案件	This Year' s Cases Handled	8298	9456.18	1908.42			
违法转让	Illegal Transfer	11	13.65	0.06			
违法占地	Illegal Land Occupation	8114	8949.27	1835.16			
违法批地	Illegal Land Grant	56	57.59	39.07			
其他	Others	117	435.68	34.12			
处理上年未结案	Last Year' s Unsettled Cases Handled	8011	5154.86	790.96			
处理历年隐漏案	Handling of Hidden Omissions over the Years	16634	23643.76	8438.40	1	1590.53	1002.08
本年未结案件	**Cases Unsettled This Year**	**48371**	**42539.94**	**14453.53**	**1**	**101.72**	**18.74**

——按地区分列（2019年）

Illegal Land Cases by Region（2019）

北京 Beijing			天津 Tianjin			河北 Hebei		
件数/件 Number of Cases/case	涉及土地面积/公顷 Land Area Involved/hm^2		件数/件 Number of Cases/case	涉及土地面积/公顷 Land Area Involved/hm^2		件数/件 Number of Cases/case	涉及土地面积/公顷 Land Area Involved/hm^2	
		耕地 Cultivated Land			耕地 Cultivated Land			耕地 Cultivated Land
681	**390.30**	**57.73**	**463**	**90.05**	**21.41**	**1342**	**1773.39**	**330.16**
2532	**2252.61**	**492.39**	**246**	**133.36**	**56.87**	**4164**	**5020.59**	**2310.14**
1262	1762.95	402.16	93	88.87	33.23	2413	2677.65	1322.74
1270	489.66	90.23	153	44.49	23.64	1751	2342.94	987.41
1105	**1549.97**	**359.35**	**172**	**104.54**	**53.77**	**2838**	**3004.03**	**1234.73**
761	1337.13	324.10	26	62.06	30.52	1438	1403.42	621.74
1	0.09							
695	1256.16	318.46	24	60.98	30.51	1424	1390.32	614.37
2	0.52							
63	80.35	5.64	2	1.08		14	13.11	7.37
344	212.84	35.25	146	42.47	23.26	1400	1600.61	612.99
372	**91.57**	**9.48**	**220**	**56.99**	**9.27**	**920**	**1861.07**	**599.80**
139	31.25	1.29	13	2.67	0.43	240	578.07	303.58
137	31.12	1.29	12	1.94	0.43	232	569.49	296.71
2	0.13		1	0.73		8	8.59	6.88
53	40.38	1.30	93	33.06	3.81	124	670.33	6.39
180	19.94	6.90	114	21.26	5.02	556	612.67	289.83
1414	**1848.69**	**407.60**	**415**	**137.59**	**65.92**	**3260**	**2916.36**	**965.09**

土地违法案件查处情况
Investigation and Treatment of Illegal

案件类型	Case Category	山西 Shanxi		
		件数/件 Number of Cases/case	涉及土地面积/公顷 Land Area Involved/hm²	
				耕地 Cultivated Land
上年未结案件	**Cases Unsettled Last Year**	**255**	**126.42**	**68.59**
本年发现违法	**Illegal Cases Discovered in the Current Year**	**3649**	**2862.58**	**698.01**
本年发生	Cases Occurring This Year	1769	1158.86	295.72
历年隐漏	Hidden Leakage over the Years	1880	1703.72	402.29
本年立案	**Filing This Year**	**3360**	**2348.64**	**510.74**
本年发生案件立案	Cases Filing This Year	1558	782.66	160.65
违法转让	Illegal Transfer	3	1.88	1.15
违法占地	Illegal Land Occupation	1463	740.39	152.19
违法批地	Illegal Land Grant	1	13.55	4.65
其他	Others	91	26.84	2.66
历年隐漏案件立案	Filing of Hidden Cases over the Years	1802	1565.98	350.09
本年结案	**Cases Settled This Year**	**1558**	**1151.16**	**182.72**
处理本年发生案件	This Year' s Cases Handled	452	273.36	49.31
违法转让	Illegal Transfer	1	0.37	
违法占地	Illegal Land Occupation	440	267.78	48.90
违法批地	Illegal Land Grant			
其他	Others	11	5.21	0.41
处理上年未结案	Last Year' s Unsettled Cases Handled	75	18.63	4.07
处理历年隐漏案	Handling of Hidden Omissions over the Years	1031	859.17	129.34
本年未结案件	**Cases Unsettled This Year**	**2057**	**1323.90**	**396.61**

——按地区分列（2019年） 续表1

Land Cases by Region（2019）Continued 1

内蒙古 Inner Mongolia			辽宁 Liaoning			吉林 Jilin		
件数/件 Number of Cases/case	涉及土地面积/公顷 Land Area Involved/hm^2		件数/件 Number of Cases/case	涉及土地面积/公顷 Land Area Involved/hm^2		件数/件 Number of Cases/case	涉及土地面积/公顷 Land Area Involved/hm^2	
		耕地 Cultivated Land			耕地 Cultivated Land			耕地 Cultivated Land
185	**2128.59**	**33.63**	**240**	**81.73**	**32.23**	**687**	**375.90**	**133.01**
1186	**3065.76**	**375.69**	**2061**	**1074.94**	**204.08**	**1348**	**5146.50**	**2585.01**
794	1745.28	213.34	1595	847.88	143.66	501	1276.63	690.18
392	1320.48	162.35	466	227.06	60.42	847	3869.87	1894.83
675	**2029.30**	**195.08**	**1306**	**455.56**	**129.32**	**1165**	**4466.44**	**2305.90**
363	842.17	57.19	923	318.38	88.96	368	819.40	449.78
			1	0.04				
357	838.06	57.19	904	306.77	86.61	366	815.70	448.80
6	4.11		18	11.56	2.35	2	3.70	0.98
312	1187.13	137.89	383	137.18	40.36	797	3647.04	1856.12
319	**3113.96**	**124.62**	**278**	**71.88**	**28.92**	**535**	**1009.15**	**642.43**
121	291.78	26.21	46	24.29	10.01	65	106.66	72.82
117	287.76	26.21	46	24.29	10.01	63	102.96	71.85
4	4.01					2	3.70	0.98
39	1882.23	6.43	116	19.14	8.76	325	130.70	33.97
159	939.95	91.99	116	28.45	10.15	145	771.80	535.63
541	**1043.93**	**104.09**	**1268**	**465.41**	**132.62**	**1317**	**3833.19**	**1796.48**

土地违法案件查处情况
Investigation and Treatment of Illegal

案件类型	Case Category	黑龙江 Heilongjiang		
		件数/件 Number of Cases/case	涉及土地面积/公顷 Land Area Involved/hm^2	
				耕地 Cultivated Land
上年未结案件	**Cases Unsettled Last Year**	**393**	**260.98**	**70.30**
本年发现违法	**Illegal Cases Discovered in the Current Year**	**1470**	**1714.58**	**519.13**
本年发生	Cases Occurring This Year	387	600.12	99.80
历年隐漏	Hidden Leakage over the Years	1083	1114.46	419.33
本年立案	**Filing This Year**	**1311**	**1526.30**	**424.96**
本年发生案件立案	Cases Filing This Year	247	484.86	74.70
违法转让	Illegal Transfer			
违法占地	Illegal Land Occupation	241	483.41	74.34
违法批地	Illegal Land Grant			
其他	Others	6	1.45	0.36
历年隐漏案件立案	Filing of Hidden Cases over the Years	1064	1041.45	350.25
本年结案	**Cases Settled This Year**	**1003**	**1151.64**	**344.53**
处理本年发生案件	This Year' s Cases Handled	106	422.15	57.02
违法转让	Illegal Transfer			
违法占地	Illegal Land Occupation	103	421.68	57.02
违法批地	Illegal Land Grant			
其他	Others	3	0.47	
处理上年未结案	Last Year' s Unsettled Cases Handled	312	184.36	55.63
处理历年隐漏案	Handling of Hidden Omissions over the Years	585	545.13	231.89
本年未结案件	**Cases Unsettled This Year**	**701**	**635.64**	**150.72**

——按地区分列（2019年） 续表2
Land Cases by Region（2019）Continued 2

上海 Shanghai			江苏 Jiangsu			浙江 Zhejiang		
件数/件 Number of Cases/case	涉及土地面积/公顷 Land Area Involved/hm²		件数/件 Number of Cases/case	涉及土地面积/公顷 Land Area Involved/hm²		件数/件 Number of Cases/case	涉及土地面积/公顷 Land Area Involved/hm²	
		耕地 Cultivated Land			耕地 Cultivated Land			耕地 Cultivated Land
6	**1.48**	**0.14**	**292**	**324.52**	**98.21**	**2587**	**465.01**	**155.03**
150	**51.29**	**7.95**	**2771**	**2229.16**	**930.27**	**3422**	**2074.11**	**637.56**
65	14.26	1.10	1959	1504.33	636.20	1197	602.32	183.71
85	37.03	6.85	812	724.83	294.07	2225	1471.79	453.86
35	**20.96**	**2.53**	**1888**	**1552.13**	**627.93**	**2622**	**1730.46**	**503.95**
14	5.58	0.26	1256	970.75	404.24	673	362.37	83.14
						1	0.13	
14	5.58	0.26	1239	956.23	400.67	667	360.21	83.06
			3	0.76	0.17	1	0.01	
			14	13.75	3.40	4	2.01	0.09
21	15.38	2.27	632	581.38	223.69	1949	1368.10	420.81
17	**12.73**	**2.53**	**785**	**874.10**	**347.62**	**1899**	**1041.70**	**380.21**
2	0.27	0.12	380	411.54	163.86	318	132.89	25.61
2	0.27	0.12	379	411.28	163.69	317	132.16	25.61
			1	0.26	0.17			
						1	0.73	
4	1.20	0.14	97	83.71	27.43	613	161.78	64.11
11	11.25	2.27	308	378.86	156.33	968	747.03	290.49
24	**9.71**	**0.14**	**1395**	**1002.54**	**378.51**	**3310**	**1153.77**	**278.77**

土地违法案件查处情况
Investigation and Treatment of Illegal

案件类型	Case Category	安徽 Anhui		
		件数/件 Number of Cases/case	涉及土地面积/公顷 Land Area Involved/hm²	
				耕地 Cultivated Land
上年未结案件	**Cases Unsettled Last Year**	**505**	**161.40**	**49.54**
本年发现违法	**Illegal Cases Discovered in the Current Year**	**4466**	**2695.50**	**1318.79**
本年发生	Cases Occurring This Year	2192	1245.23	635.28
历年隐漏	Hidden Leakage over the Years	2274	1450.27	683.52
本年立案	**Filing This Year**	**2214**	**1226.10**	**554.67**
本年发生案件立案	Cases Filing This Year	736	473.53	262.67
违法转让	Illegal Transfer			
违法占地	Illegal Land Occupation	678	411.35	218.38
违法批地	Illegal Land Grant	51	60.47	43.39
其他	Others	7	1.71	0.90
历年隐漏案件立案	Filing of Hidden Cases over the Years	1478	752.57	292.00
本年结案	**Cases Settled This Year**	**1120**	**674.97**	**264.10**
处理本年发生案件	This Year' s Cases Handled	129	155.25	80.98
违法转让	Illegal Transfer			
违法占地	Illegal Land Occupation	79	99.79	42.34
违法批地	Illegal Land Grant	49	55.40	38.58
其他	Others	1	0.06	0.06
处理上年未结案	Last Year' s Unsettled Cases Handled	321	74.92	18.03
处理历年隐漏案	Handling of Hidden Omissions over the Years	670	444.80	165.10
本年未结案件	**Cases Unsettled This Year**	**1599**	**712.54**	**340.10**

——按地区分列（2019年） 续表3
Land Cases by Region（2019）Continued 3

福建 Fujian			江西 Jiangxi			山东 Shandong		
件数/件 Number of Cases/case	涉及土地面积/公顷 Land Area Involved/hm²		件数/件 Number of Cases/case	涉及土地面积/公顷 Land Area Involved/hm²		件数/件 Number of Cases/case	涉及土地面积/公顷 Land Area Involved/hm²	
		耕地 Cultivated Land			耕地 Cultivated Land			耕地 Cultivated Land
518	**188.01**	**11.81**	**194**	**190.99**	**71.17**	**611**	**170.91**	**47.31**
3218	**2579.26**	**492.62**	**3374**	**2225.57**	**657.42**	**5817**	**8395.96**	**3939.28**
1722	1350.30	232.45	1236	601.95	124.85	3951	3729.40	1764.57
1496	1228.96	260.17	2138	1623.62	532.57	1866	4666.56	2174.71
1929	**930.59**	**110.25**	**1790**	**1687.15**	**481.30**	**5035**	**6731.03**	**3078.45**
791	480.35	60.83	453	371.84	80.48	3338	2867.99	1341.49
723	461.71	57.54	441	211.04	80.22	3272	2773.13	1316.71
1	0.12					1	0.09	
67	18.52	3.29	12	160.79	0.25	65	94.77	24.78
1138	450.24	49.42	1337	1315.31	400.82	1697	3863.04	1736.96
654	**544.14**	**28.87**	**1321**	**1110.58**	**348.74**	**1281**	**2381.18**	**1045.79**
165	231.54	11.52	269	114.32	37.34	402	345.93	201.98
164	231.25	11.45	268	114.26	37.28	399	292.38	189.17
1	0.29	0.08	1	0.06	0.06	3	53.55	12.81
86	6.50	2.24	24	53.08	23.29	187	54.52	14.59
403	306.10	15.10	1028	943.18	288.11	692	1980.73	829.21
1793	**574.46**	**93.20**	**663**	**767.56**	**203.73**	**4365**	**4520.76**	**2079.98**

土地违法案件查处情况
Investigation and Treatment of Illegal

案件类型	Case Category	河南 Henan		
		件数/件 Number of Cases/case	涉及土地面积/公顷 Land Area Involved/hm^2	
				耕地 Cultivated Land
上年未结案件	**Cases Unsettled Last Year**	**1094**	**387.78**	**127.79**
本年发现违法	**Illegal Cases Discovered in the Current Year**	**7954**	**4983.18**	**2047.62**
本年发生	Cases Occurring This Year	5462	3168.32	1275.05
历年隐漏	Hidden Leakage over the Years	2492	1814.86	772.57
本年立案	**Filing This Year**	**5415**	**2873.01**	**1236.89**
本年发生案件立案	Cases Filing This Year	3576	1705.71	739.01
违法转让	Illegal Transfer	1	0.19	0.06
违法占地	Illegal Land Occupation	3440	1563.28	727.11
违法批地	Illegal Land Grant	8	2.27	0.19
其他	Others	127	139.97	11.65
历年隐漏案件立案	Filing of Hidden Cases over the Years	1839	1167.31	497.88
本年结案	**Cases Settled This Year**	**1923**	**1080.67**	**446.16**
处理本年发生案件	This Year's Cases Handled	944	392.49	167.97
违法转让	Illegal Transfer	1	0.19	0.06
违法占地	Illegal Land Occupation	925	383.48	165.79
违法批地	Illegal Land Grant	3	0.48	0.19
其他	Others	15	8.34	1.92
处理上年未结案	Last Year's Unsettled Cases Handled	193	156.97	43.97
处理历年隐漏案	Handling of Hidden Omissions over the Years	786	531.20	234.22
本年未结案件	**Cases Unsettled This Year**	**4586**	**2180.13**	**918.53**

——按地区分列（2019年） 续表4

Land Cases by Region（2019）Continued 4

湖北 Hubei			湖南 Hunan			广东 Guangdong		
件数/件 Number of Cases/case	涉及土地面积/公顷 Land Area Involved/hm^2		件数/件 Number of Cases/case	涉及土地面积/公顷 Land Area Involved/hm^2		件数/件 Number of Cases/case	涉及土地面积/公顷 Land Area Involved/hm^2	
		耕地 Cultivated Land			耕地 Cultivated Land			耕地 Cultivated Land
729	**525.08**	**170.19**	**290**	**491.42**	**126.55**	**4816**	**893.54**	**286.11**
3099	**3399.32**	**1579.48**	**4684**	**2907.87**	**1132.72**	**4300**	**2209.32**	**613.10**
1899	2119.44	1054.36	2627	1213.92	423.56	2485	1136.24	309.15
1200	1279.88	525.12	2057	1693.96	709.16	1815	1073.08	303.95
2035	**2126.55**	**918.77**	**2009**	**1671.44**	**709.14**	**4361**	**1752.75**	**490.81**
980	1125.44	533.42	1013	508.26	154.29	1994	805.70	231.20
3	2.79		1	0.28				
943	1100.38	527.00	1000	500.23	150.00	1873	544.91	174.66
1	0.15	0.15						
33	22.12	6.27	12	7.75	4.29	121	260.79	56.54
1055	1001.11	385.35	996	1163.18	554.85	2367	947.05	259.62
899	**631.35**	**281.41**	**804**	**1108.19**	**553.75**	**5929**	**980.57**	**335.75**
117	63.74	30.93	302	169.51	56.49	730	125.76	54.02
1	0.79							
113	54.76	28.07	300	169.32	56.49	707	111.80	51.94
3	8.20	2.86	2	0.19		23	13.96	2.08
240	70.20	27.30	94	241.53	88.82	3787	583.48	219.37
542	497.41	223.18	408	697.14	408.45	1412	271.32	62.36
1865	**2020.27**	**807.55**	**1495**	**1054.68**	**281.94**	**3248**	**1665.72**	**441.17**

土地违法案件查处情况

Investigation and Treatment of Illegal

案件类型	Case Category	广西 Guangxi		
		件数/件 Number of Cases/case	涉及土地面积/公顷 Land Area Involved/hm²	
				耕地 Cultivated Land
上年未结案件	**Cases Unsettled Last Year**	**2775**	**602.74**	**152.98**
本年发现违法	**Illegal Cases Discovered in the Current Year**	**13182**	**7715.88**	**2734.68**
本年发生	Cases Occurring This Year	10060	4178.00	1222.65
历年隐漏	Hidden Leakage over the Years	3122	3537.88	1512.03
本年立案	**Filing This Year**	**6651**	**4941.13**	**1945.31**
本年发生案件立案	Cases Filing This Year	4170	1788.64	590.03
违法转让	Illegal Transfer	1	0.06	
违法占地	Illegal Land Occupation	4135	1781.11	588.63
违法批地	Illegal Land Grant	3	1.61	0.37
其他	Others	31	5.86	1.03
历年隐漏案件立案	Filing of Hidden Cases over the Years	2481	3152.49	1355.28
本年结案	**Cases Settled This Year**	**3231**	**1834.18**	**769.97**
处理本年发生案件	This Year's Cases Handled	1317	90.39	27.58
违法转让	Illegal Transfer	1	0.06	
违法占地	Illegal Land Occupation	1313	89.07	27.55
违法批地	Illegal Land Grant	1	1.19	
其他	Others	2	0.07	0.03
处理上年未结案	Last Year's Unsettled Cases Handled	586	127.01	15.17
处理历年隐漏案	Handling of Hidden Omissions over the Years	1328	1616.78	727.21
本年未结案件	**Cases Unsettled This Year**	**6195**	**3709.68**	**1328.32**

——按地区分列（2019年） 续表5
Land Cases by Region（2019）Continued 5

海南 Hainan			重庆 Chongqing			四川 Sichuan		
件数/件 Number of Cases/case	涉及土地面积/公顷 Land Area Involved/hm^2		件数/件 Number of Cases/case	涉及土地面积/公顷 Land Area Involved/hm^2		件数/件 Number of Cases/case	涉及土地面积/公顷 Land Area Involved/hm^2	
		耕地 Cultivated Land			耕地 Cultivated Land			耕地 Cultivated Land
509	**547.18**	**236.71**	**185**	**120.14**	**36.10**	**382**	**160.14**	**53.72**
1048	**932.30**	**164.98**	**3085**	**2851.12**	**1066.99**	**2157**	**5523.01**	**2507.60**
469	251.45	32.05	710	454.61	191.54	1036	2166.55	1079.75
579	680.85	132.92	2375	2396.51	875.45	1121	3356.46	1427.85
353	**214.04**	**62.85**	**1214**	**2370.21**	**786.65**	**790**	**1938.86**	**625.87**
47	47.90	11.18	267	334.06	129.71	242	738.79	272.31
46	46.97	10.25	259	330.65	129.60	230	631.04	232.17
1	0.93	0.93	8	3.41	0.11	12	107.76	40.14
306	166.15	51.67	947	2036.15	656.94	548	1200.06	353.56
140	**91.55**	**12.46**	**953**	**2142.05**	**660.01**	**342**	**711.37**	**151.13**
7	1.21		136	203.59	51.90	51	43.38	20.75
7	1.21		135	203.59	51.90	51	43.38	20.75
			1					
93	68.59	11.16	106	56.29	19.18	51	24.20	13.51
40	21.75	1.29	711	1882.16	588.93	240	643.79	116.87
722	**669.68**	**287.10**	**446**	**348.30**	**162.74**	**830**	**1387.63**	**528.45**

土地违法案件查处情况
Investigation and Treatment of Illegal

案件类型	Case Category	贵州 Guizhou		
		件数/件 Number of Cases/case	涉及土地面积/公顷 Land Area Involved/hm^2	
				耕地 Cultivated Land
上年未结案件	**Cases Unsettled Last Year**	**35**	**16.73**	**6.93**
本年发现违法	**Illegal Cases Discovered in the Current Year**	**3642**	**6549.72**	**2941.73**
本年发生	Cases Occurring This Year	2378	2569.75	1159.81
历年隐漏	Hidden Leakage over the Years	1264	3979.96	1781.92
本年立案	**Filing This Year**	**1608**	**4439.29**	**2028.36**
本年发生案件立案	Cases Filing This Year	749	1620.74	791.05
违法转让	Illegal Transfer			
违法占地	Illegal Land Occupation	691	1562.98	756.84
违法批地	Illegal Land Grant			
其他	Others	58	57.77	34.21
历年隐漏案件立案	Filing of Hidden Cases over the Years	859	2818.55	1237.31
本年结案	**Cases Settled This Year**	**604**	**1736.09**	**803.94**
处理本年发生案件	This Year's Cases Handled	140	236.77	117.61
违法转让	Illegal Transfer			
违法占地	Illegal Land Occupation	140	236.77	117.61
违法批地	Illegal Land Grant			
其他	Others			
处理上年未结案	Last Year's Unsettled Cases Handled	16	7.26	2.26
处理历年隐漏案	Handling of Hidden Omissions over the Years	448	1492.06	684.08
本年未结案件	**Cases Unsettled This Year**	**1039**	**2719.93**	**1231.35**

——按地区分列（2019年） 续表6
Land Cases by Region（2019）Continued 6

云南 Yunnan			西藏 Tibet			陕西 Shaanxi		
件数/件 Number of Cases/case	涉及土地面积/公顷 Land Area Involved/hm²		件数/件 Number of Cases/case	涉及土地面积/公顷 Land Area Involved/hm²		件数/件 Number of Cases/case	涉及土地面积/公顷 Land Area Involved/hm²	
		耕地 Cultivated Land			耕地 Cultivated Land			耕地 Cultivated Land
261	**628.23**	**47.08**	**2**	**0.44**		**206**	**76.46**	**32.01**
1990	**3381.72**	**1199.15**	**300**	**996.54**	**199.93**	**1686**	**1725.41**	**575.82**
757	990.13	205.06	207	511.61	146.65	1002	802.81	253.21
1233	2391.59	994.09	93	484.93	53.28	684	922.60	322.61
1308	**2977.90**	**1058.66**	**14**	**5.77**	**1.24**	**1406**	**1562.52**	**519.32**
436	849.85	167.68	9	5.05	0.77	792	680.59	214.30
401	828.05	156.06	8	4.81	0.77	765	667.26	208.03
						2	0.58	0.28
35	21.80	11.62	1	0.24		25	12.75	5.99
872	2128.05	890.98	5	0.72	0.46	614	881.93	305.02
804	**2332.63**	**905.10**				**838**	**920.79**	**350.97**
191	691.16	117.26				311	320.92	135.98
186	687.09	117.26				304	314.61	130.10
						1	0.14	0.14
5	4.07					6	6.17	5.75
125	115.01	19.67				103	52.11	24.69
488	1526.46	768.17				424	547.76	190.31
765	**1273.50**	**200.64**	**16**	**6.20**	**1.24**	**774**	**718.20**	**200.35**

土地违法案件查处情况
Investigation and Treatment of Illegal

案件类型	Case Category	甘肃 Gansu		
		件数/件 Number of Cases/case	涉及土地面积/公顷 Land Area Involved/hm²	
				耕地 Cultivated Land
上年未结案件	**Cases Unsettled Last Year**	**25**	**488.71**	**76.37**
本年发现违法	**Illegal Cases Discovered in the Current Year**	**1214**	**2673.10**	**1034.76**
本年发生	Cases Occurring This Year	759	1602.25	580.35
历年隐漏	Hidden Leakage over the Years	455	1070.85	454.41
本年立案	**Filing This Year**	**674**	**681.78**	**239.96**
本年发生案件立案	Cases Filing This Year	409	309.51	98.26
违法转让	Illegal Transfer			
违法占地	Illegal Land Occupation	403	308.38	98.01
违法批地	Illegal Land Grant			
其他	Others	6	1.13	0.25
历年隐漏案件立案	Filing of Hidden Cases over the Years	265	372.27	141.70
本年结案	**Cases Settled This Year**	**363**	**181.94**	**58.42**
处理本年发生案件	This Year' s Cases Handled	163	62.44	19.78
违法转让	Illegal Transfer			
违法占地	Illegal Land Occupation	159	61.70	19.58
违法批地	Illegal Land Grant			
其他	Others	4	0.75	0.21
处理上年未结案	Last Year' s Unsettled Cases Handled	15	4.33	2.11
处理历年隐漏案	Handling of Hidden Omissions over the Years	185	115.17	36.52
本年未结案件	**Cases Unsettled This Year**	**336**	**988.55**	**257.92**

——按地区分列（2019年） 续表7

Land Cases by Region（2019）Continued 7

青海 Qinghai			宁夏 Ningxia			新疆 Xinjiang		
件数/件 Number of Cases/case	涉及土地面积/公顷 Land Area Involved/hm^2	耕地 Cultivated Land	件数/件 Number of Cases/case	涉及土地面积/公顷 Land Area Involved/hm^2	耕地 Cultivated Land	件数/件 Number of Cases/case	涉及土地面积/公顷 Land Area Involved/hm^2	耕地 Cultivated Land
78	**271.29**	**72.69**	**33**	**28.54**	**1.74**	**345**	**685.67**	**63.21**
1576	**2504.73**	**512.44**	**749**	**482.05**	**35.76**	**5536**	**11567.02**	**752.58**
498	982.89	271.94	523	374.85	27.40	3198	7530.7	379.58
1078	1521.84	240.50	226	107.20	8.36	2338	4036.31	373
1373	**2425.38**	**463.97**	**290**	**141.27**	**15.97**	**3642**	**6963.62**	**223.36**
361	920.43	236.33	120	71.85	9.18	1579	4055.71	37.14
			3	2.81		8	12.42	
353	899.83	236.33	116	69.04	9.18	1527	3721.99	36.27
1	0.12							
7	20.48		1			44	321.29	0.87
1012	1504.94	227.64	170	69.42	6.80	2063	2907.9	186.21
859	**1446.91**	**253.71**	**169**	**74.77**	**3.69**	**2802**	**6244.39**	**189.59**
113	464.84	54.19	63	24.84	1.03	866	3443.15	10.84
						7	12.24	
109	459.72	54.19	62	24.84	1.03	845	3119.52	10.84
1	0.12							
3	5.01		1			14	311.38	
48	68.41	13.09	15	17.00	0.71	70	147.91	19.77
698	913.65	186.43	91	32.94	1.94	1866	2653.32	159
592	**1249.76**	**282.95**	**154**	**95.04**	**14.02**	**1185**	**1404.89**	**96.96**

土地违法案件及查处情况
Investigation and Treatment of Illegal Land

案件类型	Case Category	合计 Total		
		件数/件 Number of Cases/case	涉及土地面积/公顷 Land Area Involved/hm²	
				耕地 Cultivated Land
上年未结案件	**Cases Unsettled Last Year**	**20724**	**12653.77**	**2670.43**
本年发现违法	**Illegal Cases Discovered in the Current Year**	**96077**	**102025.78**	**34343.31**
本年发生	Cases Occurring This Year	55206	49259.55	15391.10
历年隐漏	Hidden Leakage over the Years	40871	52766.24	18952.21
本年立案	**Filing This Year**	**60590**	**68140.96**	**22920.87**
本年发生案件立案	Cases Filing This Year	29690	27252.42	8275.34
违法转让	Illegal Transfer	23	20.68	1.21
违法占地	Illegal Land Occupation	28699	25733.66	7998.98
违法批地	Illegal Land Grant	75	80.26	49.19
其他	Others	893	1417.82	225.96
历年隐漏案件立案	Filing of Hidden Cases over the Years	30900	40888.54	14645.53
本年结案	**Cases Settled This Year**	**32943**	**38254.80**	**11137.78**
处理本年发生案件	This Year' s Cases Handled	8298	9456.18	1908.42
违法转让	Illegal Transfer	11	13.65	0.06
违法占地	Illegal Land Occupation	8114	8949.27	1835.16
违法批地	Illegal Land Grant	56	57.59	39.07
其他	Others	117	435.68	34.12
处理上年未结案	Last Year' s Unsettled Cases Handled	8011	5154.86	790.96
处理历年隐漏案	Handling of Hidden Omissions over the Years	16634	23643.76	8438.40
本年未结案件	**Cases Unsettled This Year**	**48371**	**42539.94**	**14453.53**

——按涉案主体级别分列（2019年）
Cases by Level of Involved Subjects（2019）

省级 Provincial Level			市级 Municipal Level			县级 County Level		
件数/件 Number of Cases/case	涉及土地面积/公顷 Land Area Involved/hm^2	耕地 Cultivated Land	件数/件 Number of Cases/case	涉及土地面积/公顷 Land Area Involved/hm^2	耕地 Cultivated Land	件数/件 Number of Cases/case	涉及土地面积/公顷 Land Area Involved/hm^2	耕地 Cultivated Land
7	**8.89**	**4.26**	**61**	**119.65**	**23.51**	**213**	**483.44**	**72.40**
824	**5060.80**	**1952.75**	**1032**	**4248.41**	**1516.30**	**3063**	**7285.72**	**2727.91**
448	2413.29	1070.10	574	1680.09	556.29	1755	3616.65	1218.17
376	2647.51	882.65	458	2568.32	960.01	1308	3669.07	1509.74
240	**923.36**	**465.94**	**483**	**4103.17**	**1925.93**	**1673**	**4202.98**	**1837.05**
98	411.33	237.79	238	711.38	238.06	710	1474.68	638.43
89	395.47	226.14	213	660.22	216.93	674	1392.15	592.25
1	0.37	0.37				6	39.91	33.30
8	15.49	11.29	25	51.16	21.13	30	42.61	12.89
142	512.03	228.14	245	3391.79	1687.87	963	2728.30	1198.61
65	**172.40**	**80.09**	**152**	**2475.08**	**1172.78**	**678**	**1406.65**	**498.05**
3	5.03	3.99	22	58.12	23.21	133	236.27	125.82
2	4.79	3.99	20	58.12	23.21	126	200.01	95.90
						4	35.74	29.72
1	0.24		2	0.01		3	0.52	0.21
1	0.73		20	27.67	5.49	74	205.40	44.84
61	166.64	76.11	110	2389.28	1144.08	471	964.98	327.38
182	**759.85**	**390.11**	**392**	**1747.75**	**776.66**	**1208**	**3279.77**	**1411.40**

土地违法案件及查处情况
Investigation and Treatment of Illegal Land

案件类型	Case Category	乡级 Township Level		
		件数/件 Number of Cases/case	涉及土地面积/公顷 Land Area Involved/hm^2	
				耕地 Cultivated Land
上年未结案件	**Cases Unsettled Last Year**	**134**	**121.88**	**48.64**
本年发现违法	**Illegal Cases Discovered in the Current Year**	**1627**	**1825.82**	**720.20**
本年发生	Cases Occurring This Year	1007	1035.69	370.18
历年隐漏	Hidden Leakage over the Years	620	790.13	350.02
本年立案	**Filing This Year**	**823**	**943.42**	**374.70**
本年发生案件立案	Cases Filing This Year	395	456.30	158.92
违法转让	Illegal Transfer			
违法占地	Illegal Land Occupation	368	394.07	151.04
违法批地	Illegal Land Grant	5	4.03	3.49
其他	Others	22	58.21	4.39
历年隐漏案件立案	Filing of Hidden Cases over the Years	428	487.12	215.78
本年结案	**Cases Settled This Year**	**442**	**468.91**	**182.18**
处理本年发生案件	This Year' s Cases Handled	118	130.14	51.44
违法转让	Illegal Transfer			
违法占地	Illegal Land Occupation	113	126.11	47.94
违法批地	Illegal Land Grant	5	4.03	3.49
其他	Others			
处理上年未结案	Last Year' s Unsettled Cases Handled	34	35.17	20.42
处理历年隐漏案	Handling of Hidden Omissions over the Years	290	303.61	110.33
本年未结案件	**Cases Unsettled This Year**	**515**	**596.38**	**241.16**

——按涉案主体级别分列（2019年） 续表

Cases by Level of Involved Subjects（2019）Continued

村（组）集体 Village and Collective Level			企事业单位 Enterprises and Institutions			个人 Individuals		
件数/件 Number of Cases/case	涉及土地面积/公顷 Land Area Involved/hm^2		件数/件 Number of Cases/case	涉及土地面积/公顷 Land Area Involved/hm^2		件数/件 Number of Cases/case	涉及土地面积/公顷 Land Area Involved/hm^2	
		耕地 Cultivated Land			耕地 Cultivated Land			耕地 Cultivated Land
2143	**631.11**	**184.86**	**4563**	**7535.79**	**1420.04**	**13603**	**3753.01**	**916.72**
9512	**4116.79**	**1331.88**	**30350**	**67642.50**	**23005.70**	**49669**	**11845.74**	**3088.57**
5516	2537.62	844.36	15989	31648.87	9703.67	29917	6327.34	1628.33
3996	1579.17	487.52	14361	35993.64	13302.03	19752	5518.40	1460.24
5988	**2530.79**	**782.54**	**21695**	**47499.97**	**15666.47**	**29688**	**7937.27**	**1868.25**
3038	1387.01	449.03	10255	19438.63	5784.15	14956	3373.09	768.94
6	3.02	0.06	4	12.01		13	5.66	1.15
2946	1343.04	438.86	9842	18616.48	5637.33	14567	2932.23	736.44
6	2.89	1.58	14	25.20	5.44	43	7.87	5.02
80	38.07	8.53	395	784.94	141.39	333	427.33	26.34
2950	1143.78	333.51	11440	28061.35	9882.31	14732	4564.18	1099.30
3177	**1283.10**	**369.42**	**11214**	**27134.84**	**7769.95**	**17215**	**5313.82**	**1065.31**
847	552.58	128.56	2914	7304.68	1403.23	4261	1169.35	172.17
2	0.72	0.06	3	11.83		6	1.10	
834	548.64	127.85	2851	7168.55	1371.16	4168	843.05	165.12
3	1.13	0.35	7	9.90	0.64	37	6.79	4.87
8	2.10	0.30	53	114.40	31.43	50	318.41	2.19
801	160.72	59.61	1771	3510.39	459.55	5310	1214.78	201.05
1529	569.80	181.26	6529	16319.77	5907.17	7644	2929.69	692.08
4954	**1878.80**	**597.99**	**15044**	**27900.92**	**9316.56**	**26076**	**6376.46**	**1719.66**

土地违法案件
Investigation and Treatment

地　区	Region	拆除构建物/平方米 Demolition of Buildings and Structures/m²	没收构建物/平方米 Confiscation of Buildings and Structures/m²
总　计	**Total**	**11189171**	**145846032**
自然资源部	MNR		
北　京	Beijing	169675	123705
天　津	Tianjin	20465	2200
河　北	Hebei	581593	59162559
山　西	Shanxi	437285	4932053
内蒙古	Inner Mongolia	160962	4624366
辽　宁	Liaoning	33532	172708
吉　林	Jilin	158906	55497
黑龙江	Heilongjiang	169745	244856
上　海	Shanghai	3825	16432
江　苏	Jiangsu	862636	4791448
浙　江	Zhejiang	478668	2590987
安　徽	Anhui	230881	1368051
福　建	Fujian	62847	1036276
江　西	Jiangxi	329633	1043559
山　东	Shandong	630498	12461658
河　南	Henan	890768	1207552
湖　北	Hubei	153731	2765913
湖　南	Hunan	511738	4841844
广　东	Guangdong	406072	474822
广　西	Guangxi	660376	13736874
海　南	Hainan	186449	1233119
重　庆	Chongqing	450340	6394473
四　川	Sichuan	244583	1586202
贵　州	Guizhou	494355	8543044
云　南	Yunnan	1089536	7382999
西　藏	Tibet	24757	
陕　西	Shaanxi	491642	4415025
甘　肃	Gansu	29252	178134
青　海	Qinghai	525401	153334
宁　夏	Ningxia	38157	126449
新　疆	Xinjiang	660862	179891

查处结果（2019年）
Result of Illegal Land Cases（2019）

收回土地/公顷 Land Retrieval/hm^2		罚没款/万元 Fine/10^4 yuan
	耕地 Cultivated Land	
28489.62	**5183.02**	**536136.69**
302.40	214.82	
23.01	2.32	625.97
		326.26
9548.38	2666.25	59517.08
336.42	2.99	15075.25
40.06	3.17	25723.02
5.36	3.63	1626.96
13.88	1.90	22103.36
10.21	0.13	12079.96
4.82	4.13	92.15
168.07	43.93	8488.79
1133.51	318.50	21132.29
601.71	133.31	4229.76
2830.12	2.40	82627.27
93.27	38.79	6278.79
372.02	144.75	128140.00
106.61	58.95	12345.57
481.39	255.82	12555.74
1324.61	150.98	12562.48
57.50	4.47	2325.10
2507.92	725.62	13807.46
2.95		12130.08
646.53	316.03	13481.26
1710.22	27.01	11616.80
2937.13	37.21	12371.79
39.08	3.59	11834.59
0.60		29.13
1343.42	6.34	11259.93
1382.62	0.45	5059.27
21.69	10.38	4859.35
15.51	0.90	512.36
428.63	4.24	11318.88

矿产违法案件查处情况

Investigation and Treatment of Illegal

单位：件

案件类型	Case Category	合计 Total	自然资源部 MNR	北京 Beijing	天津 Tianjin	河北 Hebei	山西 Shanxi
上年未结案件	**Cases Unsettled Last Year**	**1254**		**17**		**11**	**8**
本年立案	**Cases Filed This Year**	**5391**	**1**	**3**	**13**	**169**	**282**
勘查	Exploration	61				8	5
无证勘查	Exploration without Any License	37				8	5
越界勘查	Cross-border Exploration	8					
非法转让探矿权	Illegal Transfer of Exploration Right	1					
勘查其他	Exploration Others	15					
开采	Mining	5014		3	12	153	249
无证开采	Mining without Any License	3568		3	4	133	159
越界开采	Cross-border Mining	1361				19	84
非法转让采矿权	Illegal Transfer of Mining Right	2					
破坏性开采	Destructive Mining	13					1
开采其他	Mining Others	70			8	1	5
非法批准	Illegal Approval						
违法发证	Unlawful Issuance of License						
勘查许可证	Exploration License						
采矿许可证	Mining License						
其他	Others	316	1		1	8	28
本年结案	**Cases Settled This Year**	**4538**		**5**	**4**	**148**	**248**
处理上年未结案	Last Year's Unsettled Cases Handled	420		5		4	6
勘查	Exploration	57				9	5
无证勘查	Exploration without Any License	36				9	5
越界勘查	Cross-border Exploration	5					
非法转让探矿权	Illegal Transfer of Exploration Right	1					
勘查其他	Exploration Others	15					
开采	Mining	4250		5	4	135	224
无证开采	Mining without Any License	3054		5	4	116	137
越界开采	Cross-border Mining	1120				18	83
非法转让采矿权	Illegal Transfer of Mining Right	2					
破坏性开采	Destructive Mining	15					1
开采其他	Mining Others	59				1	3
非法批准	Illegal Approval						
违法发证	Unlawful Issuance of License						
勘查许可证	Exploration License						
采矿许可证	Mining License						
其他	Others	231				4	19
本年未结案件	**Cases Unsettled This Year**	**2107**	**1**	**15**	**9**	**32**	**42**

——按地区分列（2019年）

Mineral Cases by Region（2019）

Unit：case

内蒙古 Inner Mongolia	辽宁 Liaoning	吉林 Jilin	黑龙江 Heilongjiang	上海 Shanghai	江苏 Jiangsu	浙江 Zhejiang	安徽 Anhui	福建 Fujian	江西 Jiangxi	山东 Shandong	河南 Henan
19	**6**	**58**	**99**		**4**	**322**	**41**	**8**	**20**	**74**	**41**
143	**34**	**104**	**253**		**20**	**336**	**132**	**46**	**240**	**296**	**205**
7	2		3			1			1		
			1			1					
	2		1						1		
7			1								
132	31	103	243		18	303	125	34	228	279	184
103	20	86	89		17	289	117	27	108	263	168
19	11	16	153		1	9	4	6	119	15	15
2						5	2			1	
8		1	1				2	1	1		1
4	1	1	7		2	32	7	12	11	17	21
135	**22**	**115**	**298**		**13**	**226**	**117**	**30**	**188**	**217**	**145**
2	1	29	87			49	11	2	11	18	4
7			3			1			1		
			1			1					
			1						1		
7			1								
124	21	115	288		13	207	113	23	180	207	128
99	13	91	139		13	197	111	18	94	192	119
15	8	22	148			3		4	86	14	8
2						7	1			1	
8		2	1				1	1			1
4	1		7			18	4	7	7	10	17
27	**18**	**47**	**54**		**11**	**432**	**56**	**24**	**72**	**153**	**101**

矿产违法案件查处情况

Investigation and Treatment of Illegal

单位：件

案件类型	Case Category	湖北 Hubei	湖南 Hunan	广东 Guangdong	广西 Guangxi	海南 Hainan	重庆 Chongqing
上年未结案件	**Cases Unsettled Last Year**	**52**	**67**	**3**	**106**	**32**	**37**
本年立案	**Cases Filed This Year**	**138**	**217**	**26**	**529**	**49**	**132**
勘查	Exploration	1	1		1		
无证勘查	Exploration without Any License	1					
越界勘查	Cross-border Exploration		1		1		
非法转让探矿权	Illegal Transfer of Exploration Right						
勘查其他	Exploration Others						
开采	Mining	119	207	26	516	49	129
无证开采	Mining without Any License	80	106	13	441	48	103
越界开采	Cross-border Mining	38	101	13	67	1	21
非法转让采矿权	Illegal Transfer of Mining Right						
破坏性开采	Destructive Mining						
开采其他	Mining Others	1			8		5
非法批准	Illegal Approval						
违法发证	Unlawful Issuance of License						
勘查许可证	Exploration License						
采矿许可证	Mining License						
其他	Others	18	9		12		3
本年结案	**Cases Settled This Year**	**126**	**199**	**12**	**432**	**48**	**120**
处理上年未结案	Last Year's Unsettled Cases Handled	31	29	2	33	8	18
勘查	Exploration	1	1		1		
无证勘查	Exploration without Any License	1					
越界勘查	Cross-border Exploration		1		1		
非法转让探矿权	Illegal Transfer of Exploration Right						
勘查其他	Exploration Others						
开采	Mining	112	190	12	424	48	117
无证开采	Mining without Any License	83	90	8	365	47	96
越界开采	Cross-border Mining	28	100	3	52	1	16
非法转让采矿权	Illegal Transfer of Mining Right						
破坏性开采	Destructive Mining			1			
开采其他	Mining Others	1			7		5
非法批准	Illegal Approval						
违法发证	Unlawful Issuance of License						
勘查许可证	Exploration License						
采矿许可证	Mining License						
其他	Others	13	8		7		3
本年未结案件	**Cases Unsettled This Year**	**64**	**85**	**17**	**203**	**33**	**49**

——按地区分列（2019年）续表
Mineral Cases by Region（2019）Continued

Unit：case

四川 Sichuan	贵州 Guizhou	云南 Yunnan	西藏 Tibet	陕西 Shaanxi	甘肃 Gansu	青海 Qinghai	宁夏 Ningxia	新疆 Xinjiang
55	**8**	**78**		**27**	**4**	**11**	**20**	**26**
190	**244**	**535**	**5**	**85**	**93**	**92**	**121**	**658**
1	1	5		1		1		22
	1	2						18
1								1
								1
		3		1		1		2
181	211	506	3	63	88	90	121	608
59	139	341	3	49	58	58	97	387
120	69	161		12	28	32	24	203
		2						
					1			1
2	3	2		2	1			17
8	32	24	2	21	5	1		28
112	**199**	**432**		**62**	**86**	**90**	**93**	**616**
6	1	39		6	2	9	2	5
1	1	4		1		1		20
	1	1						17
1								
								1
		3		1		1		2
106	170	409		40	84	88	93	570
43	113	278		30	58	57	74	364
61	54	127		8	24	31	19	187
		2						
					1			1
2	3	2		2	1			18
5	28	19		21	2	1		26
133	**53**	**181**	**5**	**50**	**11**	**13**	**48**	**68**

矿产违法案件查处情况
Investigation and Treatment of Illegal

单位：件

案件类型	Case Category	合计 Total	国家机关 State Organs			
				省级 Provincial Level	市级 Municipal Level	县级 County Level
上年未结案件	**Cases Unsettled Last Year**	**1254**	**12**	**1**		**11**
本年立案	**Cases Filed This Year**	**5391**	**73**	**3**	**5**	**65**
勘查	Exploration	61	5		1	4
无证勘查	Exploration without Any License	37	2		1	1
越界勘查	Cross-border Exploration	8	1			1
非法转让探矿权	Illegal Transfer of Exploration Right	1				
勘查其他	Exploration Others	15	2			2
开采	Mining	5014	62	2	1	59
无证开采	Mining without Any License	3568	22	1	1	20
越界开采	Cross-border Mining	1361	39			39
非法转让采矿权	Illegal Transfer of Mining Right	2				
破坏性开采	Destructive Mining	13				
开采其他	Mining Others	70	1	1		
非法批准	Illegal Approval					
违法发证	Unlawful Issuance of License					
勘查许可证	Exploration License					
采矿许可证	Mining License					
其他	Others	316	6	1	3	2
本年结案	**Cases Settled This Year**	**4538**	**53**	**3**	**3**	**47**
处理上年未结案	Last Year's Unsettled Cases Handled	420	7	1		6
勘查	Exploration	57	3		1	2
无证勘查	Exploration without Any License	36	1		1	
越界勘查	Cross-border Exploration	5				
非法转让探矿权	Illegal Transfer of Exploration Right	1				
勘查其他	Exploration Others	15	2			2
开采	Mining	4250	45	2		43
无证开采	Mining without Any License	3054	22	1		21
越界开采	Cross-border Mining	1120	23	1		22
非法转让采矿权	Illegal Transfer of Mining Right	2				
破坏性开采	Destructive Mining	15				
开采其他	Mining Others	59				
非法批准	Illegal Approval					
违法发证	Unlawful Issuance of License					
勘查许可证	Exploration License					
采矿许可证	Mining License					
其他	Others	231	5	1	2	2
本年未结案件	**Cases Unsettled This Year**	**2107**	**32**	**1**	**2**	**29**

——按涉案主体级别分列（2019年）

Mineral Cases by Level of Involved Subjects (2019)

Unit:case

企事业单位 Enterprises and Institutions		集体 Collective		个人 Individual
	外商 Foreign-funded		乡村 Township	
243		**25**	**15**	**974**
1574	**25**	**100**	**61**	**3644**
26	1			30
11	1			24
2				5
				1
13				
1443	23	91	58	3418
547	5	56	44	2943
838	16	33	14	451
2				
10				3
46	2	2		21
105	1	9	3	196
1277	**16**	**84**	**49**	**3124**
92		10	5	311
25				29
10				25
2				3
				1
13				
1172	16	78	47	2955
432	1	43	33	2557
692	13	32	14	373
2				
10		1		4
36	2	2		21
80		6	2	140
540	**9**	**41**	**27**	**1494**

矿产违法案件查处
Investigation and Treatment Results

地 区	Region	吊销勘查许可证/个 Revoked Exploration Licenses/number
总 计	**Total**	**1**
自然资源部	MNR	
北 京	Beijing	
天 津	Tianjin	
河 北	Hebei	
山 西	Shanxi	
内蒙古	Inner Mongolia	
辽 宁	Liaoning	
吉 林	Jilin	
黑龙江	Heilongjiang	
上 海	Shanghai	
江 苏	Jiangsu	
浙 江	Zhejiang	1
安 徽	Anhui	
福 建	Fujian	
江 西	Jiangxi	
山 东	Shandong	
河 南	Henan	
湖 北	Hubei	
湖 南	Hunan	
广 东	Guangdong	
广 西	Guangxi	
海 南	Hainan	
重 庆	Chongqing	
四 川	Sichuan	
贵 州	Guizhou	
云 南	Yunnan	
西 藏	Tibet	
陕 西	Shaanxi	
甘 肃	Gansu	
青 海	Qinghai	
宁 夏	Ningxia	
新 疆	Xinjiang	

结果（2019年）

of Illegal Mineral Cases（2019）

吊销采矿许可证/个 Revoked Mining Licenses/number	罚没款/万元 Fine/10^4yuan
3	**83292.04**
	1533.98
	11.00
	7.20
1	2395.76
	702.97
	519.69
	228.60
	475.38
	1800.54
	64.04
	983.81
	543.15
	12511.78
	1290.92
	318.44
	352.10
	531.08
	1267.15
	44.76
1	1752.04
	122.64
	5152.74
1	531.18
	1232.43
	4125.64
	3953.13
	5925.00
	10411.22
	3851.91
	20651.75

测绘违法案件及查处

Illegal Surveying and Mapping Cases and

单位：件

案件类型	Case Category	合计 Total	自然资源部 MNR	北京 Beijing	天津 Tianjin	河北 Hebei	山西 Shanxi
上年未结案件	**Cases Unsettled Last Year**	**3**		**1**			
本年发现违法	**Violations of Law Discovered in the Current Year**	**30**					
本年发生	Cases Occurring This Year	18					
历年隐漏	Hidden Leakage over the Years	12					
本年立案	**Filing This Year**	**19**					
本年发生案件立案	Cases Filing This Year	12					
市场准入类	Market Access	2					
地图类	Map	3					
纸质地图	Paper Map	2					
导航电子地图	Navigation Electronic Map						
互联网地图	Internet Map						
其他	Others	1					
测绘成果类	Surveying and Mapping Results	6					
测绘成果质量	Quality of Surveying and Mapping Results	6					
测绘成果安全	Security of Surveying and Mapping Results						
涉外测绘	Foreign Related Surveying and Mapping						
涉军测绘	Military Related Surveying and Mapping						
测量标志	Measurement Mark						
其他	Others	1					
历年隐漏案件立案	Filing of Hidden Cases over the Years	7					
本年结案	**Cases Settled This Year**	**17**		**1**			
本年发生案件结案	This Year's Cases Settled	8					
市场准入类	Market Access	1					
地图类	Map	2					
纸质地图	Paper Map	1					
导航电子地图	Navigation Electronic Map						
互联网地图	Internet Map						
其他	Others	1					
测绘成果类	Surveying and Mapping Results	5					
测绘成果质量	Quality of Surveying and Mapping Results	5					
测绘成果安全	Security of Surveying and Mapping Results						
涉外测绘	Foreign Related Surveying and Mapping						
涉军测绘	Military Related Surveying and Mapping						
测量标志	Measurement Mark						
其他	Others						
处理上年未结案件	Last Year's Unsettled Cases Handled	3		1			
处理历年隐漏案	Handling of Hidden Omissions over the Years	6					
本年未结案件	**Cases Unsettled This Year**	**5**					

情况——按地区分列（2019年）
Their Investigation and Handling by Region（2019）

Unit：case

内蒙古 Inner Mongolia	辽宁 Liaoning	吉林 Jilin	黑龙江 Heilongjiang	上海 Shanghai	江苏 Jiangsu	浙江 Zhejiang	安徽 Anhui	福建 Fujian	江西 Jiangxi	山东 Shandong	河南 Henan
		2		**1**			**5**		**1**		
		2		1			4		1		
							1				
		2		**1**			**4**				
		2		1			3				
							1				
		1		1			1				
		1					1				
				1							
		1									
		1									
							1				
							1				
				1			**2**				
				1			1				
				1			1				
							1				
				1							
							1				
		2					**2**				

测绘违法案件及查处

Illegal Surveying and Mapping Cases and

单位：件

案件类型	Case Category	湖北 Hubei	湖南 Hunan	广东 Guangdong	广西 Guangxi	海南 Hainan
上年未结案件	**Cases Unsettled Last Year**			**2**		
本年发现违法	**Violations of Law Discovered in the Current Year**		**1**	**2**	**1**	
本年发生	Cases Occurring This Year				1	
历年隐漏	Hidden Leakage over the Years		1	2		
本年立案	**Filing This Year**			**2**		
本年发生案件立案	Cases Filing This Year					
市场准入类	Market Access					
地图类	Map					
纸质地图	Paper Map					
导航电子地图	Navigation Electronic Map					
互联网地图	Internet Map					
其他	Others					
测绘成果类	Surveying and Mapping Results					
测绘成果质量	Quality of Surveying and Mapping Results					
测绘成果安全	Security of Surveying and Mapping Results					
涉外测绘	Foreign Related Surveying and Mapping					
涉军测绘	Military Related Surveying and Mapping					
测量标志	Measurement Mark					
其他	Others					
历年隐漏案件立案	Filing of Hidden Cases over the Years			2		
本年结案	**Cases Settled This Year**			**3**		
本年发生案件结案	This Year's Cases Settled					
市场准入类	Market Access					
地图类	Map					
纸质地图	Paper Map					
导航电子地图	Navigation Electronic Map					
互联网地图	Internet Map					
其他	Others					
测绘成果类	Surveying and Mapping Results					
测绘成果质量	Quality of Surveying and Mapping Results					
测绘成果安全	Security of Surveying and Mapping Results					
涉外测绘	Foreign Related Surveying and Mapping					
涉军测绘	Military Related Surveying and Mapping					
测量标志	Measurement Mark					
其他	Others					
处理上年未结案件	Last Year's Unsettled Cases Handled			2		
处理历年隐漏案	Handling of Hidden Omissions over the Years			1		
本年未结案件	**Cases Unsettled This Year**			**1**		

情况——按地区分列（2019年）续表

Their Investigation and Handling by Region（2019）Continued

Unit：case

重庆 Chongqing	四川 Sichuan	贵州 Guizhou	云南 Yunnan	西藏 Tibet	陕西 Shaanxi	甘肃 Gansu	青海 Qinghai	宁夏 Ningxia	新疆 Xinjiang
3	**12**		**1**				**1**		
3	5						1		
	7		1						
	8		**1**				**1**		
	5						1		
							1		
	5								
	5								
	3		1						
	8		**1**					**1**	
	5							1	
								1	
	5								
	5								
	3		1						

测绘违法案件及查处

Illegal Surveying and Mapping Cases and

单位：件

案件类型	Case Category	合 计 Total	省 级 Provincial Level	市 级 Municipal
上年未结案件	**Cases Unsettled Last Year**	**3**		**2**
本年发现违法	**Violations of Law Discovered in the Current Year**	**30**	**3**	
本年发生	Cases Occurring This Year	18	3	
历年隐漏	Hidden Leakage over the Years	12		
本年立案	**Filing This Year**	**19**		
本年发生案件立案	Cases Filing This Year	12		
市场准入类	Market Access	2		
地图类	Map	3		
纸质地图	Paper Map	2		
导航电子地图	Navigation Electronic Map			
互联网地图	Internet Map			
其他	Others	1		
测绘成果类	Surveying and Mapping Results	6		
测绘成果质量	Quality of Surveying and Mapping Results	6		
测绘成果安全	Security of Surveying and Mapping Results			
涉外测绘	Foreign Related Surveying and Mapping			
涉军测绘	Military Related Surveying and Mapping			
测量标志	Measurement Mark			
其他	Others	1		
历年隐漏案件立案	Filing of Hidden Cases over the Years	7		
本年结案	**Cases Settled This Year**	**17**		**2**
本年发生案件结案	This Year's Cases Settled	8		
市场准入类	Market Access	1		
地图类	Map	2		
纸质地图	Paper Map	1		
导航电子地图	Navigation Electronic Map			
互联网地图	Internet Map			
其他	Others	1		
测绘成果类	Surveying and Mapping Results	5		
测绘成果质量	Quality of Surveying and Mapping Results	5		
测绘成果安全	Security of Surveying and Mapping Results			
涉外测绘	Foreign Related Surveying and Mapping			
涉军测绘	Military Related Surveying and Mapping			
测量标志	Measurement Mark			
其他	Others			
处理上年未结案件	Last Year's Unsettled Cases Handled	3		2
处理历年隐漏案	Handling of Hidden Omissions over the Years	6		2
本年未结案件	**Cases Unsettled This Year**	**5**		**2**

情况——按涉案主体级别分列（2019年）
Their Investigation and Handling by Level of Involved Subjects（2019）

Unit：case

县 级 County Level	乡 级 Township Level	村（组）集体 Villageand Collective	企事业单位 Enterprises and Institutions	个 人 Personal
			1	
2			**24**	**1**
2			13	
			11	1
2			**17**	
2			10	
			2	
1			2	
1			1	
			1	
1			5	
1			5	
			1	
			7	
			15	
			8	
			1	
			2	
			1	
			1	
			5	
			5	
			1	
			4	
			2	**1**

自然资源行政复议案件情况

Administrative Reconsideration Cases

单位：件

地 区	Region	上期结转 Cases Transferred from Last Year	本期新收 New Receipts in This Period			
				受理 Cases Accepted	不予受理 Inadmissibility	其他 Others
总 计	**Total**	**746**	**7434**	**6091**	**988**	**355**
自然资源部	MNR	323	1457	1165	167	125
北 京	Beijing					
天 津	Tianjin		80	76	4	
河 北	Hebei	10	377	326	37	14
山 西	Shanxi	2	75	66	9	
内蒙古	Inner Mongolia	3	86	79	7	
辽 宁	Liaoning	1	170	135	35	
吉 林	Jilin		40	40		
黑龙江	Heilongjiang	3	74	64	10	
上 海	Shanghai	10	313	245	26	42
江 苏	Jiangsu	24	493	375	74	44
浙 江	Zhejiang	48	266	215	31	20
安 徽	Anhui	26	245	214	31	
福 建	Fujian	14	191	168	23	
江 西	Jiangxi	1	77	63	14	
山 东	Shandong					
河 南	Henan	14	317	273	25	19
湖 北	Hubei	34	228	181	46	1
湖 南	Hunan	31	322	263	54	5
广 东	Guangdong	137	911	726	183	2
广 西	Guangxi	19	298	271	21	6
海 南	Hainan	2	41	38	3	
重 庆	Chongqing	28	242	141	56	45
四 川	Sichuan	3	666	590	53	23
贵 州	Guizhou	2	24	22	1	1
云 南	Yunnan	2	98	91	6	1
西 藏	Tibet		1	1		
陕 西	Shaanxi	1	152	108	41	3
甘 肃	Gansu	3	87	67	18	2
青 海	Qinghai		17	16	1	
宁 夏	Ningxia		20	20		
新 疆	Xinjiang	5	66	52	12	2

——按地区分列（2019年）

of Natural Resources by Region（2019）

Unit: case

被申请人 The Respondent								
乡镇政府 Township Government	县级政府部门 County Government Departments	县级政府 County Government	地市级政府部门 Municipal Government Departments	地市级政府 Municipal Government	省级政府部门 Provincial Government Departments	省级政府 Provincial Government	国务院部门 Department of the State Council	其他 Others
7	**3078**	**27**	**2621**	**116**	**1050**	**10**	**323**	**202**
2	20	7	17	6	1046	9	316	34
			80					
	285		90		1	1		
	30		45					
	66		20					
2	86	6	73					3
	21		19					
	13		56					5
			280					33
	196		265				7	25
3	105		125	27				6
	180		65					
	128		63					
	44		33					
	155		130	5				27
	140		10	78				
	165		128		1			28
	253	1	656					1
	192	7	94					5
	9		32					
	242							
	483	1	181					1
	24							
	75		23					
					1			
	49		89					14
	48		39					
	16				1			
	8	4	8					
	45	1						20

自然资源行政复议案件情况
Administrative Reconsideration Cases of Natural

单位：件

地　区	Region	复议机关 Reconsideration Organ				
		地市级政府部门 Municipal Government Departments	省级政府部门 Provincial Government Departments	自然资源部 Ministry of Natural Resources	信息公开 Information Disclosure	举报投诉 Report Complaints
总　计	**Total**	**3006**	**2960**	**1468**	**2460**	**710**
自然资源部	MNR			1457	661	295
北　京	Beijing					
天　津	Tianjin		80		27	20
河　北	Hebei	278	99		123	51
山　西	Shanxi	38	37		18	1
内蒙古	Inner Mongolia	66	20		15	
辽　宁	Liaoning	103	67		46	7
吉　林	Jilin	18	22		10	1
黑龙江	Heilongjiang	17	57		29	3
上　海	Shanghai		313		71	2
江　苏	Jiangsu	228	265		172	62
浙　江	Zhejiang	134	122	10	81	26
安　徽	Anhui	182	63		60	39
福　建	Fujian	130	61		41	11
江　西	Jiangxi	53	24		26	16
山　东	Shandong					
河　南	Henan	189	128		96	36
湖　北	Hubei	147	81		41	10
湖　南	Hunan	191	131		94	26
广　东	Guangdong	254	657		307	49
广　西	Guangxi	204	94		39	21
海　南	Hainan		41		5	1
重　庆	Chongqing		242		33	2
四　川	Sichuan	501	165		393	13
贵　州	Guizhou	24			3	
云　南	Yunnan	88	10		29	5
西　藏	Tibet			1		
陕　西	Shaanxi	49	103		11	2
甘　肃	Gansu	51	36		18	10
青　海	Qinghai	17			7	
宁　夏	Ningxia	13	7			
新　疆	Xinjiang	31	35		4	1

——按地区分列（2019年）续表1

Resources by Region（2019）Continued 1

Unit: case

复议事项 Reconsideration Matters								
不动产登记 Real Estate Registration	行政处罚 Administrative Sanction	行政强制 Administrative Compulsion	行政征收 Administrative Expropriation	行政许可 Administrative Licensing	行政确认 Administrative Confirmation	行政确权 Administrative Confirmation	行政不作为 Administrative Omission	其他 Others
664	**837**	**263**	**485**	**640**	**149**	**79**	**248**	**899**
230	14		64	44	4	2	26	117
3	9			15		1	2	3
28	56	4	3	45	2	6	20	39
2	19		3	7	1		11	13
4	20	25		7				15
17	18		14	6	5	1	6	50
2	16	1	1	3			4	2
7	16	1	5	4			2	7
34		13	5	171				17
79	22	2	4	43	2		18	89
18	6	3	38	42	5	4	29	14
24	53	11	10	13	5	2	5	23
28	32	13	9	2	10		10	35
7	11		2	5		3	1	6
14	77		29	26		1	8	30
60	33	1	12	24			18	29
9	49	7	48	24	13	5	9	38
26	143	2	101	114	68	16	35	50
28	43	95	10	22	7	12	5	16
	12					16	1	6
6	28	31		3	5		2	132
22	23	27	86	11	5	4	12	70
	9		1		5			6
6	43	1	5	4			3	2
								1
7	32	2	10	5	7	1	1	74
	9	1	18		3	1	19	8
1	6	2				1		
1	4		7		2	2		4
1	34	21				1	1	3

自然资源行政复议案件情况
Administrative Reconsideration Cases of Natural

单位：件

地　区	Region	审理情况 Trial Situation					
		已审结 Concluded Cases					
			驳回 Rejection	维持 Maintenance	责令履行 Ordering to Execution	变更 Change	确认违法 Confirmation of Malfeasance
总　计	**Total**	**5290**	**1098**	**2051**	**351**	**13**	**292**
自然资源部	MNR	1007	233	390	22	5	20
北　京	Beijing						
天　津	Tianjin	60	9	25	3		
河　北	Hebei	322	65	75	72		23
山　西	Shanxi	56	6	17	11		
内蒙古	Inner Mongolia	77	11	27	4		
辽　宁	Liaoning	114	25	49	12		2
吉　林	Jilin	26	10	8	3		
黑龙江	Heilongjiang	51	7	6	4		1
上　海	Shanghai	143	12	104			6
江　苏	Jiangsu	328	88	125	24		22
浙　江	Zhejiang	223	62	67	4		19
安　徽	Anhui	207	35	49	30		25
福　建	Fujian	145	32	55	3		7
江　西	Jiangxi	58	19	22	5		2
山　东	Shandong						
河　南	Henan	228	53	94	32		12
湖　北	Hubei	190	57	66	10		9
湖　南	Hunan	264	57	73	44		14
广　东	Guangdong	593	120	286	16	3	42
广　西	Guangxi	197	50	68	7		41
海　南	Hainan	23	7	7			4
重　庆	Chongqing	137	8	78	7		3
四　川	Sichuan	522	56	246	15	4	30
贵　州	Guizhou	22	4	6	2	1	
云　南	Yunnan	82	10	34	3		4
西　藏	Tibet	1	1				
陕　西	Shaanxi	95	24	36	4		4
甘　肃	Gansu	58	29	10	12		
青　海	Qinghai	15	4	7	1		
宁　夏	Ningxia	9		4	1		1
新　疆	Xinjiang	37	4	17			1

——按地区分列（2019年）续表2

Resources by Region（2019）Continued 2

Unit: case

				行政复议意见书 Administrative Reconsideration Opinion		行政赔偿 Administrative Compensation	
撤销 Withdraw	撤回申请 Cancellation	其他 Others	未审结 Cases Whose Trials Have Not Been Concluded	制发数 Issued Number	落实数 Real Number	件数 Number of Cases	赔偿数额/元 Amount of Compensation/yuan
1013	**287**	**185**	**1598**	**397**	**368**	**5**	**12.00**
279	11	47	481				
4	19		16	1	1		
50	6	31	65	22	8	1	12.00
18	4		12	10	10		
35			5	31	31		
21	3	2	22	2	4		
4	1		14	24	24		
33			16	6	6		
1	20		112				
37	20	12	71	3	3		
45	20	6	40	35	35	3	
45	21	2	33	36	36		
37	7	4	37	13	13		
7	1	2	6	5	1		
28	9		59			1	
34	14		25	25	26		
55	14	7	30	32	32		
57	39	30	270	15	15		
16	8	7	93	12	11		
1	4		17				
23	14	4	32				
134	28	9	71	6	6		
7	1	1	2				
17	4	10	11	47	37		
					1		
12	8	7	14				
2	2	3	12	42	42		
1	2		1	13	8		
1	2		11	7	7		
9	5	1	20	10	11		

自然资源行政复议案件
Administrative Reconsideration Cases

单位：件

类别	Category	上期结转 Carry Forward of Previous Period	本期新收 New Income in This Period				
			总计 Total	受理 Acceptance	不予受理 Inadmissibility	其他 Others	乡镇政府 Township Government
合计	**Total**	**746**	**7434**	**6091**	**988**	**355**	**7**
规划	Planning	40	736	628	77	31	
土地	Land Resources	606	5977	4879	834	264	7
矿产	Mineral Resources	23	169	152	11	6	
海洋	Ocean Resources		20	16		4	
其他	Others	77	532	416	66	50	

类别	Category	复议机关 Reconsideration Organ					
		地市级政府 Municipal Government	省级政府部门 Provincial Government Departments	自然资源部 MNR	信息公开 Information Disclosure	举报投诉 Report Complaints	不动产登记 Real Estate Registration
合计	**Total**	**3006**	**2960**	**1468**	**2460**	**710**	**664**
规划	Planning	233	477	26	95	7	
土地	Land Resources	2465	2209	1303	2223	655	570
矿产	Mineral Resources	56	52	61	9	13	
海洋	Ocean Resources	7	5	8	7		
其他	Others	245	217	70	126	35	94

类别	Category	审理情况 Trial Situation						
		已审结 Cases Whose Trails Have Been Concluded/case						
		合计 Total	驳回 Rejection	维持 Maintenance	责令履行 Ordering to Execution	变更 Change	确认违法 Confirmation of A Malfeasance	撤销 Withdraw
合计	**Total**	**5290**	**1098**	**2051**	**351**	**13**	**292**	**1013**
规划	Planning	470	112	215	13		26	40
土地	Land Resources	4213	887	1616	310	11	237	861
矿产	Mineral Resources	134	27	43	9	1	6	29
海洋	Ocean Resources	11	2	3		1		4
其他	Others	462	70	174	19		23	79

情况——按行政管理类别分列（2019年）
of Natural Resources by Administrative Category (2019)

Unit: case

被申请人 The Respondent							
县级政府部门 County Government Departments	县级政府 County Government	地市级政府部门 Municipal Government Departments	地市级政府 Municipal Government	省级政府部门 Provincial Government Departments	省级政府 Provincial Government	国务院部门 Department of the State Council	其他 Others
3078	**27**	**2621**	**116**	**1050**	**10**	**323**	**202**
232		454	5	18		7	20
2393	23	2069	108	956	9	278	134
56	1	45	3	48		14	2
7		5		6		2	
390	3	48		22	1	22	46

复议事项 Reconsideration Matters							
行政处罚 Administrative Sanction	行政强制 Administrative Compulsion	行政征收 Administrative Expropriation	行政许可 Administrative Licensing	行政确认 Administrative Confirmation	行政确权 Administrative Confirmation	行政不作为 Administrative Omission	其他 Others
837	**263**	**485**	**640**	**149**	**79**	**248**	**899**
108	23		393	5	1	15	89
632	201	476	141	119	75	213	672
34	4	1	80	7		2	19
9	2						2
54	33	8	26	18	3	18	117

			行政复议意见书 Administrative Reconsideration Opinion		行政赔偿 Administrative Compensation	
撤回申请 Cancellation	其他 Others	未审结 Cases Whose Trials Have Not Been Concluded/case	制发数 Issued Number	落实数 Real Number	件数 Number of Cases	赔偿数额/元 Amount of Compensation/yuan
287	**185**	**1598**	**397**	**368**	**5**	**12.00**
51	13	198	18	18		
195	96	1272	336	311	5	12.00
18	1	41	18	15		
	1	5				
23	74	82	25	24		

自然资源行政诉讼
Administrative Litigation

单位：件

地 区	Region	上期结转 Cases Transferred From Last Year	本期发生 Occurred in This Period
总 计	**Total**	**2990**	**26865**
自然资源部	MNR		625
北 京	Beijing	100	737
天 津	Tianjin	5	355
河 北	Hebei	54	717
山 西	Shanxi	20	429
内蒙古	Inner Mongolia	23	330
辽 宁	Liaoning	101	890
吉 林	Jilin		203
黑龙江	Heilongjiang	32	428
上 海	Shanghai	142	404
江 苏	Jiangsu	339	1607
浙 江	Zhejiang	350	2201
安 徽	Anhui	38	1015
福 建	Fujian	30	727
江 西	Jiangxi	30	566
山 东	Shandong	223	1845
河 南	Henan	8	812
湖 北	Hubei	143	904
湖 南	Hunan	272	2405
广 东	Guangdong	561	2628
广 西	Guangxi	114	1262
海 南	Hainan	63	614
重 庆	Chongqing	190	1554
四 川	Sichuan	45	970
贵 州	Guizhou	53	1055
云 南	Yunnan	15	460
西 藏	Tibet	1	1
陕 西	Shaanxi	17	717
甘 肃	Gansu	4	94
青 海	Qinghai		16
宁 夏	Ningxia	7	122
新 疆	Xinjiang	10	172

情况——按地区分列（2019年）

of Natural Resources by Regions（2019）

Unit: case

对规范性文件附带审查 Additional Review of Normative Documents	应诉机关 Respondence Organ		
	原行为机关单独应诉 The Original Agency Should Answer the Lawsuit Separately	复议机关单独应诉 The Administrative Organ for Reconsideration Shall Answer the Lawsuit Separately	共同应诉 Joint Response
106	**22267**	**970**	**3628**
	225	154	246
	665		72
	291	28	36
	596	21	100
1	408	1	20
	316	1	13
	816	18	56
	181	9	13
	331	61	36
	361	11	32
	1389	42	176
4	1919	36	246
	927	2	86
1	621	8	98
22	482	5	79
	1620	68	157
1	644	34	134
	781	20	103
39	1958	207	240
22	2113	49	466
2	1046	65	151
	521	7	86
	1395	29	130
1	609	51	310
	756	9	290
3	385	5	70
1		1	
7	603	6	108
	56	11	27
	7	4	5
	102		20
2	143	7	22

自然资源行政诉讼情况

Administrative Litigation of Natural

单位：件

地 区	Region	信息公开 Information Disclosure	举报投诉 Report Complaints	不动产登记 Real Estate Registration	行政许可 Administrative Licensing
总 计	**Total**	**2761**	**956**	**8614**	**1916**
自然资源部	MNR	239	141	45	8
北 京	Beijing	72	84		14
天 津	Tianjin	35	28	140	45
河 北	Hebei	87	80	195	53
山 西	Shanxi	24	11	148	86
内蒙古	Inner Mongolia	19	4	149	29
辽 宁	Liaoning	140	9	394	115
吉 林	Jilin	6		103	3
黑龙江	Heilongjiang	26	4	143	44
上 海	Shanghai	149	7	150	40
江 苏	Jiangsu	188	103	798	84
浙 江	Zhejiang	386	122	727	203
安 徽	Anhui	106	31	319	94
福 建	Fujian	46	25	297	39
江 西	Jiangxi	55	14	227	19
山 东	Shandong	130	64	806	99
河 南	Henan	64	36	434	72
湖 北	Hubei	70	9	327	137
湖 南	Hunan	126	31	415	185
广 东	Guangdong	311	76	919	331
广 西	Guangxi	36	10	278	50
海 南	Hainan	19	1	278	21
重 庆	Chongqing	116	14	242	35
四 川	Sichuan	185	31	193	32
贵 州	Guizhou	64	11	216	26
云 南	Yunnan	21	6	288	18
西 藏	Tibet				
陕 西	Shaanxi	16	2	228	10
甘 肃	Gansu	4	2	22	10
青 海	Qinghai	4		5	1
宁 夏	Ningxia	5		38	4
新 疆	Xinjiang	12		90	9

——按地区分列（2019年） 续表1

Resources by Regions（2019） Continued 1

Unit: case

诉讼事项 Litigation Matters							
行政处罚 Administrative Sanction	行政强制 Administrative Compulsion	行政确认 Administrative Confirmation	行政确权 Administrative Confirmation	行政征收 Administrative Expropriation	行政赔偿 Administrative Compensation	行政不作为 Administrative Omission	其他 Others
1717	**711**	**1417**	**517**	**2904**	**695**	**1103**	**3554**
5		1		3	52	6	125
20				7		17	523
46				35	5	7	14
67	7	11	25	37	11	55	89
31	21	37	5	17	10	27	12
29		7	13	40	3	18	19
79	2	25	3	13	15	21	74
31	12	2	6	11	4	5	20
17	1	1	11	4	5	8	164
3	12	2	1	23		9	8
78	9	29	7	126	23	54	108
101	58	34	19	192	40	94	225
93	25	86	13	61	25	54	108
51	17	32	12	57	10	36	105
33	37	10	10	54	11	11	85
105	29	103	10	227	52	61	159
38	6	3	16	17	17	13	96
87	5	93	19	25	17	31	84
124	123	197	99	794	42	97	172
189	35	137	33	205	39	75	278
155	31	232	46	114	20	95	195
36	31	117	27	36	21	7	20
40	50	159	22	422	47	89	318
32	89	6	5	220	43	37	97
54	9	53	89	107	137	21	268
29	16	11	5	9	17	11	29
						1	
87	73	11	11	18	19	132	110
5	3	1	3	11	2	7	24
3	1			2			
33	6	3	1	11	4	3	14
16	3	14	6	6	4	1	11

自然资源行政诉讼情况
Administrative Litigation of Natural

单位：件

地 区	Region	应诉机关级别 Level of Respondence Organ						
		县级行政主管部门 County Administ-rative Department	地市级行政主管部门 Municipal Administ-rative Department	省级行政主管部门 Provincial Administ-rative Department	国家级行政主管部门 National Administrat-ive Department	其他 Others		驳回诉讼请求 Rejection of Claims
总 计	**Total**	**12657**	**10965**	**1719**	**628**	**896**	**12904**	**9513**
自然资源部	MNR				625		244	235
北 京	Beijing			292		445	507	373
天 津	Tianjin	75	60	215		5	69	38
河 北	Hebei	335	348	34			410	280
山 西	Shanxi	191	215	21		2	289	134
内蒙古	Inner Mongolia	166	145	17	2		239	181
辽 宁	Liaoning	134	717	39			597	456
吉 林	Jilin	43	143	17			111	59
黑龙江	Heilongjiang	242	182	4			242	93
上 海	Shanghai	127	97	37		143	231	213
江 苏	Jiangsu	699	844	63		1	602	524
浙 江	Zhejiang	1320	825	52		4	975	816
安 徽	Anhui	581	419	15			537	370
福 建	Fujian	240	444	43			354	286
江 西	Jiangxi	429	121	15		1	337	251
山 东	Shandong	973	753	29		90	708	468
河 南	Henan	69	631	82		30	359	265
湖 北	Hubei	398	481	22	1	2	462	336
湖 南	Hunan	1770	576	50		9	1100	876
广 东	Guangdong	880	1405	202		141	1005	741
广 西	Guangxi	526	721	15			696	553
海 南	Hainan	319	292	3			313	171
重 庆	Chongqing	1213	35	283		23	802	578
四 川	Sichuan	293	606	71			512	407
贵 州	Guizhou	877	178				553	397
云 南	Yunnan	396	54	10			164	116
西 藏	Tibet		1				1	
陕 西	Shaanxi	187	470	60			284	181
甘 肃	Gansu	43	36	15			64	50
青 海	Qinghai	3	13				4	3
宁 夏	Ningxia	66	52	4			48	19
新 疆	Xinjiang	62	101	9			85	43

——按地区分列（2019年） 续表2

Resources by Regions（2019） Continued 2

Unit: case

已审结 Cases Whose Trails Have Been Concluded								未审结 Cases Whose Trials Have Not Been Concluded
判决 Sentence				裁定 Rule				
撤销 Withdraw	变更 Change	责令履行 Order to Execution	确认违法或无效 Confirmation of Illegality or Invalidity		驳回起诉 Rejection of Prosecution	准予撤诉 Withdrawal Granted	终结诉讼 Termination of Litigation	
1872	**110**	**676**	**733**	**10738**	**7693**	**2794**	**251**	**6213**
2		1	6	341	297	17	27	40
112			22	250	225	25		80
24			7	188	148	40		103
61		43	26	218	129	85	4	143
62		38	55	134	95	37	2	26
31	1	22	4	71	64	7		43
67	7	32	35	248	236	12		146
16	3	28	5	73	46	25	2	19
134	4	6	5	110	73	34	3	108
13			5	173	121	52		142
31		11	36	839	601	237	1	505
107		11	41	933	485	441	7	643
97	5	36	29	345	208	132	5	171
36	10	5	17	242	156	83	3	161
29	19	17	21	195	135	41	19	64
142	10	21	67	821	594	202	25	539
46	2	23	23	249	148	101		212
83	6	15	22	342	244	91	7	243
86	9	58	71	1139	844	279	16	438
169	4	29	62	1262	962	290	10	922
95	2	12	34	375	286	66	23	305
100	9	10	23	191	145	39	7	173
48		157	19	576	408	162	6	366
51	13	10	31	321	228	86	7	182
86	2	31	37	378	276	99	3	177
20		16	12	241	225	13	3	70
1				1		1		
83		16	4	369	247	59	63	81
5		2	7	28	11	13	4	6
1				9		9		3
9	2	13	5	36	26	8	2	45
25	2	13	2	40	30	8	2	57

自然资源行政诉讼情况

Administrative Litigation of Natural

单位：件

地区	Region	二审案件 Second Instance Cases				
			维持 Uphold	改判 Change the Sentence	发回重审 Remand for Retrial	其他 Other
总计	**Total**	**7698**	**5805**	**262**	**310**	**1321**
自然资源部	MNR	454	411	3	2	38
北京	Beijing					
天津	Tianjin	85	71	4	2	8
河北	Hebei	196	126	25	21	24
山西	Shanxi	153	108	26	11	8
内蒙古	Inner Mongolia	49	44	1	1	3
辽宁	Liaoning	454	413	3	28	10
吉林	Jilin	21	18		3	
黑龙江	Heilongjiang	96	50	1	15	30
上海	Shanghai	262	236		1	25
江苏	Jiangsu	515	405	5	5	100
浙江	Zhejiang	729	569	26	11	123
安徽	Anhui	207	156	7	10	34
福建	Fujian	180	121	11	10	38
江西	Jiangxi	159	138	6	3	12
山东	Shandong	388	261	8	16	103
河南	Henan	201	155	3	9	34
湖北	Hubei	178	144	6	13	15
湖南	Hunan	905	745	19	56	85
广东	Guangdong	682	517	48	19	98
广西	Guangxi	282	131	10	11	130
海南	Hainan	195	140	19	18	18
重庆	Chongqing	390	314	3	6	67
四川	Sichuan	490	301	16	6	167
贵州	Guizhou	171	77	3	7	84
云南	Yunnan	100	59	1	9	31
西藏	Tibet	1				1
陕西	Shaanxi	85	56	1	11	17
甘肃	Gansu	12	4	1	2	5
青海	Qinghai					
宁夏	Ningxia	22	7	2	2	11
新疆	Xinjiang	36	28	4	2	2

——按地区分列（2019年） 续表3

Resources by Regions（2019） Continued 3

Unit: case

再审案件 Case of Retrial Instituted through Adjudicatory Supervision Procedure				
	维持 Uphold	改判 Change the Sentence	发回重审 Remand for Retrial	其他 Other
1468	**1040**	**21**	**40**	**367**
192	186			6
18	18			
32	24		3	5
16	5	1	4	6
8	3		4	1
11	1		2	8
9	2	2	4	1
14	9			5
14	10			4
157	80			77
100	65			35
24	12		4	8
23	15	1	2	5
34	26			8
103	64	1		38
34	26			8
18	8	1		9
90	56		6	28
45	28		1	16
38	21	7	2	8
29	21	3	3	2
116	93			23
121	60	2	2	57
13	12	1		
195	186		1	8
5	4		1	
1	1			
2	1		1	
6	3	2		1

自然资源行政诉讼情况

Administrative Litigation of Natural

单位：件

类别	Category	上期结转 Cases Transferred From Last Year	本期发生 Occurred in This Period	对规范性文件附带审查 Additional Review of Normative Documents
合计	**Total**	**2990**	**26865**	**106**
规划	Planning	206	1635	7
土地	Land Resources	2180	22196	46
矿产	Mineral Resources	16	303	4
海洋	Ocean Resources	2	19	
其他	Others	586	2712	49

类别	Category	诉讼事项 Litigation Matters						
		信息公开 Information Disclosure	举报投诉 Report Complaints	不动产登记 Real Estate Registration	行政许可 Administrative Licensing	行政处罚 Administrative Sanction	行政强制 Administrative Compulsion	行政确认 Administrative Confirmation
合计	**Total**	**2761**	**956**	**8614**	**1916**	**1717**	**711**	**1417**
规划	Planning	259	46	3	881	99	63	45
土地	Land Resources	2360	883	7188	783	1467	626	1118
矿产	Mineral Resources	8	7		139	47	2	5
海洋	Ocean Resources	3			9	4	1	
其他	Others	131	20	1423	104	100	19	249

类别	Category	已审结 Cases Whose Trails Have Been Concluded/case					
			判决 Sentence				
			驳回诉讼请求 Rejection of Claims	撤销 Withdraw	变更 Change	责令履行 Order to Execution	确认违法或无效 Confirmation of Illegality or Invalidity
合计	**Total**	**12904**	**9513**	**1872**	**110**	**676**	**733**
规划	Planning	774	604	48	4	28	90
土地	Land Resources	10613	7878	1625	90	448	572
矿产	Mineral Resources	157	102	24	5	18	8
海洋	Ocean Resources	8	5				3
其他	Others	1352	924	175	11	182	60

——按行政管理类别分列（2019年）
Resources by Administrative Category (2019)

Unit: case

应诉机关 Respondence Organ		
原行为机关单独应诉 The Original Agency Should Answer The Lawsuit Separately	复议机关单独应诉 The Administrative Organ for Reconsideration Shall Answer the Lawsuit Separately	共同应诉 Joint Response
22267	**970**	**3628**
1350	53	232
18250	820	3126
203	41	59
14	1	4
2450	55	207

					应诉机关级别 Level of Respondence Organ				
行政确权 Administrative Confirmation	行政征收 Administrative Expropriation	行政赔偿 Administrative Compensation	行政不作为 Administrative Omission	其他 Others	县级行政主管部门 County Administrative Department	地市级行政主管部门 Municipal Administrative Department	省级行政主管部门 Provincial Administrative Department	国家级行政主管部门 National Administrative Department	其他 Others
517	**2904**	**695**	**1103**	**3554**	**12657**	**10965**	**1719**	**628**	**896**
3	2	22	45	167	423	1025	156		31
434	2794	613	966	2964	10810	8911	1158	601	716
1	1	27	15	51	122	66	98	17	
	1			1	10	7		2	
79	106	33	77	371	1292	956	307	8	149

裁定 Rule				未审结 Cases Whose Trials Have Not Been Concluded	二审案件 Second Instance Cases					再审案件 Case of Retrial Instituted through Adjudicatory Supervision Procedure				
	驳回起诉 Rejection of Prosecution	准予撤诉 Withdrawal Granted	终结诉讼 Termination of Litigation			维持 Maint-enance	改判 Change the Se-ntence	发回重审 Rema-nd for Retrial	其他 Others		维持 Maint-enance	改判 Change the Se-ntence	发回重审 Rema-nd for Retrial	其他 Others
10738	**7693**	**2794**	**251**	**6213**	**7698**	**5805**	**262**	**310**	**1321**	**1468**	**1040**	**21**	**40**	**367**
635	476	155	4	432	558	466	18	21	53	52	27		1	24
8819	6413	2187	219	4944	6333	4795	212	263	1063	1280	933	21	37	289
75	53	22		87	91	56	7	4	24	10	6		1	3
6	6			7	8	2	1		5					
1203	745	430	28	743	708	486	24	22	176	126	74		1	51

自然资源公益诉讼
Statistics of Natural Resources

地 区	Region	上期结转案件数量/件 Cases Transferred from Last Year/case	本期新收案件数量/件 New Receipts in This Period/ case	行政机关/件 Administration/case						国有土地使用权出让 State-owned Land-use Right Transfer		
				部本级 MNR	省级 Provincial Level	市级 Municipal Level	县级 County Leve	其他 Others		土地出让金追缴 Pursue Land-transferring Fees	闲置土地处置 Pisposal of Idle Land	其他 Others
总 计	**Total**	**113**	**1229**		**3**	**279**	**946**	**1**	**217**	**164**	**31**	**22**
自然资源部	MNR											
北 京	Beijing											
天 津	Tianjin		1		1							
河 北	Hebei		63			21	42		12	8	4	
山 西	Shanxi		30		1	1	28		14	12		2
内蒙古	Inner Mongolia	7	104			6	98		11	10		1
辽 宁	Liaoning											
吉 林	Jilin		5			3	2					
黑龙江	Heilongjiang		35			35			1			1
上 海	Shanghai											
江 苏	Jiangsu	2	39			9	30		2	2		
浙 江	Zhejiang		70			29	41		4	1	3	
安 徽	Anhui		40			2	38		8	8		
福 建	Fujian		31				31					
江 西	Jiangxi		27				27		8	8		
山 东	Shandong		25			4	21		3		1	2
河 南	Henan		16			16						
湖 北	Hubei	14	151			27	124		32	24		8
湖 南	Hunan	27	77			43	34		55	46	6	3
广 东	Guangdong	2	67			20	47		2		1	1
广 西	Guangxi	4	37			7	30		8	6	1	1
海 南	Hainan	14	34		1	28	5		5		4	1
重 庆	Chongqing	33	78				77	1	17	17		
四 川	Sichuan		121			5	116		23	16	7	
贵 州	Guizhou		22				22					
云 南	Yunnan	8	21			2	19		2			2
西 藏	Tibet		1				1					
陕 西	Shaanxi	2	126			21	105		10	6	4	
甘 肃	Gansu		6				6					
青 海	Qinghai		2				2					
宁 夏	Ningxia											
新 疆	Xinjiang											

情况——按地区分列（2019年）
Public Interest Litigation by Region (2019)

案件类型/件 Type of Case/case											
生态环境与资源保护 Ecological Environment and Natural Resources Protection							国有财产保护 Protection of State-owned Property				其他案件类型 Other Kinds of Cases
	耕地保护 Cultivated Land Protection	矿山地质环境恢复治理 The Restoration and Treatment of Mines	海岸线修复 Shoreline Restoration	违法案件查处 Investigation and Handling of Illegal Cases	不动产登记 Real Estate Registration	其他 Others		海域使用金追缴 Pursue Sea Area Use Right Granting fee	矿业权出让价款追缴 Pursue Mining Right Granting Fee	其他 Others	
923	**100**	**105**	**1**	**631**	**10**	**76**	**18**			**18**	**71**
1						1					
51				49	2						
14		5		8		1					2
84		2		76	1	5	3			3	6
5	1			4							
13		1		12							21
30	5	3		19	1	2					7
60	1	4		52		3					6
32	6	2		20		4					
31				31							
18	4	3		11							1
22	2			17		3					
16	15			1							
114	6	13		59		36					5
10		2		8			12			12	
60	6	6		37	3	8	3			3	2
26	10	6		5		5					3
28	5		1	21		1					1
58	4	45		6	1	2					3
94	1	7		84	1	1					4
20	1	3		16							2
12	1			10		1					7
1		1									
116	32	2		79		3					
6				6							
1					1						1

自然资源公益诉讼
Statistics of Natural Resources

地区	Region		已结案/件 Cases Settled/case							
			诉前按期完成整改 Complete Rectification on Schedule Before Lawsuit	撤回检查建议 Withdrawal of Inspection Proposal	已被提取诉讼并审结					
						确认违法 Illegal Confirmed	确认无效 Invalid Confirmed	撤销 Revocation	部分撤销 Partial Revocation	责令履行 Order to Perform
总计	**Total**	**1182**	**1093**	**16**	**73**	**22**		**4**		**32**
自然资源部	MNR									
北京	Beijing									
天津	Tianjin									
河北	Hebei	51	48		3					
山西	Shanxi	28	26		2	1				1
内蒙古	Inner Mongolia	105	100		5	3				1
辽宁	Liaoning									
吉林	Jilin	5	1		4					4
黑龙江	Heilongjiang	35	35							
上海	Shanghai									
江苏	Jiangsu	39	38		1	1				
浙江	Zhejiang	69	68		1	1				
安徽	Anhui	35	29	1	5	2				2
福建	Fujian	31	31							
江西	Jiangxi	26	19	3	4	2				2
山东	Shandong	21	19		2					
河南	Henan	16	16							
湖北	Hubei	148	129	1	18	7				10
湖南	Hunan	81	77	1	3					
广东	Guangdong	54	50		4	1				3
广西	Guangxi	37	37							
海南	Hainan	32	18	8	6	2		4		
重庆	Chongqing	75	74		1					1
四川	Sichuan	118	117		1					1
贵州	Guizhou	22	20		2	1				1
云南	Yunnan	18	17		1					
西藏	Tibet	1			1					1
陕西	Shaanxi	127	116	2	9	1				5
甘肃	Gansu	6	6							
青海	Qinghai	2	2							
宁夏	Ningxia									
新疆	Xinjiang									

情况——按地区分列（2019年）续表
Public Interest Litigation by Region (2019) Continued

Has Been Litigated And Closed				未审结/件 Not Accepted/case			追责人数/人 The People of Accountability/person				
变更 Changed	驳回诉讼请求 Dismiss the Claim	撤诉 Nolle Prosequi	其他 Others		未到整改期限 Not Reach Rectification Deadline	未完成诉讼程序 Not Complete Proceedings		厅局级 Bureau Level	处级 Section Level	科级 Office Level	其他 Others
1	**1**	**9**	**4**	**160**	**103**	**57**	**4**		**1**	**1**	**2**
				1	1						
		3		12	5	7					
				2		2					
			1	6	5	1					
				2	1	1					
				1	1		1				1
		1		5		5	1				1
				1	1						
		2		4	1	3					
1				17	2	15					
		1	2	23	20	3					
				15	12	3					
				4	2	2					
				16	4	12					
				36	35	1					
				3	3						
	1			11	10	1					
		2	1	1		1	2		1	1	

主要统计指标解释

土地违法案件 指违反土地管理法律法规，应当追究法律责任的案件。

省级、市级、县级、乡级 指发生违反土地管理法律法规规定的各级党政军机关、人民团体。中央党政军机关、人民团体在外地的派出机构违反土地管理法律法规有关规定的案件，按机关级别归类到相应级别机关内。各级党政军机关、人民团体所属企事业单位违反土地管理法律法规的，应统计在企事业单位栏内。

涉及土地面积 指各级机关、村（组）集体、企事业单位和个人等发生违反土地管理法律、法规行为，所牵涉的土地面积。

上年未结案件 指上年未结案需要转到本年继续处理的案件。

本年发现违法 指报告期内发现的土地违法行为。

历年隐漏 指报告期以前发生而在报告期内发现的土地违法行为。

本年立案 指报告期内，经批准由自然资源主管部门立案查处的全部土地违法案件。

本年发生案件立案 指报告期内发生的土地违法行为，经批准由自然资源主管部门立案查处的全部土地违法案件。

买卖或非法转让 买卖土地是指以牟利为目的，违反土地管理法律法规，无限期地将土地所有权和使用权转移给他人的行为；非法转让土地是指违反土地管理法律法规，将土地使用权有限期转移给他人的行为。

非法占地 指单位或个人未经批准擅自占用土地、采取欺骗手段骗取批准占用土地以及超过批准的数量多占土地的违法行为。

非法批地 指没有批准权的单位或个人批准用地，虽有批准权但超越了批准权限批准用地，违反土地利用总体规划批准用地和违反法律规定的程序批准用地的违法行为。

其他（本年发生案件立案） 指除买卖或非法转让、破坏耕地、未经批准占地、非法批地、低价出让土地以外的土地违法案件。

隐漏案件立案 指报告期内对历年隐漏的土地违法行为，经批准由自然资源主管部门立案查处的全部土地违法案件。

本年结案 指报告期内经过自然资源主管部门处理已结案的土地违法案件。

处理本年发生案件 指报告期内发生并经过自然资源主管部门处理，已结案的土地违法案件。

其他（处理本年发生案件） 指除买卖和非法转让、破坏耕地、非法占地、非法批地、低价出让土地以外本年已结案的土地违法案件。

处理上年未结案件 指报告期内对上年未结案件经过自然资源主管部门处理并已结案的土地违法案件。

处理隐漏案件 指报告期内对隐漏案件经过自然资源主管部门处理并已结案的土地违法案件。

本年未结案件 指当年不能结案需要转到下一年度继续处理的案件。

拆除构建物 指对非法占地者所建的建筑物、构筑物依法拆除的面积。

没收构建物 指对非法占地者所建的建筑物、构筑物依法没收的面积。

收回土地 指在报告期内自然资源主管部门依法收回并已结案的土地面积。

罚没款 指自然资源主管部门依法对报告期内已结案的案件进行经济处罚的实收金额。

上年未结案件 指上一年度对勘查、开采登记范围的案件已经立案，但尚未查处或未查处完毕，需在本年继续查处的案件数。

本年立案 指本年度对勘查、开采登记违法案件立案查处的案件数。分为勘查和开采两类。以件计量。

无证勘查 指未依法取得勘查许可证而进行勘查的活动。

越界勘查 指探矿权人超越批准勘查的区块范围进行的勘查活动。

非法转让探矿权 指违反《探矿权采矿权转让管理办法》规定的探矿权转让行为。

非法批准 指负责矿产资源监督管理工作的国家工作人员或其他有关国家工作人员违反矿产资源法律法规的规定，擅自批准勘查、开采矿产资源和颁发勘查许可证、采矿许可证的行为。

其他（勘查） 指上述各项之外的其他违法勘查活动。

无证开采 指未依法取得采矿许可证的非法采矿活动。

越界开采 指采矿权人超越批准的矿区范围进行的采矿活动，包括越层开采。

非法转让采矿权 指违反《探矿权采矿权转让管理办法》规定的采矿权转让行为。

破坏性开采 指采矿权人违反地质矿产主管部门审查批准的矿产资源开发利用方案开采矿产资源的活动。

其他（开采） 指上述各项之外的违法采矿活动。

本年结案 指本年内查处完毕并结案的案件数。

本年未结案件 指报告期内未能结案需要转到下一年度继续处理的案件。

吊销勘查许可证 指依法由原颁发勘查许可证的主管机关吊销勘查许可证的件数。

吊销采矿许可证 指依法由原颁发采矿许可证的主管审批、发证机关吊销采矿许可证的案件数。

罚没款 指各级地质矿产主管部门对矿产资源勘查、开采违法活动立案查处并处以罚款的金额。

Explanatory Notes on Main Statistical Indicators

Case of Violations of Land Law—cases of violations of laws and regulations of land administration for which legal liabilities should be investigated.

Provincial, Municipal, and County Levels—party, government, and army administration agencies and mass organizations at various levels that commit acts in violations of laws and regulations of land administration. The cases concerning illegal acts of land committed by agencies sent to other parts of the country by the central party, government, and army administration agencies and mass organizations are classified according to the levels of these agencies as those at corresponding levels. Enterprises and institutions affiliated to agencies and mass organizations at various levels that violate land administration laws and regulations should be included in the column of enterprises and institutions.

Land Area Involved—the land area involved by the acts in violation of land administration laws and regulations committed by agencies at various levels, collectives of villages (teams), enterprises and institutions, and individuals.

Cases Unsettled Last Year—cases that were not able to be settled last year and need to be transferred to the current year and continue to be handled.

Violations of Law Discovered in the Current Year—the acts in violation of land laws and regulations discovered during the reporting period.

Hidden Leakage over the Years—land violations occurred before the reporting period and discovered during the reporting period.

Filing This Year—all violations approved to be filed and investigated by natural resources authorities during the reporting period.

The Cases Filing This Year—all land violations occurred during the reporting period, which are approved to be filed and investigated by the natural resources authorities.

Purchase and Sale or Illegal Transfer—purchase and sale of land refer to the act through which the land ownership and land-use right are transferred to another person without a definite period of time for the purpose of seeking profits, which is in violation of land administration laws and regulations; illegal transfer of land refers to the act through which the land-use right is transferred to another person within a definite period of time, which is in violation of land administration laws and regulations.

Unlawful Encroachment of Land—the illegal act through which units or individuals occupy and use land without approval, obtain approval by deceitful means, and occupy and use land exceeding the approved amount.

Unlawful Approval of Land Occupancy—the illegal act through which units or individuals without authority to approve use of land occupation of land or they approve occupation of land by overstepping their authority of approval or in violation of the national overall planning of land utilization and procedures for land approval prescribed by law although they have approval authority.

Others （**The Cases Filing This Year**）—all the cases in violation of land laws and regulations except for those concerning land purchase and sale or illegal transfer，damage of cultivated land，occupation of land illegally，unlawful approval of land occupation，and assigning of land at a lower prices.

Filing of Leakage Cases—all land violations approved to be filed and investigated by the natural resources authorities during the reporting period.

Cases Settled This Year—the cases of land violations that have been handled by natural resources authorities during the reporting period.

This Year's Cases Handled—cases in violation of land laws and regulations committed and handled and settled by competent land administration departments during the reporting period.

Others （**This Year's Cases Handled**）—the cases in violation of land laws and regulations except for land purchase and sale or unlawful transfer of land，damage of cultivated land，occupation of land without approval，unlawful approval of land occupation，and assigning of land at a lower price.

Last Year's Unsettled Cases Handled—last year' s unsettled cases in violation of land laws and regulations handled and settled by competent natural resources administration departments during the reporting period.

Handling Hidden and Leaked Cases—the land violations hidden and leaked that have been handled and closed by natural resources authorities during the reporting period.

Cases Unsettled This Year—cases that are not able to be settled in the current year and need to be transferred to the next year and continue to be handled.

Demolition of Buildings and Structures—the area of buildings and structures built by illegal land occupants and demolished according to law.

Confiscation of Buildings and Structures—the area of buildings and structures built by illegal land occupants and confiscated according to law.

Land Retrieval—the area of land retrieved and closed by natural resources authorities in accordance with the law during the reporting period.

Fines—the amount of money actually collected by natural resources authorities for economic punishment of the closed cases in the reporting period according to law.

Case Unsettled Last Year—the number of cases that were filed out in the scope of registration of exploration and mining last year but have not been investigated or handled or whose investigation and handling have not been completed and should continue in the current year.

Cases Filed This Year—the number of the illegal cases about registration of exploration and mining filed for investigation and handling during the current year. They include two categories，exploration and mining.

Exploration without Any License—exploration operations carried out without obtaining an exploration license according to law.

Cross-border Exploration—exploration operations carried out by an exploration right holder beyond the approved limits of his exploration block.

Illegal Transfer of Exploration Right—the act through which the exploration right is transferred in violation of the Regulations for Transferring Exploration Rights and Mining Rights.

Illegal Approval—the act through which the state functionaries in charge of mineral resources supervision and management and other state functionaries approve exploration and mining of mineral resources and issue exploration licenses and mining license without authorization in violation of laws and regulations concerning mineral resources.

Others （Exploration）—other illegal exploration operations except the above-mentioned items.

Mining without Any License—mining operations carried out without obtaining a mining license according to law.

Cross-border Mining—mining operations carried out by a mining right holder beyond the approved limits of his mining area, including cross-bed mining operations.

Illegal Transfer of Mining Right—the act through which the mining right is transferred in violation of the Regulations for Transferring Exploration Rights and Mining Rights.

Destructive Mining—wasteful mining operations by a mining right holder that depart from the rational mining sequence or appropriate mining methods and technologies and are destructive to mineral resources.

Others （Mining）—other illegal mining operations except the above-mentioned items.

Case Settled This Year—the number of cases investigated, handled and settled in the current year.

Case Unsettled This Year—the cases that are not able to be settled in the current year and have to be transferred to the next year and continue to be handled.

Revoked Exploration License—the number of exploration licenses revoked by the original exploration license-issuing administration department according to law.

Revoked Mining License—the number of mining licenses revoked by the original mining license-issuing administration department in charge of examining and approving and issuing licenses according to law.

Fine—the paid-in amount of fines imposed by the geological and mineral resources administration department at various administrative levels for economic punishment of the filed, investigated, and handled illegal mineral exploration and mining operations.

六、自然资源科技人才情况

Chapter 6 Natural Resources Scientific and Technological Talented Personnel

自然资源科技人才情况

Natural Resources Scientific and Technological

单位：人

单位名称	Department	高层次科技人才 High-level Scientific and Technological Talented Personnel	
		国家级人才计划（现有人数） National Talent Plan（Current Number）	省部级人才计划（现有人数） Ministry Province Level Talent Training Plan（Current Number）
总 计	**Total**	**13**	**770**
北京市规划和自然资源委员会	Beijing Municipal Commission of Planning and Natural Resources		3
天津市规划和自然资源局	Tianjin Municipal Bureau of Planning and Natural Resources	3	101
河北省自然资源厅	Department of Natural Resources of Hebei Province		173
山西省自然资源厅	Department of Natural Resources of Shanxi Province		19
内蒙古自治区自然资源厅	Department of Natural Resources of Inner Mongolia Autonomous Region		3
辽宁省自然资源厅	Department of Natural Resources of Liaoning Province		37
吉林省自然资源厅	Department of Natural Resources of Jilin Province		15
黑龙江省自然资源厅	Department of Natural Resources of Heilongjiang Province		5
上海市规划和自然资源局	Shanghai Municipal Bureau of Planning and Natural Resources		8
江苏省自然资源厅	Department of Natural Resources of Jiangsu Province		74
浙江省自然资源厅	Department of Natural Resources of Zhejiang Province		25
安徽省自然资源厅	Department of Natural Resources of Anhui Province		8
福建省自然资源厅	Department of Natural Resources of Fujian Province		5
江西省自然资源厅	Department of Natural Resources of Jiangxi Province		3
山东省自然资源厅	Department of Natural Resources of Shandong Province		11
河南省自然资源厅	Department of Natural Resources of Henan Province		56
湖北省自然资源厅	Department of Natural Resources of Hubei Province		7
湖南省自然资源厅	Department of Natural Resources of Hunan Province		11
广东省自然资源厅	Department of Natural Resources of Guangdong Province	4	36
广西壮族自治区自然资源厅	Department of Natural Resources of Guangxi Zhuang Autonomous Region		2
海南省自然资源和规划厅	Department of Natural Resources and Planning of Hainan Province		
重庆市规划和自然资源局	Chongqing Municipal Bureau of Planning and Natural Resources Administration		40
四川省自然资源厅	Department of Natural Resources of Sichuan Province		
贵州省自然资源厅	Department of Natural Resources of Guizhou Province	2	33
云南省自然资源厅	Department of Natural Resources of Yunnan Province		7
西藏自治区自然资源厅	Department of Natural Resources of Tibet Autonomous Region		2
陕西省自然资源厅	Department of Natural Resources of Shaanxi Province		31
甘肃省自然资源厅	Department of Natural Resources of Gansu Province		13
青海省自然资源厅	Department of Natural Resources of Qinghai Province	2	21
宁夏回族自治区自然资源厅	Department of Natural Resources of Ningxia Hui Autonomous Region	1	10
新疆维吾尔自治区自然资源厅	Department of Natural Resources of Xinjiang Uygur Autonomous Region	1	11

——按单位分列（2019年）

Talented Personnel by Department（2019）

Unit：person

培养情况 Personnel Training			高层次科技人员流动情况 The Flow of High Level Scientific and Technological Personnel	
部级人才培养工程（计划） Plan of Talent Personnel at Ministerial Levels(Plan)	省级科技人才计划 Provincial-level Scientific and Technological Talent Plan	青年人才（40岁以下） Young Talents (Under 40 Years Old)	流入 Inflow	流出 Outflow
125	**566**	**260**	**27**	**102**
	3	1		
1	100	55	6	77
3	170	120		
2	17	2		1
	3			
6	31	15		1
3	12	1		1
3	2	1		
4	4	1		
17	57	8		
6	19	3		2
3	4	2		
4	1	1		
9	2	1	4	6
4	40			
5	2	2		
8	2	1		
11	6	2	1	1
	2	2		1
13	21	11		3
				1
5	15	15	4	3
1	6		2	2
	2			
	10	5	6	2
2	10	1		
10	11	3	1	1
1	9	4	3	
4	5	3		

自然资源科技人才情况——按部属

Natural Resources Scientific and Technological Talented

单位：人

单位名称	Department	高层次科技人才 High-level Scientific and Technological Talented Personnel	
		国家级人才计划（现有人数）National Talent Plan（Current Number）	省部级人才计划（现有人数）Ministry Province Level Talent Training Plan（Current Number）
部直属单位合计	**Total Institutions**	**24**	**484**
自然资源部信息中心	Information Center of Ministry of Natural Resources		4
自然资源部国土整治中心（自然资源部土地科技创新中心）	China Land Consolidation and Rehabilitation(Land Science and Technology Innovation Center of Ministry of Natural Resources)		9
中国自然资源经济研究院	Chinese Academy of Natural Resources Economics		4
中国国土勘测规划院	China Land Surveying and Planning Institute		8
中国地质博物馆	The Geological Museum of China		2
自然资源部油气资源战略研究中心	Strategic Research Center of Oil and Gas Resources,MNR		
自然资源部不动产登记中心（自然资源部法律事务中心）	Real Estate Registration Center,MNR(Law Center, MNR)		
自然资源部珠宝玉石首饰管理中心（国家珠宝玉石质量监督检验中心）	National Gems & Jewelry Technology Administrative Center(National Gemstone Testing Center)		
自然资源部第一海洋研究所	First Institute of Oceanography, MNR		2
自然资源部第二海洋研究所	Second Institute of Oceanography, MNR	10	83
自然资源部第三海洋研究所	Third Institute of Oceanography, MNR		11
自然资源部第四海洋研究所（中国-东盟国家海洋科技联合研发中心）	Fourth Institute of Oceanography, MNR(China ASEAN Joint Research and Development Center of Marine Science and Technology)		1
国家海洋技术中心	National Ocean Technology Center		2
自然资源部天津海水淡化与综合利用研究所	The Institute of Seawater Desalination and Multipurpose Utilization, MNR(Tianjin)		11
自然资源部海洋发展战略研究所	China Institute for Marine Affairs,MNR		1
国家海洋标准计量中心	National Center of Ocean Standards and Metrology		
国家海洋环境预报中心（自然资源部海啸预警中心）	National Marine Environment Forecasting Center (Tsunami Warning Center, MNR)		3
国家海洋信息中心	National Oceanic Information Center		2
自然资源部海岛研究中心	Island Research Center,MNR		
自然资源部海洋减灾中心	National Marine Hazard Mitigation Center, MNR		
自然资源部海洋咨询中心	Oceanic Consulting Center of Ministry of Natural Resources		
中国极地研究中心	Polar Research Institute of China	1	1
国家卫星海洋应用中心	National Satellite Ocean Application Service		
国家深海基地管理中心	National Deep Sea Center		1
自然资源部重庆测绘院	Chongqing Institute of Surveying and Mapping,MNR		2
中国测绘科学研究院	Chinese Academy of Surveying and Mapping	2	16
国家基础地理信息中心	National Geomatics Center of China	1	10
自然资源部国土卫星遥感应用中心	Land Satellite Remote Sensing Application Center ,MNR	1	6
国家测绘产品质量检验测试中心	National Quality Inspection and Testing Center for Surveying and Mapping Products	1	11
中国地质调查局及所属单位	China Geological Survey and Its Subordinate Units	8	294
中国地质调查局自然资源航空物探遥感中心	China Aero Geophysical Survey & Remote Sensing Center for Natural Resources	1	7
中国地质环境监测院	China Institute of Geo-environment Geological Material Center		4
中国地质调查局水文地质环境地质调查中心	Institute of Hydrogeology and Environmental Geology,CGS		2

事业单位和派出机构分列（2019年）

Personnel by Institutions and Agencies to MNR（2019）

Unit：person

培养情况 Personnel Training			高层次科技人员流动情况 The Flow of High Level Scientific and Technological Personnel	
部级人才培养工程（计划）Plan of Talent Personnel at Ministerial Levels(Plan)	省级科技人才计划 Provincial-level Scientific and Technological Talent Plan	青年人才（40岁以下）Young Talents (Under 40 Years Old)	流入 Inflow	流出 Outflow
254	**165**	**88**	**18**	**17**
4				
9		1		1
4			10	8
8				
2		2		
	2			1
11	62	6		1
8	3	4	1	
1				
		2		
5	4	4		1
1	2	1		1
1		1		
	1	1		
	1			
1		1		
16		1		
9				
	6	3		
2		1		
172	84	60	7	4
3	4			
4				
2		2		

自然资源科技人才情况——按部属

Natural Resources Scientific and Technological Talented Personnel

单位：人

单位名称	Department	高层次科技人才 High-level Scientific and Technological Talented Personnel	
		国家级人才计划（现有人数）National Talent Plan（Current Number）	省部级人才计划（现有人数）Ministry Province Level Talent Training Plan（Current Number）
中国地质调查局自然资源实物地质资料中心	Geological Survey and Documentation Center of China Geological Survey		1
中国地质调查局发展研究中心	Development Research Center of China Geological Survey		13
中国地质调查局天津地质调查中心	Tianjin Center of China Geological Survey		14
中国地质调查局沈阳地质调查中心	Shenyang Center of China Geological Survey	1	1
中国地质调查局西安地质调查中心	Xi'an Center of China Geological Survey		22
中国地质调查局南京地质调查中心	Nanjing Center of China Geological Survey		8
中国地质调查局成都地质调查中心	Chengdu Center of China Geological Survey	2	43
中国地质调查局武汉地质调查中心	Wuhan Center of China Geological Survey		3
青岛海洋地质研究所	Qingdao Institute of Marine Geology	1	19
广州海洋地质调查局	Guangzhou Marine Geological Survey，CGS	1	71
中国地质调查局油气资源调查中心	Oil and Gas Resources Survey Center of China Geological Survey		
自然资源综合调查指挥中心	Natural Resources Comprehensive Investigation Command Center，CGS		4
中国地质科学院（院部）	Chinese Academy of Geological Sciences，CGS		
中国地质科学院地质研究所	Institute of Geology, CAGS	2	7
中国地质科学院矿产资源研究所	Institute of Mineral Resources, CAGS		24
中国地质科学院水文地质环境地质研究所	Institute of Hydrogeology and Environmental Geology, CAGS		7
中国地质科学院地球物理地球化学勘查研究所	Institute of Geophysical and Geochemical Exploration, CAGS		14
中国地质科学院勘探技术研究所	Institute of Exploration Techniques, CAGS		8
中国地质调查局探矿工艺研究所	Institute of Exploration Technology, CGS		
中国地质调查局北京探矿工程研究所	Beijing Institute of Exploration Engineering, CGS		1
中国地质科学院郑州矿产综合利用研究所	Zhengzhou Institute of Multipurpose Utilization of Mineral Resources, CAGS		
中国地质科学院矿产综合利用研究所	Institute of Multipurpose Utilization of Mineral Resources, CAGS		
中国地质科学院岩溶地质研究所	Institute of Karst Geology, CAGS		12
中国地质科学院地质力学研究所	Institute of Geomechanics, CAGS		5
国家地质实验测试中心	National Research Center for Geoanalysis		4
中国地质图书馆（中国地质调查局地学文献中心）	National Geological Library of China（Geoscience Documentation Center, CGS）		
派出机构及所属单位合计	**Total Agencies**		**53**
自然资源部北海局	North China Sea Bureau of Ministry of Natural Resources		3
自然资源部南海局	South China Sea Bureau of Ministry of Natural Resources		
自然资源部东海局	East China Sea Bureau of Ministry of Natural Resources		24
陕西测绘地理信息局	Shaanxi Bureau of Surveying，Mapping and Geoinformation		9
黑龙江测绘地理信息局	Heilongjian Bureau of Surveying and Mapping Geographic Information		9
四川测绘地理信息局	Sichuan Bureau of Surveying，Mapping and Geoinformation		7
海南测绘地理信息局	Hainan Administration of Surveying and Mapping Geoinformation		1

事业单位和派出机构分列（2019年）续表
by Institutions and Agencies to MNR（2019）Continued

Unit：person

培养情况 Personnel Training			高层次科技人员流动情况 The Flow of High Level Scientific and Technological Personnel	
部级人才培养工程（计划）Plan of Talent Personnel at Ministerial Levels(Plan)	省级科技人才计划 Provincial-level Scientific and Technological Talent Plan	青年人才（40岁以下）Young Talents (Under 40 Years Old)	流入 Inflow	流出 Outflow
1				
2	11	2	1	1
	14	6	1	1
	1	1	3	
6	13	5	1	1
2	6	1		
27	16	7		
2	1			
5	13	6		
71		10		
2				
7		1	1	
6		2		
6	1	1		
				1
8		3		
1				
8	4	11		
5		2		
4				
18	**5**	**7**		
3		3		
5	3	1		
4		1		
5	2	1		
1		1		

自然资源科技研发情况

Natural Resources Scientific

单位名称	Department	科技研发与投入				
		项目总数/项 Total Number of Projects/projects				
			国家级 State Level	部级 Ministerial Level	省级 Provincial Level	已应用成果 Applied Results
总　计	**Total**	**1029**	**92**	**38**	**477**	**197**
北京市规划和自然资源委员会	Beijing Municipal Commission of Planning and Natural Resources	8	1	1	6	3
天津市规划和自然资源局	Tianjin Municipal Bureau of Planning and Natural Resources	26	2	3	21	3
河北省自然资源厅	Department of Natural Resources of Hebei Province	6			6	
山西省自然资源厅	Department of Natural Resources of Shanxi Province					
内蒙古自治区自然资源厅	Department of Natural Resources of Inner Mongolia Autonomous Region	15		2	12	1
辽宁省自然资源厅	Department of Natural Resources of Liaoning Province	38		1	37	1
吉林省自然资源厅	Department of Natural Resources of Jilin Province					
黑龙江省自然资源厅	Department of Natural Resources of Heilongjiang Province	11	1		10	2
上海市规划和自然资源局	Shanghai Municipal Bureau of Planning and Natural Resources	9	2		7	
江苏省自然资源厅	Department of Natural Resources of Jiangsu Province	5	2	1	2	3
浙江省自然资源厅	Department of Natural Resources of Zhejiang Province	9			8	4
安徽省自然资源厅	Department of Natural Resources of Anhui Province	14	2	1	11	7
福建省自然资源厅	Department of Natural Resources of Fujian Province	11	1	1	9	6
江西省自然资源厅	Department of Natural Resources of Jiangxi Province	9			6	
山东省自然资源厅	Department of Natural Resources of Shandong Province	107	8		39	17
河南省自然资源厅	Department of Natural Resources of Henan Province	35		1	32	5
湖北省自然资源厅	Department of Natural Resources of Hubei Province	14	1	1	12	11
湖南省自然资源厅	Department of Natural Resources of Hunan Province	36			15	4
广东省自然资源厅	Department of Natural Resources of Guangdong Province	85	28	8	23	23
广西壮族自治区自然资源厅	Department of Natural Resources of Guangxi Zhuang Autonomous Region	6	1		5	
海南省自然资源和规划厅	Department of Natural Resources and Planning of Hainan Province					
重庆市规划和自然资源局	Chongqing Municipal Bureau of Planning and Natural Resources	78	7	5	66	52
四川省自然资源厅	Department of Natural Resources of Sichuan Province	13	2		11	
贵州省自然资源厅	Department of Natural Resources of Guizhou Province	43	9	2	32	7
云南省自然资源厅	Department of Natural Resources of Yunnan Province	88	3		6	19
西藏自治区自然资源厅	Department of Natural Resources of Tibet Autonomous Region	19	7		12	2
陕西省自然资源厅	Department of Natural Resources of Shaanxi Province	263	7	5	24	26
甘肃省自然资源厅	Department of Natural Resources of Gansu Province	4			3	
青海省自然资源厅	Department of Natural Resources of Qinghai Province	55	5	4	45	1
宁夏回族自治区自然资源厅	Department of Natural Resources of Ningxia Hui Autonomous Region	7	1		6	
新疆维吾尔自治区自然资源厅	Department of Natural Resources of Xinjiang Uygur Autonomous Region	15	2	2	11	

——按单位分列（2019年）

Research by Department （2019）

Scientific and Technological R & D and Input				省部级科技基础条件平台建设/个 Construction of Provincial and Ministerial Science and Technology Infrastructure Platform/number			
科研项目年度经费总数/万元 Scientific and Technological R & D and Input/10^4yuan							
	国家级 State Level	部级 Ministerial Level	省级 Provincial Level	重点实验室 Key Laboratory	工程技术创新中心 Engineering Technology Innovation Center	野外科学研究观测基地 Field Observation and Research Base	科普基地 Science Popularization Base
76850.38	**8804.85**	**6469.59**	**28382.28**	**46**	**60**	**33**	**76**
503.30	60.00	50.00	393.30	1		2	
7330.67	65.50	1705.87	560.00		2		2
851.20			851.20		1		
					1		6
2737.00		165.00	2572.00	1		1	5
170.00			170.00	1	1	5	8
				4			
2214.99	19.60		2195.39	1	1	1	
116.95	16.95		100.00	2	2	1	
48.20	48.20			3	1	4	10
1833.00			1833.00	2	1	1	4
739.58	105.65		633.93		3		2
454.30	89.00		365.30	1	1	4	1
55.00			55.00		1		2
4359.15	491.24		1501.58	2	2	1	1
3245.92		90.00	2892.23	8	12	1	2
539.30	7.00		532.30	1	1		1
1925.00			635.00	2	1	1	1
9325.00	1692.00	3894.00	355.00	4	1	1	9
1078.20			885.60		1		
							1
1202.30	134.30	35.00	874.00	3	8	3	1
1181.07	93.00		1088.07		1	1	
3289.77	1512.72	101.75	1675.30		1		2
16215.30	15.42		559.95	1	2		
3409.56	2000.00		1409.56	1			2
7424.03	1367.00	207.97	1108.49	2	2		3
510.00			500.00	2	6	3	1
4759.52	227.80	220.00	4271.72	4	2		5
120.20			120.20			2	2
1211.87	859.47		244.16		5	1	5

自然资源科技研发情况——按部属

Natural Resources Scientific Research

单位名称	Department	科技研发与投入 项目总数/项 Total Number of Projects/projects				
			国家级 State Level	部级 Minist-erial Level	省级 Provin-cial Level	已应用成果 Applied Results
部直属单位合计	**Total Institutions**	**1687**	**1013**	**40**	**190**	**108**
自然资源部信息中心	Information Center of Ministry of Natural Resources	3	3			
自然资源部国土整治中心（自然资源部土地科技创新中心）	China Land Consolidation and Rehabilitation(Land Science and Technology Innovation Center of Ministry of Natural Resources)	2	2			
中国自然资源经济研究院	Chinese Academy of Natural Resources Economics	15	1		14	13
中国国土勘测规划院	China Land Surveying and Planning Institute					
中国地质博物馆	The Geological Museum of China					
自然资源部油气资源战略研究中心	Strategic Research Center of Oil and Gas Resources,MNR	13		13		
自然资源部不动产登记中心（自然资源部法律事务中心）	Real Estate Registration Center,MNR(Law Center, MNR)					
自然资源部珠宝玉石首饰管理中心（国家珠宝玉石质量监督检验中心）	National Gems & Jewelry Technology Administrative Center(National Gemstone Testing Center)	1	1			
自然资源部第一海洋研究所	First Institute of Oceanography, MNR	82	77		1	
自然资源部第二海洋研究所	Second Institute of Oceanography, MNR	175	145	7	23	6
自然资源部第三海洋研究所	Third Institute of Oceanography, MNR	324	71	4	46	1
自然资源部第四海洋研究所（中国-东盟国家海洋科技联合研发中心）	Fourth Institute of Oceanography, MNR(China ASEAN Joint Research and Development Center of Marine Science and Technology)	13			13	
国家海洋技术中心	National Ocean Technology Center	10	7		3	
自然资源部天津海水淡化与综合利用研究所	The Institute of Seawater Desalination and Multipurpose Utilization, MNR(Tianjin)	36	9	2	2	10
自然资源部海洋发展战略研究所	China Institute for Marine Affairs,MNR					
国家海洋标准计量中心	National Center of Ocean Standards and Metrology	12	12			
国家海洋环境预报中心（自然资源部海啸预警中心）	National Marine Environment Forecasting Center (Tsunami Warning Center, MNR)	24	19	5		24
国家海洋信息中心	National Oceanic Information Center	8	5	2	1	
自然资源部海岛研究中心	Island Research Center,MNR	5			5	
自然资源部海洋减灾中心	National Marine Hazard Mitigation Center, MNR	5	3	2		
自然资源部海洋咨询中心	Oceanic Consulting Center of Ministry of Natural Resources					
中国极地研究中心	Polar Research Institute of China	42	37		5	
国家卫星海洋应用中心	National Satellite Ocean Application Service	2	2			
国家深海基地管理中心	National Deep Sea Center	9	8		1	
自然资源部重庆测绘院	Chongqing Institute of Surveying and Mapping,MNR					
中国测绘科学研究院	Chinese Academy of Surveying and Mapping	72	31			
国家基础地理信息中心	National Geomatics Center of China	17	15	2		
自然资源部国土卫星遥感应用中心	Land Satellite Remote Sensing Application Center ,MNR	8	8			
国家测绘产品质量检验测试中心	National Quality Inspection and Testing Center for Surveying and Mapping Products	2	2			
中国地质调查局及所属单位合计	China Geological Survey and Its Subordinate Units	807	555	3	76	54
中国地质调查局自然资源航空物探遥感中心	China Aero Geophysical Survey & Remote Sensing Center for Natural Resources	9	6	3		
中国地质环境监测院	China Institute of Geo-environment Geological Material Center	7	7			
中国地质调查局水文地质环境地质调查中心	Institute of Hydrogeology and Environmental Geology,CGS	4	4			
中国地质调查局自然资源实物地质资料中心	Geological Survey and Documentation Center of China Geological Survey	1	1			

事业单位和派出机构分列（2019年）
by Institutions and Agencies to MNR(2019)

Scientific and Technological R & D and Input 科研项目年度经费总数/万元 Scientific and Technological R & D and Input/10^4yuan				省部级科技基础条件平台建设/个 Construction of Provincial and Ministerial Science and Technology Infrastructure Platform/number			
	国家级 State Level	部级 Ministerial Level	省级 Provincial Level	重点实验室 Key Laboratory	工程技术创新中心 Engineering Technology Innovation Center	野外科学研究观测基地 Field Observation and Research Base	科普基地 Science Popularization Base
166641.83	**102748.06**	**4983.00**	**9574.60**	**38**	**20**	**29**	**24**
130.00	130.00				1		
171.00	171.00			2	1	2	1
826.10	5.00		821.10	1			
				1			
3331.00		3331.00					
19.00	19.00				1		
7532.10	7032.10		500.00	3	1	1	1
5843.66	5559.66		284.00	3			
33940.00	2292.00		85.00	3	1	3	1
1228.00			1228.00				
3112.27	1067.30	1352.00	692.97				
444.08	389.08		55.00		1		1
3081.00	3081.00						
1644.10	1644.10			1			
1180.00	1180.00			1	1		2
65.70			65.70				1
26.20	26.20						
1072.00	982.00		90.00	1		1	1
60.00	60.00			1			
791.00	691.00		100.00		2		1
7128.15	5075.25			1	1	1	
1111.71	811.71	300.00			2		
142.80				1			
28.25	28.25						
93733.71	72503.41		5652.83	19	8	21	15
34.80	34.80			1	1		
493.60	493.60					3	2
36.80	36.80				1	1	
25.69	25.69					1	1

自然资源科技研发情况——按部属
Natural Resources Scientific Research

单位名称	Department	科技研发与投入				
		项目总数/项 Total Number of Projects/projects				
			国家级 State Level	部级 Minist-erial Level	省级 Provin-cial Level	已应用成果 Applied Results
中国地质调查局发展研究中心	Development Research Center of China Geological Survey	12	12			
中国地质调查局天津地质调查中心	Tianjin Center of China Geological Survey	13	13			
中国地质调查局沈阳地质调查中心	Shenyang Center of China Geological Survey	9	9			
中国地质调查局西安地质调查中心	Xi'an Center of China Geological Survey	27	18		9	
中国地质调查局南京地质调查中心	Nanjing Center of China Geological Survey	6	4		2	3
中国地质调查局成都地质调查中心	Chengdu Center of China Geological Survey	23	22		1	
中国地质调查局武汉地质调查中心	Wuhan Center of China Geological Survey	14	10		4	
青岛海洋地质研究所	Qingdao Institute of Marine Geology	30	26		4	
广州海洋地质调查局	Guangzhou Marine Geological Survey，CGS	28	22		6	28
中国地质调查局油气资源调查中心	Oil and Gas Resources Survey Center of China Geological Survey	4	4			
自然资源综合调查指挥中心	Natural Resources Comprehensive Investigation Command Center，CGS					
中国地质科学院（院部）	Chinese Academy of Geological Sciences，CGS	29	29			
中国地质科学院地质研究所	Institute of Geology, CAGS	152	152			
中国地质科学院矿产资源研究所	Institute of Mineral Resources, CAGS	83	83			
中国地质科学院水文地质环境地质研究所	Institute of Hydrogeology and Environmental Geology, CAGS	6	6			
中国地质科学院地球物理地球化学勘查研究所	Institute of Geophysical and Geochemical Exploration, CAGS	110	14		1	16
中国地质科学院勘探技术研究所	Institute of Exploration Techniques, CAGS	2	2			2
中国地质调查局探矿工艺研究所	Institute of Exploration Technology, CGS	1	1			
中国地质调查局北京探矿工程研究所	Beijing Institute of Exploration Engineering, CGS	4				2
中国地质科学院郑州矿产综合利用研究所	Zhengzhou Institute of Multipurpose Utilization of Mineral Resources, CAGS	3	2		1	
中国地质科学院矿产综合利用研究所	Institute of Multipurpose Utilization of Mineral Resources, CAGS	13	2		8	3
中国地质科学院岩溶地质研究所	Institute of Karst Geology, CAGS	139	28		40	
中国地质科学院地质力学研究所	Institute of Geomechanics, CAGS	60	60			
国家地质实验测试中心	National Research Center for Geoanalysis	18	18			
中国地质图书馆（中国地质调查局地学文献中心）	National Geological Library of China（Geoscience Documentation Center, CGS）					
派出机构及所属单位合计	**Total Agencies**	**62**	**30**	**6**	**15**	**4**
自然资源部北海局	North China Sea Bureau of Ministry of Natural Resources	8	6	1	1	1
自然资源部南海局	South China Sea Bureau of Ministry of Natural Resources	24	6	2	5	
自然资源部东海局	East China Sea Bureau of Ministry of Natural Resources	21	15	3	3	
陕西测绘地理信息局	Shaanxi Bureau of Surveying，Mapping and Geoinformation	2	2			
黑龙江测绘地理信息局	Heilongjiang Bureau of Surveying and Mapping Geographic Information	2			2	
四川测绘地理信息局	Sichuan Bureau of Surveying，Mapping and Geoinformation	4			4	3
海南测绘地理信息局	Hainan Administration of Surveying and Mapping Geoinformation	1	1			

事业单位和派出机构分列（2019年）续表
by Institutions and Agencies to MNR(2019) Continued

Scientific and Technological R & D and Input 科研项目年度经费总数/万元 Scientific and Technological R & D and Input/10⁴yuan				省部级科技基础条件平台建设/个 Construction of Provincial and Ministerial Science and Technology Infrastructure Platform/number			
	国家级 State Level	部级 Ministerial Level	省级 Provincial Level	重点实验室 Key Laboratory	工程技术创新中心 Engineering Technology Innovation Center	野外科学研究观测基地 Field Observation and Research Base	科普基地 Science Popularization Base
7692.00	7692.00			1			
6531.00	6531.00						
1132.00	1132.00						
3211.00	3064.00		147.00	2	1	4	1
163.00	133.00		30.00		1		
564.00	554.00		10.00	1		1	
574.16	551.16		23.00	2		1	1
1299.13	1288.10		11.03		1	1	4
9733.80	5833.80		3900.00	1	1		
4596.02	4596.02						
2693.00	2693.00						
22843.00	22843.00			3		2	1
2607.00	2607.00			2		4	2
2148.00	2148.00				1		
3225.24	1020.50		250.00	2			
1352.50	1352.50						
10.00	10.00						
83.00	83.00						
59.17	49.17		10.00				
302.10	40.00		190.40				
15533.00	900.57		1081.40	2	1	1	1
5213.00	5213.00			1		2	1
1577.70	1577.70			1			
							1
9422.84	**7889.43**	**268.00**	**601.00**	**4**	**2**	**1**	**6**
3636.30	3484.30	96.00	56.00	1			3
754.00	76.58		13.00	1		1	1
4869.80	4283.80	164.00	422.00	1			1
33.85	33.85			1			1
60.00			60.00				
58.00		8.00	50.00		2		
10.90	10.90						

自然资源科技成果情况

Natural Resources Development and

单位名称	Department	科技成果登记数/项 Number of Scientific and Technological Achievements Registered/project							发表科技论文/篇 Core Journal Papers/paper			
			在国家科技成果管理机构登记		在部科技成果 Ministry of Science and Technology Achievements		在地方政府科技 In Local Government Technology			国内 Domestic		
			Registration with the State Administration of Scientific and Technological Achievements	应用技术成果 Application Technical Achievements	管理机构登记 Management Agency Registration	应用技术成果 Application Technical Achievements	成果管理机构登记 Results Management Organization Registration	应用技术成果 Application Technical Achievements			被SCI、EI收录 Papers Indexed in SCI, EI	
总 计	**Total**	**511**	**18**	**15**	**239**	**132**	**251**	**190**	**6910**	**6285**	**199**	**487**
北京市规划和自然资源委员会	Beijing Municipal Commission of Planning and Natural Resources	4			2	2	2	2	184	180	21	4
天津市规划和自然资源局	Tianjin Municipal Bureau of Planning and Natural Resources	10	8	8	2	2			390	389	7	1
河北省自然资源厅	Department of Natural Resources of Hebei Province	20			2		18	17	288	280	3	8
山西省自然资源厅	Department of Natural Resources of Shanxi Province	5					5		21	21		
内蒙古自治区自然资源厅	Department of Natural Resources of Inner Mongolia Autonomous Region	3	2	2			1	1	30	29	1	1
辽宁省自然资源厅	Department of Natural Resources of Liaoning Province											
吉林省自然资源厅	Department of Natural Resources of Jilin Province											
黑龙江省自然资源厅	Department of Natural Resources of Heilongjiang Province	1					1		94	92	3	2
上海市规划和自然资源局	Shanghai Municipal Bureau of Planning and Natural Resources	21			12	3	9	3	62	59	2	3
江苏省自然资源厅	Department of Natural Resources of Jiangsu Province	3			2	2	1	1	127	123		4

——按单位分列（2019年）

Achievements by Department（2019）

国际 International 被SCI、EI、ISTP收录 Papers Indexed in SCI, EI, and ISTP	出版科技著作/部 Publication of Scientific and Technological Works/monograph	专利/件 Patents/pieces 本年专利申请数 Patent Application/case	专利/件 Patents/pieces 本年专利申请数 发明专利 Invention Patents	专利/件 Patents/pieces 本年专利授权数 Number of Patents Granted This Year	本年专利授权数 发明专利 Invention Patents	本年专利授权数 国外授权 Abroad Authorization	拥有有效发明专利总数 Have Invention Total Number of Patents	申请软件著作权/项 Apply for Software Copyright/project	科技奖项/项 Scientific and Technological Prizes/project	科技奖项 国际 International	科技奖项 国家级 State Level	科技奖项 省部级 Provincial and Ministerial Level	科学技术普及 Scientific and Technological Popularization 科普作品/部 Popular Science Work/kind	科学技术普及 主题科普活动/项 Thematic Science Popularization Activity/time
355	**126**	**824**	**322**	**551**	**147**	**1**	**799**	**810**	**356**		**18**	**301**	**100**	**866**
3	3	35	3	26	5		18	16	89			70	4	9
1	7	46	8	51	7		59	65	38			38	5	
6	11	61	12	40	4		26	15	7			7	32	62
	1								2			2	1	5
1								41	5			5		39
													1	1
2	7	9	1	7	3		7	3	2			2		
2	5	6	1	3			8	13	11			11		3
4	5	11	9	6	3		3	31	3			3		42

自然资源科技成果情况

Natural Resources Development and

单位名称	Department	科技成果登记数/项 Number of Scientific and Technological Achievements Registered/project	在国家科技成果管理机构登记 Registration with the State Administration of Scientific and Technological Achievements	在国家科技成果管理机构登记 应用技术成果 Application Technical Achievements	在部科技成果 Ministry of Science and Technology Achievements 管理机构登记 Management Agency Registration	在部科技成果 应用技术成果 Application Technical Achievements	在地方政府科技 In Local Government Technology 成果管理机构登记 Results Management Organization Registration	在地方政府科技 应用技术成果 Application Technical Achievements	发表科技论文/篇 Core Journal Papers/paper	国内 Domestic	国内 被SCI、EI收录 Papers Indexed in SCI, EI	
浙江省自然资源厅	Department of Natural Resources of Zhejiang Province	28	2	2	21	16	4	4	137	106	6	11
安徽省自然资源厅	Department of Natural Resources of Anhui Province	14			6	5	7	7	357	351	1	6
福建省自然资源厅	Department of Natural Resources of Fujian Province								129	126	6	3
江西省自然资源厅	Department of Natural Resources of Jiangxi Province	16			16	16			42	34		8
山东省自然资源厅	Department of Natural Resources of Shandong Province	53			20	13	33	30	467	390	51	77
河南省自然资源厅	Department of Natural Resources of Henan Province	24	2		14	5	8	6	412	364	8	11
湖北省自然资源厅	Department of Natural Resources of Hubei Province	4			1	1	3	3	33	32	1	1
湖南省自然资源厅	Department of Natural Resources of Hunan Province	15	1	1	5	5	9	9	91	84	12	7
广东省自然资源厅	Department of Natural Resources of Guangdong Province	32			26	21	6	5	395	281	7	109
广西壮族自治区自然资源厅	Department of Natural Resources of Guangxi Zhuang Autonomous Region	30			1	1	29	27	142	95	3	7
海南省自然资源和规划厅	Department of Natural Resources and Planning of Hainan Province											

——按单位分列（2019年） 续表1

Achievements by Department（2019） Continued 1

国际 Internat-ional	出版科技著作/部 Publication of Scientific and Technological Works/monograph	专利/件 Patents/pieces						申请软件著作权/项 Apply for Software Copyright/project	科技奖项/项 Scientific and Technological Prizes/project				科学技术普及 Scientific and Technological Popularization	
被SCI、EI、ISTP收录 Papers Indexed in SCI, EI, and ISTP		本年专利申请数 Patent Application/case	发明专利 Invention Patents	本年专利授权数 Number of Patents Granted This Year	发明专利 Invention Patents	国外授权 Abroad Authorization	拥有有效发明专利总数 Have Invention Total Number of Patents			国际 International	国家级 State Level	省部级 Provincial and Ministerial Level	科普作品/部 Popular Science Work/kind	主题科普活动/项 Thematic Science Popularization Activity/time
7	2	5	4				5	34					1	22
6	1	14	12	14	13		22	39	7			7		73
1		4	3	5	3		4	32	3			3	1	33
	1	92	10	54	4		7	24	1			1	2	48
14	10	98	31	71	14		39	96	14			14		25
9	7	37	20	28	4		28	19	9			9	3	74
1		14	4	4			8	18	5		1	2		
7	7	43	3	41	2		2	23	16			10	12	32
100	14	114	93	53	41		218	92	49		11	29	1	43
7	2	11	4	8				51	3			3	10	82
														1

自然资源科技成果情况

Natural Resources Development and

单位名称	Department	科技成果登记数/项 Number of Scientific and Technological Achievements Registered/project	在国家科技成果管理机构登记		在部科技成果 Ministry of Science and Technology Achievements		在地方政府科技 In Local Government Technology		发表科技论文/篇 Core Journal Papers/paper	国内 Domestic		
			Registration with the State Administration of Scientific and Technological Achievements	应用技术成果 Application Technical Achievements	管理机构登记 Management Agency Registration	应用技术成果 Application Technical Achievements	成果管理机构登记 Results Management Organization Registration	应用技术成果 Application Technical Achievements			被SCI、EI收录 Papers Indexed in SCI, EI	
重庆市规划和自然资源局	Chongqing Municipal Bureau of Planning and Natural Resources Administration	117			43	26	74	47	449	421	4	28
四川省自然资源厅	Department of Natural Resources of Sichuan Province	1					1		19	18	4	1
贵州省自然资源厅	Department of Natural Resources of Guizhou Province	8			4	4	4		329	320	18	9
云南省自然资源厅	Department of Natural Resources of Yunnan Province	3	2	1	1				233	227	15	6
西藏自治区自然资源厅	Department of Natural Resources of Tibet Autonomous Region								5	5	5	
陕西省自然资源厅	Department of Natural Resources of Shaanxi Province	14			3	1	11	10	1733	1520	10	178
甘肃省自然资源厅	Department of Natural Resources of Gansu Province	48			46	1	1	1	306	305	3	1
青海省自然资源厅	Department of Natural Resources of Qinghai Province	24	1	1	2	2	21	14	274	272	3	1
宁夏回族自治区自然资源厅	Department of Natural Resources of Ningxia Hui Autonomous Region	10			7	6	3	3	24	24		
新疆维吾尔自治区自然资源厅	Department of Natural Resources of Xinjiang Uygur Autonomous Region	3			3				137	137	5	

——按单位分列（2019年） 续表2

Achievements by Department（2019） Continued 2

国际 International 被SCI、EI、ISTP收录 Papers Indexed in SCI, EI, and ISTP	出版科技著作/部 Publication of Scientific and Technological Works/monograph	专利/件 Patents/pieces 本年专利申请数 Patent Application/case	发明专利 Invention Patents	本年专利授权数 Number of Patents Granted This Year	发明专利 Invention Patents	国外授权 Abroad Authorization	拥有有效发明专利总数 Have Invention Total Number of Patents	申请软件著作权/项 Apply for Software Copyright/project	科技奖项/项 Scientific and Technological Prizes/project	国际 International	国家级 State Level	省部级 Provincial and Ministerial Level	科学技术普及 Scientific and Technological Popularization 科普作品/部 Popular Science Work/kind	主题科普活动/项 Thematic Science Popularization Activity/time
19	7	91	46	58	21		111	107	35		1	34	12	39
1	2	3	2											1
9	11	6	2	10	2		15	3	7			6	10	60
6	4	24	14	9	2		14	8	7			7		3
		2	2						2		1	1	2	7
148	5	66	17	45	9	1	196	23	16		1	15		94
	2	1		2	2		2	22	7			7	1	32
1	11	23	16	10	3		3	22	11			11	2	8
		1		3	3		4	7	5		3	2		5
	1	7	5	3	2			6	2			2		23

自然资源科技成果情况——按部属
Natural Resources Development and Achievements

单位名称	Department	科技成果登记数/项 Number of Scientific and Technological Achievements Registered/project							发表科技 Core Journal		
			在国家科技成果管理机构登记		在部科技成果 Ministry of Science And Technology Achievements		在地方政府科技 In Local Government Technology			国内 Domestic	
			Registration with the State Administration of Scientific and Technological Achievements	应用技术成果 Application Technical Achievements	管理机构登记 Management Agency Registration	应用技术成果 Application Technical Achievements	成果管理机构登记 Results Management Organization Registration	应用技术成果 Application Technical Achievements			被SCI、EI收录 Papers Indexed in SCI, EI, and ISTP
部直属单位合计	**Total Institutions**	**286**			**268**	**91**	**17**	**12**	**4396**	**3115**	**494**
自然资源部信息中心	Information Center of Ministry of Natural Resources	11			11	9			51	51	
自然资源部国土整治中心（自然资源部土地科技创新中心）	China Land Consolidation and Rehabilitation(Land Science and Technology Innovation Center of Ministry of Natural Resources)	5			5				45	45	4
中国自然资源经济研究院	Chinese Academy of Natural Resources Economics	6			6				114	114	2
中国国土勘测规划院	China Land Surveying and Planning Institute	3			3	3			23	23	
中国地质博物馆	The Geological Museum of China								9	7	
自然资源部油气资源战略研究中心	Strategic Research Center of Oil and Gas Resources,MNR								1	1	1
自然资源部不动产登记中心（自然资源部法律事务中心）	Real Estate Registration Center,MNR(Law Center, MNR)										
自然资源部珠宝玉石首饰管理中心（国家珠宝玉石质量监督检验中心）	National Gems & Jewelry Technology Administrative Center(National Gemstone Testing Center)	1							82	80	
自然资源部第一海洋研究所	First Institute of Oceanography, MNR	2			2	2			305	163	32
自然资源部第二海洋研究所	Second Institute of Oceanography, MNR	3			1	1	2	2	251	69	17
自然资源部第三海洋研究所	Third Institute of Oceanography, MNR	8			7		1	1	254	61	
自然资源部第四海洋研究所（中国-东盟国家海洋科技联合研发中心）	Fourth Institute of Oceanography, MNR (China ASEAN Joint Research and Development Center of Marine Science and Technology)								11	4	1

事业单位和派出机构分列（2019年）

by Institutions and Agencies to MNR（2019）

论文/篇 Papers/paper			专利/件 Patents/pieces							科技奖项/项 Scientific and Technological Prizes/project				科学技术普及 Scientific and Technological Popularization	
国际 International		出版科技著作/部 Scientific And Technological Works/monograph	本年专利申请数 Patent Application/case		本年专利授权数 Number of Patents Granted This Year			拥有有效发明专利总数 Have Invention Total Number of Patents	申请软件著作权/项 Apply for Software Copyright/project		国际 International	国家级 State Level	省部级 Provincial and Ministerial Level	科普作品/部 Popular Science Work/kind	主题科普活动/项 Thematic Science Popularization Activity/time
	被SCI、EI、ISTP收录 Papers Indexed in SCI, EI, and ISTP			发明专利 Invention Patents		发明专利 Invention Patents	国外授权 Abroad Authorization								
1270	**1122**	**188**	**817**	**541**	**605**	**300**	**51**	**1902**	**410**	**63**		**3**	**58**	**319**	**497**
		2								3			3		
		5			1	1		2	2	1			1		
		8								3			3		
		3	5	5				4	4	4			4		1
2	2				2	2								23	74
															1
2	1	1	12	5	3									1	23
142	142	7	86	83	81	39	2	347	7						4
182	179	9	53	31	59	28		122	25	5		1	4	3	2
193	178	6	46	44	38	33		199		3			3	1	4
7	7	1	1											1	1

自然资源科技成果情况——按部属

Natural Resources Development and Achievements

单位名称	Department	科技成果登记数/项 Number of Scientific and Technological Achievements Registered/project							发表科技 Core Journal		
			在国家科技成果管理机构登记		在部科技成果 Ministry of Science And Technology Achievements		在地方政府科技 In Local Government Technology			国内 Domestic	
			Registration with the State Administration of Scientific and Technological Achievements	应用技术成果 Application Technical Achievements	管理机构登记 Management Agency Registration	应用技术成果 Application Technical Achievements	成果管理机构登记 Results Management Organization Registration	应用技术成果 Application Technical Achievements			被SCI、EI收录 Papers Indexed in SCI, EI, and ISTP
国家海洋技术中心	National Ocean Technology Center	4			1		3		63	55	
自然资源部天津海水淡化与综合利用研究所	The Institute of Seawater Desalination and Multipurpose Utilization, MNR (Tianjin)	4			4	3			78	66	1
自然资源部海洋发展战略研究所	China Institute for Marine Affairs,MNR								41	40	40
国家海洋标准计量中心	National Center of Ocean Standards and Metrology								5	5	
国家海洋环境预报中心（自然资源部海啸预警中心）	National Marine Environment Forecasting Center (Tsunami Warning Center, MNR)	2			2	2			38	27	5
国家海洋信息中心	National Oceanic Information Center								65	51	1
自然资源部海岛研究中心	Island Research Center, MNR								3	3	
自然资源部海洋减灾中心	National Marine Hazard Mitigation Center, MNR								13	10	
自然资源部海洋咨询中心	Oceanic Consulting Center of Ministry of Natural Resources										
中国极地研究中心	Polar Research Institute of China								41	10	
国家卫星海洋应用中心	National Satellite Ocean Application Service								21	8	1
国家深海基地管理中心	National Deep Sea Center								30	12	6
自然资源部重庆测绘院	Chongqing Institute of Surveying and Mapping, MNR	1			1	1			18	17	
中国测绘科学研究院	Chinese Academy of Surveying and Mapping								75	50	10
国家基础地理信息中心	National Geomatics Center of China								36	27	5

事业单位和派出机构分列（2019年） 续表1

by Institutions and Agencies to MNR（2019） Continued 1

论文/篇 Papers/paper 国际 International	论文/篇 Papers/paper 被SCI、EI、ISTP收录 Papers Indexed in SCI, EI, and ISTP	出版科技著作/部 Scientific And Technological Works/monograph	专利/件 Patents/pieces 本年专利申请数 Patent Application/case	发明专利 Invention Patents	本年专利授权数 Number of Patents Granted This Year	发明专利 Invention Patents	国外授权 Abroad Authorization	拥有有效发明专利总数 Have Invention Total Number of Patents	申请软件著作权/项 Apply for Software Copyright /project	科技奖项/项 Scientific and Technological Prizes/project	国际 International	国家级 State Level	省部级 Provincial and Ministerial Level	科学技术普及 Scientific and Technological Popularization 科普作品/部 Popular Science Work/kind	主题科普活动/项 Thematic Science Popularization Activity/time
8	8		45	20	19	19		60	6						
12	12		51	40	22	15		112		1			1		17
1	1	8													
								3		1			1		2
11	2		2	2				2	7	1			1		
14	13	2	3	3	1	1		15	46	5			5	6	7
									1						1
3	3	2	3	2	1			1	8					1	1
31	28	1			2			7		3			3		4
13	11	3	4	2	2	2		4		2			2		2
18	18		10	7	7	7		21							5
1									4						
25	23	3	47	45	9	9		56	20	1			1		
9	9		10	9	11	7		21	24	5			5		

自然资源科技成果情况——按部属

Natural Resources Development and Achievements

单位名称	Department	科技成果登记数/项 Number of Scientific and Technological Achievements Registered/project	在国家科技成果管理机构登记		在部科技成果 Ministry of Science And Technology Achievements		在地方政府科技 In Local Government Technology		发表科技 Core Journal	国内 Domestic	
			Registration with the State Adm-inistration of Scienti-fic and Tec-hnological Achievements	应用技术成果 Applic-ation Technical Achieve-ments	管理机构登记 Manage-ment Agency Registr-ation	应用技术成果 Applic-ation Technical Achieve-ments	成果管理机构登记 Results Manage-ment Organiz-ation Registr-ation	应用技术成果 Applic-ation Technical Achieve-ments			被SCI、EI收录 Papers Indexed in SCI, EI, and ISTP
自然资源部国土卫星遥感应用中心	Land Satellite Remote Sensing Application Center, MNR	2			2	2			32	19	9
国家测绘产品质量检验测试中心	National Quality Inspection and Testing Center for Surveying and Mapping Products	1			1				41	25	1
中国地质调查局及所属单位合计	China Geological Survey and Its Subordinate Units	233			222	68	11	9	2650	2072	358
中国地质调查局自然资源航空物探遥感中心	China Aero Geophysical Survey & Remote Sensing Center for Natural Resources	47			47	47			89	75	39
中国地质环境监测院	China Institute of Geo-environment Geological Material Center	3			3				46	43	6
中国地质调查局水文地质环境地质调查中心	Institute of Hydrogeology and Environmental Geology, CGS	1			1	1			58	57	8
中国地质调查局自然资源实物地质资料中心	Geological Survey and Documentation Center of China Geological Survey								28	23	
中国地质调查局发展研究中心	Development Research Center of China Geological Survey								164	157	5
中国地质调查局天津地质调查中心	Tianjin Center of China Geological Survey	8			4		4	4	105	82	19
中国地质调查局沈阳地质调查中心	Shenyang Center of China Geological Survey								167	139	16
中国地质调查局西安地质调查中心	Xi'an Center of China Geological Survey	10			8		2		127	115	8
中国地质调查局南京地质调查中心	Nanjing Center of China Geological Survey	3			3	3			98	87	8
中国地质调查局成都地质调查中心	Chengdu Center of China Geological Survey	136			136				149	122	28
中国地质调查局武汉地质调查中心	Wuhan Center of China Geological Survey, CGS								134	119	16

事业单位和派出机构分列（2019年） 续表2

by Institutions and Agencies to MNR（2019） Continued 2

论文/篇 Papers/paper		出版科技著作/部 Scientific And Technological Works/ monograph	专利/件 Patents/pieces						申请软件著作权/项 Apply for Software Copyright /project	科技奖项/项 Scientific and Technological Prizes/project				科学技术普及 Scientific and Technological Popularization	
国际 International	被SCI、EI、ISTP收录 Papers Indexed in SCI, EI, and ISTP		本年专利申请数 Patent Application/case	发明专利 Invention Patents	本年专利授权数 Number of Patents Granted This Year	发明专利 Invention Patents	国外授权 Abroad Authorization	拥有有效发明专利总数 Have Invention Total Number of Patents			国际 International	国家级 State Level	省部级 Provincial and Ministerial Level	科普作品/部 Popular Science Work/kind	主题科普活动/项 Thematic Science Popularization Activity/time
13	13	4	7	7	8	8		50	29	1			1	3	2
16	6		1	1					4	1			1		1
567	466	123	431	235	339	129	49	876	223	23		2	19	280	345
14	11	5	8	6	4	2		46	19					5	5
3	3	4	30	15	8	2		17	13	1			1	15	1
1	1	5	25	4	25	4		85	9	1			1	5	15
5	5	4	3	1	3	1		3	16					5	40
7	7	15	4	4	8	4		11	11	3			2	24	8
23	21	7	2		2			2	4	4			4	15	9
28	28	12							28					12	15
12	11	10	8	8	5	2		7	2					12	18
11	11	6	13	3	13	3		8	6	1			1	16	16
27	26	4	6		17	3		25	5					4	2
15	15	11	2	2	7	2		29	1	1		1		10	11

自然资源科技成果情况——按部属

Natural Resources Development and Achievements

单位名称	Department	科技成果登记数/项 Number of Scientific and Technological Achievements Registered/project	在国家科技成果管理机构登记 Registration with the State Administration of Scientific and Technological Achievements	在国家科技成果管理机构登记 应用技术成果 Application Technical Achievements	在部科技成果 Ministry of Science And Technology Achievements 管理机构登记 Management Agency Registration	在部科技成果 Ministry of Science And Technology Achievements 应用技术成果 Application Technical Achievements	在地方政府科技 In Local Government Technology 成果管理机构登记 Results Management Organization Registration	在地方政府科技 In Local Government Technology 应用技术成果 Application Technical Achievements	发表科技 Core Journal	国内 Domestic	被SCI、EI收录 Papers Indexed in SCI, EI, and ISTP
青岛海洋地质研究所	Qingdao Institute of Marine Geology	5			3	3	2	2	125	99	16
广州海洋地质调查局	Guangzhou Marine Geological Survey，CGS	1			1	1			97	75	11
中国地质调查局油气资源调查中心	Oil and Gas Resources Survey Center of China Geological Survey	1			1				82	74	12
自然资源综合调查指挥中心	Natural Resources Comprehensive Investigation Command Center，CGS								63	63	
中国地质科学院（院部）	Chinese Academy of Geological Sciences，CAGS								62	37	3
中国地质科学院地质研究所	Institute of Geology, CAGS								186	92	51
中国地质科学院矿产资源研究所	Institute of Mineral Resources, CAGS								203	121	54
中国地质科学院水文地质环境地质研究所	Institute of Hydrogeology and Environmental Geology, CAGS								109	64	2
中国地质科学院地球物理地球化学勘查研究所	Institute of Geophysical and Geochemical Exploration, CAGS	2			2				118	97	14
中国地质科学院勘探技术研究所	Institute of Exploration Techniques, CAGS	4			4	4			24	24	
中国地质调查局探矿工艺研究所	Institute of Exploration Technology, CGS	1			1	1			21	20	1
中国地质调查局北京探矿工程研究所	Beijing Institute of Exploration Engineering, CGS								31	31	1
中国地质科学院郑州矿产综合利用研究所	Zhengzhou Institute of Multipurpose Utilization of Mineral Resources, CAGS	3			3	3			45	36	
中国地质科学院矿产综合利用研究所	Institute of Multipurpose Utilization of Mineral Resources, CAGS								39	34	
中国地质科学院岩溶地质研究所	Institute of Karst Geology, CAGS	7			4	4	3	3	120	91	11

事业单位和派出机构分列（2019年） 续表3

by Institutions and Agencies to MNR（2019） Continued 3

论文/篇 Papers/paper 国际 International	论文/篇 Papers/paper 被SCI、EI、ISTP收录 Papers Indexed in SCI, EI, and ISTP	出版科技著作/部 Scientific And Technol-ogical Works/ monogr-aph	专利/件 Patents/pieces 本年专利申请数 Patent Application/case	本年专利申请数 发明专利 Inven-tion Patents	本年专利授权数 Number of Patents Granted This Year	本年专利授权数 发明专利 Inven-tion Patents	本年专利授权数 国外授权 Abroad Authori-zation	拥有有效发明专利总数 Have Invention Total Number of Patents	申请软件著作权/项 Apply for Software Copyright /project	科技奖项/项 Scientific and Technological Prizes/project	科技奖项 国际 Internat-ional	科技奖项 国家级 State Level	科技奖项 省部级 Provin-cial and Minist-erial Level	科学技术普及 Scientific and Technological Popularization 科普作品/部 Popu-lar Scie-nce Work/ kind	科学技术普及 主题科普活动/项 Thematic Science Populari-zation Activity/ time
26	26		39	21	34	22	1	67	13	2			1	16	90
22	22	3	98	55	64	19	45	69	14	1			1	20	13
8	8	2	9	3	9	3		9	1					30	7
									1						4
25	25	1			1	1			32	1			1	5	
94		2	1	1	1	1			5	3		1	2	7	4
82	82	3	11	9	15	9	1	85	5	1			1	6	3
45	45	4	23	7	23	7	1	42		2			2	6	2
21	21		17	14	4	3		9	14					10	4
			42	20	19	3		12	2						3
1	1	2	25	16	7	6		76	1					13	4
			4	4	7	2		27						4	4
9	9	4	18	18	8	6		54						7	7
5	5	1	2	2	14	13	1	86	1					11	4
18	18	3	15	5	8	2		52	4					2	18

自然资源科技成果情况——按部属

Natural Resources Development and Achievements

单位名称	Department	科技成果登记数/项 Number of Scientific and Technological Achievements Registered/project							发表科技 Core Journal		
			在国家科技成果管理机构登记		在部科技成果 Ministry of Science And Technology Achievements		在地方政府科技 In Local Government Technology			国内 Domestic	
			Registration with the State Administration of Scientific and Technological Achievements	应用技术成果 Application Technical Achievements	管理机构登记 Management Agency Registration	应用技术成果 Application Technical Achievements	成果管理机构登记 Results Management Organization Registration	应用技术成果 Application Technical Achievements			被SCI、EI收录 Papers Indexed in SCI, EI, and ISTP
中国地质科学院地质力学研究所	Institute of Geomechanics, CAGS	1			1	1			99	54	25
国家地质实验测试中心	National Research Center for Geoanalysis								36	23	4
中国地质图书馆（中国地质调查局地学文献中心）	National Geological Library of China（Geoscience Documentation Center, CGS）								25	18	
派出机构及所属单位合计	**Total Agencies**	**30**	**3**	**3**	**18**	**18**	**9**	**9**	**424**	**395**	**13**
自然资源部北海局	North China Sea Bureau of Ministry of Natural Resources	3	1	1			2	2	35	30	3
自然资源部南海局	South China Sea Bureau of Ministry of Natural Resources								80	66	2
自然资源部东海局	East China Sea Bureau of Ministry of Natural Resources	3			2	2	1	1	39	34	2
陕西测绘地理信息局	Shaanxi Bureau of Surveying, Mapping and Geoinformation	2	1	1			1	1	133	130	5
黑龙江测绘地理信息局	Heilongjian Bureau of Surveying and Mapping Geographic Information	7			7	7			73	71	
四川测绘地理信息局	Sichuan Bureau of Surveying, Mapping and Geoinformation	14			9	9	5	5	63	63	1
海南测绘地理信息局	Hainan Administration of Surveying and Mapping Geoinformation	1	1	1					1	1	

事业单位和派出机构分列（2019年） 续表4
by Institutions and Agencies to MNR（2019） Continued 4

论文/篇 Papers/paper		出版科技著作/部 Scientific And Technological Works/monograph	专利/件 Patents/pieces						申请软件著作权/项 Apply for Software Copyright/project	科技奖项/项 Scientific and Technological Prizes/project				科学技术普及 Scientific and Technological Popularization	
国际 International	被SCI、EI、ISTP收录 Papers Indexed in SCI, EI, and ISTP		本年专利申请数 Patent Application/case	发明专利 Invention Patents	本年专利授权数 Number of Patents Granted This Year	发明专利 Invention Patents	国外授权 Abroad Authorization	拥有有效发明专利总数 Have Invention Total Number of Patents			国际 International	国家级 State Level	省部级 Provincial and Ministerial Level	科普作品/部 Popular Science Work/kind	主题科普活动/项 Thematic Science Popularization Activity/time
45	45	7	7	5	7	5		40	9	2			2	8	7
13	13	3	19	12	26	4		15	3					7	2
7	7	5							4					5	29
25	**21**	**7**	**40**	**24**	**23**	**11**	**1**	**65**	**101**	**7**			**7**	**3**	**40**
2	2	2	11	3	11	3		21	3	1			1	3	8
14	13	2	16	11	8	6	1	28	3	1			1		23
4	3	2	1	1	1	1		1	3	2			2		8
3	1		3	2	1			3	23	1			1		
2	2		2	1	1	1		5	31						
		1	7	6	1			7	32	2			2		1
									6						

自然资源标准化和计量监督管理
Standardization and Measurement Supervision and

单位名称	Department	标准化工作 标准制修订/项 Standard Formulation and 国家标准 State Standard	行业标准 Industrial Standard	地方标准 Local Standard
合计	**Total**	**8**	**11**	**151**
北京市规划和自然资源委员会	Beijing Municipal Commission of Planning and Natural Resources			4
天津市规划和自然资源局	Tianjin Municipal Bureau of Planning and Natural Resources			13
河北省自然资源厅	Department of Natural Resources of Hebei Province			7
山西省自然资源厅	Department of Natural Resources of Shanxi Province			1
内蒙古自治区自然资源厅	Department of Natural Resources of Inner Mongolia Autonomous Region			4
辽宁省自然资源厅	Department of Natural Resources of Liaoning Province			
吉林省自然资源厅	Department of Natural Resources of Jilin Province			4
黑龙江省自然资源厅	Department of Natural Resources of Heilongjiang Province		1	15
上海市规划和自然资源局	Shanghai Municipal Bureau of Planning and Natural Resources			1
江苏省自然资源厅	Department of Natural Resources of Jiangsu Province			2
浙江省自然资源厅	Department of Natural Resources of Zhejiang Province			8
安徽省自然资源厅	Department of Natural Resources of Anhui Province			5
福建省自然资源厅	Department of Natural Resources of Fujian Province			1
江西省自然资源厅	Department of Natural Resources of Jiangxi Province			
山东省自然资源厅	Department of Natural Resources of Shandong Province	3	4	24
河南省自然资源厅	Department of Natural Resources of Henan Province		2	12
湖北省自然资源厅	Department of Natural Resources of Hubei Province			5
湖南省自然资源厅	Department of Natural Resources of Hunan Province			13
广东省自然资源厅	Department of Natural Resources of Guangdong Province	1		15
广西壮族自治区自然资源厅	Department of Natural Resources of Guangxi Zhuang Autonomous Region		2	1
海南省自然资源和规划厅	Department of Natural Resources and Planning of Hainan Province			
重庆市规划和自然资源局	Chongqing Municipal Bureau of Planning and Natural Resources Administration			4
四川省自然资源厅	Department of Natural Resources of Sichuan Province			2
贵州省自然资源厅	Department of Natural Resources of Guizhou Province			3
云南省自然资源厅	Department of Natural Resources of Yunnan Province			
西藏自治区自然资源厅	Department of Natural Resources of Tibet Autonomous Region			1
陕西省自然资源厅	Department of Natural Resources of Shaanxi Province	4	1	3
甘肃省自然资源厅	Department of Natural Resources of Gansu Province		1	
青海省自然资源厅	Department of Natural Resources of Qinghai Province			3
宁夏回族自治区自然资源厅	Department of Natural Resources of Ningxia Hui Autonomous Region			
新疆维吾尔自治区自然资源厅	Department of Natural Resources of Xinjiang Uygur Autonomous Region			

情况——按单位分列（2019年）

Management of Natural Resources by Department（2019）

Standardization Work		计量工作 Measurement Work		
Revision/item	标准宣贯培训/人次 Standard Publicity Continuous Training/person time	计量器具检定/校准/检测(台/件) Verification / Calibration/ Testing of Measuring Instruments(set/piece)	新建计量标准器具/项 New Measurement Standard Apparatus/item	新建计量标准物质/种 New Measurement Reference Materials/species
团体标准 Groups Standard				
4	**11428**	**44491**	**63**	**239**
	1391			
	91	445		
	1235	2174		
	2	2234		
		662		
	47	225		
1	5	2704	1	
	70	430	6	10
	2449	4799	2	
	790	2510		
	45	3951		7
	105	3576	2	
	360	1847		15
	121	1562		
		16		
	12	6		
	524	2377	13	
		1006		
	1190	516		
	1630			
2	399	696		6
	79	8340	2	
	240	51		2
1	90	99		114
	436	1941	12	
	117	364	25	85
		1960		

自然资源标准化和计量监督管理情况
Standardization and Measurement Supervision and Management

单位名称	Department	标准化工作		
		标准制修订/项 Standard Formulation and		
		国家标准 State Standard	行业标准 Industrial Standard	地方标准 Local Standard
部直属单位合计	**Total Institutions**	**16**	**21**	**3**
自然资源部信息中心	Information Center of Ministry of Natural Resources			
自然资源部国土整治中心（自然资源部土地科技创新中心）	China Land Consolidation and Rehabilitation (Land Science and Technology Innovation Center of Ministry of Natural Resources)			
中国自然资源经济研究院	Chinese Academy of Natural Resources Economics			
中国国土勘测规划院	China Land Surveying and Planning Institute	1	2	
中国地质博物馆	The Geological Museum of China			
自然资源部油气资源战略研究中心	Strategic Research Center of Oil and Gas Resources,MNR			
自然资源部不动产登记中心（自然资源部法律事务中心）	Real Estate Registration Center,MNR(Law Center, MNR)			
自然资源部珠宝玉石首饰管理中心（国家珠宝玉石质量监督检验中心）	National Gems & Jewelry Technology Administrative Center(National Gemstone Testing Center)			
自然资源部第一海洋研究所	First Institute of Oceanography, MNR			
自然资源部第二海洋研究所	Second Institute of Oceanography, MNR		2	
自然资源部第三海洋研究所	Third Institute of Oceanography, MNR			
自然资源部第四海洋研究所（中国-东盟国家海洋科技联合研发中心）	Fourth Institute of Oceanography, MNR(China ASEAN Joint Research and Development Center of Marine Science and Technology)			
国家海洋技术中心	National Ocean Technology Center	4		
自然资源部天津海水淡化与综合利用研究所	The Institute of Seawater Desalination and Multipurpose Utilization, MNR(Tianjin)			
自然资源部海洋发展战略研究所	China Institute for Marine Affairs,MNR			
国家海洋标准计量中心	National Center of Ocean Standards and Metrology		4	
国家海洋环境预报中心（自然资源部海啸预警中心）	National Marine Environment Forecasting Center (Tsunami Warning Center, MNR)			
国家海洋信息中心	National Oceanic Information Center		1	
自然资源部海岛研究中心	Island Research Center,MNR			
自然资源部海洋减灾中心	National Marine Hazard Mitigation Center, MNR		2	
自然资源部海洋咨询中心	Oceanic Consulting Center of Ministry of Natural Resources			
中国极地研究中心	Polar Research Institute of China			

——按部属事业单位和派出机构分列（2019年）

of Natural Resources by Institutions and Agencies to MNR（2019）

Standardization Work		计量工作 Measurement Work		
Revision/item	标准宣贯培训/人次 Standard Publicity Continuous Training/ person time	计量器具检定/校准/检测(台/件) Verification / Calibration/ Testing of Measuring Instruments(set/piece)	新建计量标准器具/项 New Measurement Standard Apparatus/item	新建计量标准物质/种 New Measurement Reference Materials/species
团体标准 Groups Standard				
6	**1139**	**1939**	**1**	**80**
	150			
4	7	100		
		137		
	15	249		
		121		
	200	1029		
	2	12		

自然资源标准化和计量监督管理情况

Standardization and Measurement Supervision and Management of Natural

单位名称	Department	标准化工作		
		标准制修订/项 Standard Formulation and		
		国家标准 State Standard	行业标准 Industrial Standard	地方标准 Local Standard
国家卫星海洋应用中心	National Satellite Ocean Application Service			
国家深海基地管理中心	National Deep Sea Center			
自然资源部重庆测绘院	Chongqing Institute of Surveying and Mapping,MNR		1	
中国测绘科学研究院	Chinese Academy of Surveying and Mapping			
国家基础地理信息中心	National Geomatics Center of China			
自然资源部国土卫星遥感应用中心	Land Satellite Remote Sensing Application Center ,MNR		1	
国家测绘产品质量检验测试中心	National Quality Inspection and Testing Center for Surveying and Mapping Products			
中国地质调查局及所属单位合计	China Geological Survey and Its Subordinate Units	11	8	3
中国地质调查局自然资源航空物探遥感中心	China Aero Geophysical Survey & Remote Sensing Center for Natural Resources			
中国地质环境监测院	China Institute of Geo-environment Geological Material Center			
中国地质调查局水文地质环境地质调查中心	Institute of Hydrogeology and Environmental Geology,CGS			
中国地质调查局自然资源实物地质资料中心	Geological Survey and Documentation Center of China Geological Survey			
中国地质调查局发展研究中心	Development Research Center of China Geological Survey			1
中国地质调查局天津地质调查中心	Tianjin Center of China Geological Survey			
中国地质调查局沈阳地质调查中心	Shenyang Center of China Geological Survey			
中国地质调查局西安地质调查中心	Xi'an Center of China Geological Survey			
中国地质调查局南京地质调查中心	Nanjing Center of China Geological Survey			
中国地质调查局成都地质调查中心	Chengdu Center of China Geological Survey			
中国地质调查局武汉地质调查中心	Wuhan Center of China Geological Survey			
青岛海洋地质研究所	Qingdao Institute of Marine Geology			
广州海洋地质调查局	Guangzhou Marine Geological Survey，CGS			
中国地质调查局油气资源调查中心	Oil and Gas Resources Survey Center of China Geological Survey			
自然资源综合调查指挥中心	Natural Resources Comprehensive Investigation Command Center，CGS			

——按部属事业单位和派出机构分列（2019年） 续表1

Resources by Institutions and Agencies to MNR（2019） Continued 1

Standardization Work		计量工作 Measurement Work		
Revision/item				
团体标准 Groups Standard	标准宣贯培训/人次 Standard Publicity Continuous Training/ person time	计量器具检定/校准/检测(台/件) Verification / Calibration/ Testing of Measuring Instruments(set/piece)	新建计量标准器具/项 New Measurement Standard Apparatus/item	新建计量标准物质/种 New Measurement Reference Materials/species
3				
4	5			
450	2			
1	6			
1				
306	278	1	80	
1				
15	20	1		
	11			
	221			
10				

自然资源标准化和计量监督管理情况

Standardization and Measurement Supervision and Management of Natural

单位名称	Department	标准化工作		
		标准制修订/项 Standard Formulation and		
		国家标准 State Standard	行业标准 Industrial Standard	地方标准 Local Standard
中国地质科学院（院部）	Chinese Academy of Geological Sciences, CGS		2	
中国地质科学院地质研究所	Institute of Geology, CAGS			
中国地质科学院矿产资源研究所	Institute of Mineral Resources, CAGS			
中国地质科学院水文地质环境地质研究所	Institute of Hydrogeology and Environmental Geology, CAGS			
中国地质科学院地球物理地球化学勘查研究所	Institute of Geophysical and Geochemical Exploration, CAGS			
中国地质科学院勘探技术研究所	Institute of Exploration Techniques, CAGS			
中国地质调查局探矿工艺研究所	Institute of Exploration Technology, CGS			
中国地质调查局北京探矿工程研究所	Beijing Institute of Exploration Engineering, CGS			
中国地质科学院郑州矿产综合利用研究所	Zhengzhou Institute of Multipurpose Utilization of Mineral Resources, CAGS	7	6	2
中国地质科学院矿产综合利用研究所	Institute of Multipurpose Utilization of Mineral Resources, CAGS			
中国地质科学院岩溶地质研究所	Institute of Karst Geology, CAGS			
中国地质科学院地质力学研究所	Institute of Geomechanics, CAGS			
国家地质实验测试中心	National Research Center for Geoanalysis	4		
中国地质图书馆（中国地质调查局地学文献中心）	National Geological Library of China （Geoscience Documentation Center, CGS）			
派出机构及所属单位合计	**Total Agencies**	**8**	**5**	**2**
				1
自然资源部北海局	North China Sea Bureau of Ministry of Natural Resources	1	1	
自然资源部南海局	South China Sea Bureau of Ministry of Natural Resources	1	1	
自然资源部东海局	East China Sea Bureau of Ministry of Natural Resources	6		1
陕西测绘地理信息局	Shaanxi Bureau of Surveying, Mapping and Geoinformation		3	
黑龙江测绘地理信息局	Heilongjian Bureau of Surveying and Mapping Geographic Information			
四川测绘地理信息局	Sichuan Bureau of Surveying, Mapping and Geoinformation			
海南测绘地理信息局	Hainan Administration of Surveying and Mapping Geoinformation			

——按部属事业单位和派出机构分列（2019年） 续表2

Resources by Institutions and Agencies to MNR（2019） Continued 2

Standardization Work		计量工作 Measurement Work		
Revision/item				
团体标准 Groups Standard	标准宣贯培训/人次 Standard Publicity Continuous Training/ person time	计量器具检定/校准/检测(台/件) Verification / Calibration/ Testing of Measuring Instruments(set/piece)	新建计量标准器具/项 New Measurement Standard Apparatus/item	新建计量标准物质/种 New Measurement Reference Materials/species
	80			27
2				
		26		
	200			53
1	**1406**	**25633**		
	34	2143		
	344	450		
	178	2160		
	300	80		
		5312		
1	550	14550		
		938		

全国省、市、县级自然资源

Number of Provincial, Municipal and County-level Natural

单位：个

地　区	Region	合计 Total
总　计	**Total**	**3397**
北　京	Beijing	17
天　津	Tianjin	19
河　北	Hebei	213
山　西	Shanxi	137
内 蒙 古	Inner Mongol	130
辽　宁	Liaoning	116
吉　林	Jilin	59
黑 龙 江	Heilongjiang	137
上　海	Shanghai	17
江　苏	Jiangsu	137
浙　江	Zhejiang	109
安　徽	Anhui	138
福　建	Fujian	100
江　西	Jiangxi	110
山　东	Shandong	177
河　南	Henan	176
湖　北	Hubei	137
湖　南	Hunan	152
广　东	Guangdong	145
广　西	Guangxi	117
海　南	Hainan	19
重　庆	Chongqing	41
四　川	Sichuan	206
贵　州	Guizhou	113
云　南	Yunnan	156
西　藏	Tibet	82
陕　西	Shaanxi	142
甘　肃	Gansu	103
青　海	Qinghai	50
宁　夏	Ningxia	28
新　疆	Xinjiang	114

管理机构数（2019年）

Resources Management Institutions Nationwide（2019）

Unit：number

省级机构数量 Provincial Institutions	市（地）级机构数量 Municipal（Prefecture） Level Institutions	县（区）级机构数量 County（District） Level Institutions
32	**368**	**2997**
1		16
1		18
1	12	200
1	11	125
1	14	115
1	14	101
1	10	48
1	15	121
1		16
1	13	123
1	11	97
1	16	121
1	10	89
1	11	98
1	23	153
1	18	157
1	18	118
1	14	137
1	21	123
1	14	102
1	2	16
1		40
1	21	184
1	9	103
1	16	139
1	7	74
1	11	130
1	15	87
1	8	41
1	5	22
2	29	83

主要统计指标解释

高层次科技人员 科技人员是指本单位固定人员中从事各类科技活动的人员。高层次科技人员是指副高级以上专业技术职称人员或博士。

项目总数 指报告期内在研的各类科研项目数，包括报告期内新立项目、已立项正在研究的项目、报告期内结题项目。国家级是指国家科技计划项目，包括国家自然科学基金、973计划、科技支撑计划、863计划、科技基础条件平台计划、国家科技重大专项、国际科技合作计划等；部级是指自然资源部科技计划及自然资源领域重大专项科研项目，包括部门科技计划项目、自然资源大调查、金土工程、海洋保障工程、危机矿山接替资源找矿、油气战略选区、第二次全国土地调查、地质矿产保障工程、矿产资源节约与综合利用、部公益性行业科研专项等。省级是指省级科技计划及省级自然资源专项科研项目，包括各省（自治区、直辖市）科技厅、自然资源厅立项的科技计划项目、自然资源专项安排的科技项目。本单位是指各单位用科研业务事业费、自有资金开展的科研项目。为避免重复填报，均由项目承担单位中排名最靠前的部系统内单位填写，自然资源部系统内单位共同承担的项目不重复填报。

重点实验室 指报告期内新命名或批准建设的国家级、省部级重点实验室，包括自然资源部与教育部共建、与各省共建的实验室。

野外科学研究观测基地 指报告期内，通过自然资源部评审命名的自然资源部野外科学研究观测基地。

科普基地 指报告期内，通过自然资源部评审命名的自然资源部科普基地。

科技著作 指经过正式出版部门编印出版的科技专著、大专院校教科书、科普著作。为避免重复统计，只统计以本机构科技人员为第一作者的论文和著作。同一书名为一部，与书的发行量无关。

申请专利 指报告期内，向国内外知识产权行政部门提出专利申请并被受理的件数。已授权专利是指报告期内，由国内外知识产权行政部门向本单位授予专利权的件数。专利包括发明专利、实用新型专利和外观设计专利三类。

申请软件著作权 指软件的开发者或者其他权利人依据有关著作权法律的规定，对于软件作品所享有的各项专有权利。

科技奖项 指报告期内获得李四光奖（包括李四光地质科学荣誉奖、李四光野外地质工作者奖、李四光地质科技研究者奖、李四光地质教师奖）、黄汲清奖（黄汲清野外地质工作者奖、黄汲清地质科技研究者奖、黄汲清地质教师奖）的地质科技工作者。

自然资源标准 指报告期内发布的制订、修订的自然资源标准数目，由制订、修订单位中排名最靠前的系统内单位填写，多个部系统内单位共同编制的不重复填报。

科普作品 指报告期内出版的图书、期刊、音像制品等科普作品。只统计第一作者为本单位科技人员。

主题科普活动 指报告期内，本单位作为活动第一承担单位开展的自然资源领域科普活动。

Explanatory Notes on Main Statistical Indicators

High-level Scientific and Technological Talented Personnel—scientific and technological personnel refer to persons who conduct various kinds of scientific and technological activities in the fixed staff and workers in the current units. High-level scientific and technological personnel refer to persons with a professional technical title at and above the associate senior level or doctors.

Total Number of Projects—the number of various kinds of ongoing scientific research projects, including those filed newly during the reporting year, those that have been filed and are under research, and those whose research has been finished. The state-level projects refer to the projects in state scientific and technological plans, including the National Natural Science Foundation of China, National Key Basic Research Development Plan (973 Plan), State Science and Technology Support Program, State High-tech Research and Development Program (863 Program), National Program for Sci-Tech Basic Conditions Platform Construction, major state special projects of science and technology, and plan for international scientific and technological cooperation. The ministerial-level projects refer to the scientific and technological plans of MNR and major special scientific and technological projects in areas of Natural and resources, including projects of scientific and technological plans of various sectors, Natural and resources survey, Golden Land Project, Marine Guarantee Project, succession and substitute resource exploration in crisis mines, oil and gas strategic candidate areas, second national land survey, geological and mineral resources guarantee project, saving and total utilization of mineral resources, and special scientific research project of MNR public-welfare industries. The provincial-level projects refer to provincial-level scientific and technological plans and provincial-level special scientific research projects of Natural and resources, including projects of scientific and technological plans filed by scientific and technological departments of various provinces (autonomous regions and municipalities under the Central Government) and departments of Natural and resources and scientific and technological projects arranged by special Natural and resources projects. The current unit refers to scientific research projects carried out by various units using operating expenses of scientific research and free funds. In order to avoid filling out repeatedly, this item should be filled out by the unit within the MNR system which ranks first among the units undertaking the projects, while the project undertaken jointly by the units within the MNR system must not be filled out repeatedly.

Key Laboratory—the state and provincial level key laboratories newly named or established after approval during the reporting period, including those established jointly by MNR and the Ministry of Education and by MNR and provinces.

Field Observation and Research Base—the bases of field observation and research of MNR examined, evaluated, and named by MNR during the reporting period.

Science Popularization Base—the science popularization base of MNR examined, evaluated and named by MNR during the reporting period.

Scientific and Technological Works—scientific and technological monographs, text-books of universities and colleges, and popular science books compiled, printed, and published by formal publishing establishments. In order to evade repetition in statistical survey, only the papers and works whose first authors are scientific and technological persons of the current organization are included in the statistics. The books with the same title are considered to be one entry, which is unrelated to the quantity of distribution of the books.

Patent Application—the number of patent applications submitted to foreign or domestic administrative departments in charge of intellectual property rights and accepted by them during the reporting period. The authorized patents refer to the number of patent rights granted to the current units by foreign and domestic administrative departments in charge of intellectual property rights. Patents include invention patent, practical new patent and design patent.

Apply for Software Copyright—all the proprietary rights enjoyed by the software developers or other right holders in accordance with the provisions of the law about copyright.

Scientific and Technological Prizes—geological scientific and technological workers winning the J.S. Lee Prize (including J.S. Lee Special (Honorary) Prize for Geological Sciences, J.S. Lee Prize for Field Geological Workers, J.S. Lee Prize for Geological Scientific and Technological Researchers, and J.S. Lee Prize for Geological Teachers), and Huang Jiqing (T.K. Huang) Prize (including Huang Jiqing Prize for Field Geological Workers, Huang Jiqing Prize for Geological Scientific and Technological Researchers, and Huang Jiqing Prize for Geological Teachers).

Standardization of Natural Resources—the number of formulated and revised natural resources standards issued during the reporting period, which shall be filled in by the top ranking unit in the system among the formulation and revision units, and those jointly compiled by units in multiple ministries shall not be filled in repeatedly.

Popular Science Works—popular science works such as books, periodicals and audio-video products. Only the scientific and technological personnel in the first author's unit are calculated in the statistics.

Thematic Science Popularization Activity—the science popularization activity in the Natural and resource areas carried out by the current unit as the first unit undertaking the activity during the reporting period.